U0168681

让“社会”有“文化”

人类学自我本土化反省

张小军 著

清華大學出版社
北京

图书在版编目（CIP）数据

让"社会"有"文化"：人类学自我本土化反省/张小军著.—北京：清华大学出版社，2021.10
ISBN 978-7-302-59270-9

Ⅰ.①让… Ⅱ.①张… Ⅲ.①人类学－研究－中国 Ⅳ.①Q98

中国版本图书馆 CIP 数据核字(2021)第 198140 号

责任编辑：王巧珍
封面设计：常雪影
责任校对：王荣静
责任印制：朱雨萌

出版发行：清华大学出版社
网　址：http://www.tup.com.cn，http://www.wqbook.com
地　址：北京清华大学学研大厦 A 座　邮　编：100084
社 总 机：010-62770175　邮　购：010-62786544
投稿与读者服务：010-62776969，c-service@tup.tsinghua.edu.cn
质量反馈：010-62772015，zhiliang@tup.tsinghua.edu.cn
印 装 者：三河市少明印务有限公司
经　销：全国新华书店
开　本：170mm×240mm　印　张：14.75　字　数：245 千字
版　次：2021 年 10 月第 1 版　印　次：2021 年 10 月第 1 次印刷
定　价：72.00 元

产品编号：087468-01

序言　让“社会”有“文化”

“让‘社会’有‘文化’”这个标题，大概对于很多社会科学家来说，会是一个敏感的命题。2020 年，一本新书《告别社会：牛津开始的人类学轨道》（*After Society: Anthropological Trajectories out of Oxford*）[1]，给这个命题增添了几分历史感。该书的作者是一批于 20 世纪 80 年代初在牛津大学读人类学博士的学子们，他们借后现代理论特别是后结构主义对“社会”概念的消解，揭开了对“社会”的人类学挑战。坦白说，我从未想过在批判和排斥的意义上挑战“社会”，只是希望在互补的意义上，（请）让“社会”有“文化”。而这些年轻人经历了当时人类学以及社会科学所遇到的方法论上的转变，他们挑战“社会”的目的意在解构“社会”，后面的矛头所指，恐怕会触及曾在牛津大学人类学系任教的人类学功能学派大师、“社会”人类学的领军人物拉德克里夫-布朗（A.R.Radcliffe-Brown），而拉德克里夫-布朗正是深受涂尔干（Emile Durkheim）“社会”思想影响的一脉人类学家。这一“社会”的学脉对于中国学界并不陌生，其影响早在晚清已经开始，后在 1935 年吴文藻邀请赖德克里夫-布朗来燕京大学社会学系讲学时达到了高潮。这一契机，相信也多少促成了林耀华（曾直接接受赖氏的指导）和费孝通分别赴哈佛大学人类学系和伦敦经济学院人类学系攻读人类学。

近代社会，大量学术概念从欧美和日本进入中国，极大地改变了人们对世界和中国社会的认知。就我所从事过的社会学和人类学来看，“社会”（society）一词在近代进入中国本土，是影响力最大且最为深刻的概念之一。它几乎以全新的涂尔干式的“社会事实”对中国社会进行了“扫荡式”的重新定位和本土化，从根本上改变了人们对中国社会的理解，其中自然也免不了包括一些曲解和误解。相对于从西方引进的“社会”等概念，与之比肩的“文化”概念并非完全是舶来品，而是具有鲜明的本土特点。但遗憾的是，近代中国学者们几乎忽略了中文里已经有的

---

[1] João Pina-Cabral, and Glenn Bowman eds. *After Society: Anthropological Trajectories out of Oxford*. Berghah, 2020.

“文”之深意，而简单接受用“文化”翻译欧美的 culture，结果多少偏离了中国“文化”之本意，失去了一个在当时比欧美人类学界更为深刻的本土“文化”概念。

在国际学界，“文化”概念近乎是欧美文化人类学家的“专属”，这个令不少人类学家纠结、焦虑、失望甚至抛弃的玄思概念，被一些学者认为是人文社会科学中最难把握的概念之一，并且直到今天，它还未找到自己稳固的学科位置。那么，在人类学本土化中一直处于“被动本土化”的中国人类学学者，是否可以回归到自己的“文化”原生概念？是否可以由“文化”来重新定位“社会”的学科位置以更好地理解中国？是否可以在此基础上汲取和升华国际学者的智慧以建立起“文化”的信息科学？是否能够将中国本土的“文化”概念“他土化”并以此走向对世界的理解？这些正是本文撰写的初衷。

一、“文化”的本土与他土

在经历了百余年的西方科学的系统引入之后，就人类学学科而言，遇到较多的问题之一，仍然是如何理解“文化”与“社会”的概念以及两者之间的关系。近代以来，“社会”概念以及西方社会学带给人们对中国社会的理解，不论正误都影响深远。从“国家”“现代化”“全球化”“人民”“政治”“经济”“发展”，到“社区”“公民社会”；再到“社会反抗”“弱势群体”“贫困”等大量概念，都是跟随着“社会”概念进入中国的。并且以诸如“国家与社会”“社会现代化”“社会发展”“社会贫富差距”等大量命题，命定了对中国社会的重新理解。可以设想，如果没有涂尔干当年“圈定”的“社会事实”，何以会有今天的中国社会学与“社会”认知？如果依然使用“群”和“群学”，何以能有今天的“中国社会”和社会学？众所周知，中国汉语中自古没有西方 society 语义上的“社会”概念，在这个意义上，可以说中国几千年无“社会”。这意味着：中国社会的内在理解和运行并不需要“社会”概念的一类造词，但从概念的表征视角，一个舶来的“社会”为何、又如何能由它去解释中国？进一步思考，今天由“社会”巨无霸建立起来的社会认知，真的是一种对中国理解的牢不可破的完美概念体系，对它不能去挑战吗？

我从 1985 年年底进入中国人民大学社会学研究所从事社会学研究，一直就是一个坚定的“社会”践行者，1991 年出版的第一本著作《社会场论》，是一本尝试建立自然与社会之间概念桥梁的探索之作。回顾“社会”概念的中国源起，society 意义上的“社会”来自日文 shakai（shakai 是中国明代时日本对 society 的日文翻译）的中文翻译。19 世纪末，“社会”概念已经进入中国，梁启超在 1902 年的《进化论革命者颉德之学说》中说：“麦喀士（马克思）谓：‘今之社会之弊，在多数之弱者为少数之强者所压伏。’尼志埃（尼采）谓：‘今之社会之弊，在于少数之优者为多数之劣者所钳制。’”[1]文中明确使用了“社会”。而在当时，更多的是用“群”来理解“社会”的。1903 年，《新尔雅》里说：“二人以上之协同生活体，谓之群，亦谓之社会。研究人群理法之学问，谓之群学，亦谓之社会学。”严复当年翻译英国社会学家斯宾塞（H.Spencer）的《社会学研究》（*Study of Sociology*）时，就是将社会学 sociology 翻译为“群学”，书名翻译为《群学肄言》（1903）。

金观涛和刘青峰曾经通过晚清民国时期一些报刊对近代一些外来概念的本土化有过系统分析。他们的研究发现，除了从“群”变成“社会”，还包括了“天下”变成“世界”、“经世”变成“经济”、“科学”取代“格致”，等等。根据金观涛的研究，在 1903 年这一年，“社会”一词的使用达到了约 2 200 次，差不多是 1900 年的 10 倍。伴随的概念包括“中国社会”“社会进化”“社会变革”“社会主义”“等级社会”“民族社会”“社会与国家”“社会问题”“社会进步”“社会言论”“宗法社会”“中西社会”“社会秩序”“社会学”“上/下流社会”“新社会”等。[2] 这些概念伴随“社会”而进入中国，给中国社会带来了新的理解。严复在翻译《群学肄言》的第二年（1904），又翻译了甄克思（E.Jenks）的《社会通诠》（*A History of Politics*），在序言中有了对 society 的“社会”翻译：“异哉！吾中国之社会也。夫天下之群，众矣，夷考进化之阶级，莫不始于图腾，继以宗法，而成于国家。……其圣人，宗法社会之圣人也；其制度典籍，宗法社会之制度典籍也。”[3]

“社会”的概念体系之所以可以容易进入并迅速取代中国本土原有的概念体系，原因之一是其实体化、整体性以及结构功能的系统思维框架。一个伴随的现象恰恰是“社会”概念本土化中的“文化”缺失，即在中国研究中偏重于结构功能的社会系统硬件思维，忽略了后面的文化软件编码。社会学的实体（硬件）思维可以通过社会五行（即社会互动、社会关系、社会功能、社会结构、社会系统）清楚地表达出来，这五个概念几乎覆盖了社会学 90％的理论；[4]而“文化”的信息表征（软

---

［1］ 梁启超.进化论革命者颉德之学说.饮冰室文集（卷 1）.香港：香港天行出版社，1964：252-259.

［2］ 金观涛，刘青峰.观念史研究.北京：法律出版社，2009.

［3］ ［英］甄克思.社会通诠（序言）.严复，译.北京：商务印书馆，1981；李博.汉语中的马克思主义术语的起源与作用.赵倩，王草，葛平竹，译.北京：中国社会科学出版社，2003.

［4］ 张小军.社会场论.北京：团结出版社，1991：136～146.

件)思维却常常被人们忽略。如果只是停留在“社会”的实体硬件思维上,意识不到社会实体背后的“文化”表征的软件体系,是否会给社会的理解带来偏差?在这个意义上,如何将“文化”与“社会”两个关于人类社会的整体概念进行辨识,便成为理解人类学和社会学的知识体系和学科建设的重要基础和前提。

以美国为代表的文化人类学界曾经对“文化”独有衷情。人类学中的文化进化论、文化相对论、文化生态学、文化功能论、象征人类学和解释人类学、后现代的文化批评,实践理论中的文化图示,等等,都视文化为核心概念。与之相对的另一个极端,就是赖德克里夫-布朗的社会功能主义,将“文化”置于“社会”之下。就中国而言,本来有着本土“文化”概念的学术资源,却在社会研究中自觉不自觉地跟随西方学术界,反而变成了“没文化”。其实,社会学与人类学在早期本土化中一直是并行发展的,吴文藻早在《社会学丛刊》(总序)中就对当时“仍不脱为变相的舶来品”的社会学,提出了发行丛刊的目的是“促使社会学之中国化”。而在社会学的中国化中,吴文藻对文化人类学十分重视,专门给予介绍,并认为“现在各国社会学与人类学研究的目的、题材、观点及方法实在全是一样的,并且这种看法与我国国情最为吻合”。[1] 从世界人类学界来看,当代文化人类学的基础工作之一,就是要让“文化”补充“社会”思维的局限,并成为理解人类生活的基础概念。

“文化”一词与由日本舶来的“社会”一词不同,它是一个舶往又舶来的概念。日本学者水野祐认为:

> 作为译语(指译自英文 culture)的“文化”,因而不用说该原语就是汉语了。就像王蓬诗句“文化有余戎事略”所认为的那样,其意是学问进步,“社会开化,即文明开化”。……“文”这个汉字的起源是一个由线条相互交叉呈“文”状,万物相互交叉。
>
> 汉语词汇“文化”原封不动地同汉籍一起传入我国,在江户时代被作为年号而采用。但从当时的用例来看,这个“文化”并不是作为 culture 的译语,而是完全照中国古典的原意来使用的。[2]

按照水野祐的研究,“文化”一词在江户时代随中文古籍进入日本,早期是受

[1] 吴文藻.社会学丛刊(总序)// 陈恕,王庆仁,编.论社会学中国化.北京:商务印书馆,2010:3-5.

[2] [日]水野祐.“文化”的定义//庄锡昌,等编.多维视野中的文化理论.杭州:浙江人民出版社,1987:366-367.

中国“文明”概念的影响，并曾成为年号。文化纪年共 15 年，即 1804—1818 年。大约一个世纪之后，在明治时期（1868—1911）的 20—30 年代，日本的“文化”一词才开始用来表示 culture。明治三十六年（1903），“文化”用于人类学书籍《日本人种新论》中，[1]表达近似于“文明”。中国大约也是在这个时期受到日本影响，舶来了翻译 culture 的“文化”。1897 年，在一篇英文报译中，出现了“文化之力，有以维持而罗致之也”。“庶能沐浴文化，保护自主，外可以御侮，内可以弭乱。如果一国之中，民习偷惰，武备不修，街衢所遇，无非歌唱跳舞之俦，若此者不独国运将衰。即所谓文化，亦无复存矣。”[2]其中的“文化”，表达的是国民的“文明”程度。后 1941 年版的《辞源》也有了“国家及民族文明进步曰文化”。将“文明”与“文化”等同，这是 20 世纪之交“文化”又从日本舶来的结果。那么，“文化”早期进入日本前的本意是什么呢？

中国最早的文字发现之一是距今约 4 000 多年山西襄汾陶寺遗址出土的一件扁陶壶上的两个特殊红色图案，其中一个被认为是“文”字。意味着“文”乃中华第一字。《周易・系辞下》有“道有变动，故曰爻；爻有等，故曰物；物相杂，故曰文；文不当，故吉凶生焉”。爻作为卦象，有万物相交和变动的意义。“爻者，言乎变者也。效此者也。效天下之动者也。”爻分为阳爻（—）和阴爻（--）。“文”取爻的下部分，上面的一点一横，表示“天下”，意为天下万物交错，遵循的规律是“道”。

由此，可以将“文”定义为万物的相互作用及其规律。于是，有了“天文”“地文”“人文”的概念。北齐刘昼的《新论・慎言》里有“日月者，天之文也，山川者，地之文也，言语者，人之文也。天文失则有谪蚀之变，地文失必有崩竭之灾，人文失必有伤身之患”。这里的“文”，说的就是天、地、人运行的秩序和运行规律。“天”之“文”化生日月；“地”之“文”化生山川；“人”之“文”化生天下（社会）。这表明是文化将人们结成社会。违反了天之文的规律，天的秩序就会有谪蚀之变；违反了地之文的规律，地的秩序就会有崩竭之灾；违反了人之文的规律，人类社会就会有伤身之患。可见，“文”是理解和度量天地自然与人类社会的基本概念和视角。《周易・系辞下》里有“刚柔交错，天文也。文明以止，人文也。观乎天文，以察时变；观乎人文，以化成天下”。直接的意思就是“文化”乃人文之本，由人之“文”可

---

[1] [日]水野祐.“文化”的定义//庄锡昌等编.多维视野中的文化理论.杭州：浙江人民出版社，1987：366-367.

[2] 论军事与文化有相维之益.张坤德，译.时务报，1897(28)：11-12.

化生天下。

“文化”一词在中国社会的后来演变，一大特点是直接进入社会实践。如在《辞源》中列入的“文治教化”之意：“道之显者曰文。谓礼乐法度教化之迹也。”[1]说明了“文”是“道”的语言符号象征的显化表达，实际上就是“道”的化身。具体到社会层面，即社会礼乐法度的社会秩序如何通过文化教化而形成，深层则是“大道无形”之道的表达。因此，这个“文”蕴含着万物生消的规律。这意味着，一个没有文化的社会，无道无德、无礼无法、无教无序。这也是为什么宋代新儒家在对当时的社会痛定思痛之后，提出“天下用文治”之举，主张通过儒家道统，以“文”来治理社会。由此，也形成了中国历史上重要的一场社会变革——“文治复兴”。[2]

既然“文”可以“化成天下”，而“天下”之要义便是“社会”，就意味着人类需要用“文”来化生，不管是“社会”还是“国家”。在此意义上，中文中的“文化”是一个高于“社会”的概念，不仅有天之文、地之文，还有人之文。而人类的各种文化中，包括了社会文化、国家文化，以及人类一切生活方式的编码体系。既然“文化”的概念在中文中有如此明确的定义，且可以对人类学中的“culture”做最好的注释，那么，为什么这样一个本土的“文化”概念从未进入学术话语，长期被来自西方的“文化”概念所掩埋呢？

二、“文化”的近代本土化

欧美和日本的“文化”概念在近代进入中国。一方面，体现在晚清以来的社会变革上，西方的学术思想和体系通过现代“科学”的观念而进入；另一方面，民国开始的现代国家的建立与建设，需要新的思想、概念和科学的支持。“文化”概念在中国的本土化落地，体现在以下几个明显的方面：①文化的进步和“文明”视角；②文化的物质/精神“生活”视角；③民族国家的“民族”视角。④“文化”的学科视角。

1. 文化的进步和“文明”视角

人类学中最早将“文化”和“文明”并用的是欧洲社会文化人类学之父泰勒(S. E.B.Tylor)，他的《原始文化》(1877)提出了“文化或文明，就其广泛的民族志意义

[1] 辞源.商务印书馆，1940(民国四年初版)：卯104.

[2] 张小军.文治复兴与礼法变革——祠堂之制和祖先之礼的个案研究.清华大学学报，2012(2).

而言，是包括了知识、信仰、艺术、道德、法律、习俗以及人们作为一个社会成员所习得的能力和习惯在内的复合整体”。泰勒和摩尔根的文化进化论，开启了人类学中的文化人类学与社会人类学，并成为人类学中相对于体质人类学和语言人类学的最大理论分科。

中国的“文明”一词历史久远，日文使用的“文明”一词就是来自中国。《周易》中早有“文明以健”的说法：“其德刚健而文明，应乎天而时行，是以元亨。”讲的是文（社会相互作用）之明（达到健康的秩序）可以通过道之德来形成，即道德形成文明（文化）。1903 年，久保天随（1875—1934）在《东洋通史》中，讲到“世界人文之源”即五大文明起源地：中国黄河扬子江、印度恒河、两河流域、埃及尼罗河以及北美密西西比河。其“人文”用法有两层含义，一是“文明”，表达五大文明；二是用来表达“人类的文化”。[1] 可以说，文明是“文化”的第一个本土化的概念，清末民初从日本和德国引入的“文化”概念偏向于“文明”的理解，虽然这一“文明”曾经是由中国“出口”到日本，最后又以“文化”携其归来。

梁漱溟的《东西方文化的比较》中，将东、西方的“文化”之争导向“文明”之争。何炳松曾言，文化“即文明状况逐渐变化之谓”。不过，他所言的文明，并不是泰勒的狭义文化，而是一般状况的广义文化：“文化史应以说明一般状况之变化为主。若仅罗列历代典章制度，文人文艺为事，充其量不过一种‘非政治’的过去事物之列肆而已，非吾人所谓文化史也。”[2]这一“文明”含义的扩展十分重要。李思纯在《论文化——文化通释》中，区别了文化与文明。他认为文化是内在精神的，文明是外在物质的。文化是一个由精神生成的总体，文明只是文化的一种外在表达。因而文化包括了文明，而文明不能包括文化。[3] 上述关于文化与文明两者关系的不同观点，大致上反映了围绕文明的“文化”理解。

近代中国受舶来的文明的文化观之影响，几乎每一次重大的文化事件，都是在对自己文化批判的基础上进行的。如民国早期的五四和新文化运动，新中国的十年“文化大革命”中的“破四旧”。无论对这些文化运动如何评价，“文明”在其中的社会动力十分明显，值得引起人们深思。

---

[1] [日]久保天随.东洋通史.第 1 卷第一章，东京：博文馆，明治三十六年(1903)：2.

[2] 何炳松.五代时之文化(1925)//何炳松论文集.刘寅生，等编.商务印书馆，1990：248.

[3] 李思纯.论文化.学衡，1923(22)：1-4.

2. 文化的物质/精神的“生活”视角

20世纪20年代，美国博厄斯(F.Boas)的文化相对论兴起，“文化”概念已经脱离狭义的理解，变成“人类全部的生活方式”。几乎在同时期，一位叫做友君的人在1928年写过一篇短文《“文化”的里面》：

> 所谓文化也者，实在不过是人类历史上，某一个时代，某一个地方的人类生活或活动的法式。所谓生活，当然是包括精神的物质的种种方面说的；所谓法式，当然是一切谋生的方法和方式说的。人类既然免不了要营种种的生活，自然免不了要有种种生活的法子，也就免不了要藉种种的方式(或制度，或文物)来表现它。集合这种种的方法和方式，组织成一个知识的经验的系统，就成功了某一个时代，某一个地方的人类的所谓文化。[1]

上面的文化定义，说明了文化就是人类一切谋生的方法和法式，以及由此形成的知识经验的系统。钱穆后来也有此类说法：“人类各方面各种样的生活总括汇合起来，就叫它作‘文化’。”“一人的生活，加以长时间的绵延，那就是生命；一国家一民族各方面各种样的生活，加进绵延不断的时间演进，历史演进，便成所谓文化。”[2]意味着“文化”乃一国家、一民族、一群人的生命所在。

马林诺斯基的《文化论》[3](*A Scientific Theory of Culture*，1944)曾区分出物质和精神文化。然而梁启超早有类似的说法。梁启超曾在1922年以“什么是文化”为题，在金陵大学演讲。他在文中定义：“文化者，人类心所能开积出来之有价值的共业也。”共业是一个佛教概念，“业报”是修行求报，“业”是人类活动的不灭的“心能”。“文化是包含人类物质精神两方面的业种业果而言。”“果又生种，种又生果，一层一层地开积出去。人类活动所组成的文化之网，正是如此。”“文化是人类以自由意志选择价值凭自己的心能开积出来，以进到自己所想站的地位。”[4]梁启超将“文化”作为心能和自由意志的价值选择，并早有文化网之说，反映出文化能动的一面(参见表1)。

---

[1] 友君.“文化”的里面——原名“谈谈文化”.毓文周刊，1928(245)：2-6.

[2] 钱穆.国史新论.北京：生活·读书·新知三联书店，2001：346.

[3] 此处的马林诺斯基(B.Malinowski)在本书中一般使用马林诺夫斯基，特别随译著译文时，跟随译文使用马林诺斯基等。

[4] 梁启超.什么是文化.文化副刊[1922-12-01]：2-3.

表1　梁启超的文化分类

<table>
<tr><td colspan="9">文　化</td></tr>
<tr><td colspan="4">物质的——业种——
生存的要求心及活动力</td><td colspan="5">精神的——业种</td></tr>
<tr><td>开辟的土地</td><td>修治的道路</td><td>工具机器等</td><td>其他</td><td>社交的要求心及活动力……言语习惯伦理等</td><td>组织的要求心及活动力……关于政治经济等诸法律</td><td>智识的要求心及活动力……学术上之著作发明</td><td>爱美的要求心及活动力……文艺美术品</td><td>超越的要求心及活动力……宗教</td></tr>
<tr><td colspan="4">业　果</td><td colspan="5">业　果</td></tr>
</table>

作为马林诺斯基的学生，费孝通也持“生活方式”的看法：“所谓文化，我是指一个团体为了位育处境所制下的一套生活方式。”费孝通认为“一个团体的生活方式是这团体对它处境的位育。位育是手段，生活是目的，文化是位育的设备和工具”。[1]关于“位育”，潘光旦用儒家的“致中和，天地位焉，万物育焉”提炼出“位育”一词，对应英文的adaptation即“适应”，意思是指“人和自然的相互迁就以达到生活的目的”。潘先生进而认为：“一切生命的目的在求所谓‘位育’。”[2]在上述意义下，文化是一种位育的生活方式。

3. 民族国家的“民族”视角

就文化与社会人类学而言，今天的“民族”概念也是舶来品，主要是伴随着ethnology即“民族学”的概念进入中国的，其背景是晚清和民国时期以民族主义建立现代国家以及主权国家的需要。蔡元培曾从学理上将“民族”与“文化”联系在一起，1926年，他从法文引入“ethnologie”和“ethnographie”，认为“民族学是一种考察各民族的文化而从事记录或比较的学问”。[3] 中国民族学会于1934年12月在中央大学成立，提出学会的宗旨是“研究中国民族及其文化”。[4]近代将ethnology翻译为“民族学”，将ethnography翻译为“民族志”，本身有历史原因。

---

[1] 费孝通.中国社会变迁中的文化结症.1947年在伦敦政治经济学院的学术演讲稿.引自北京大学人文社会研究院“纪念费孝通诞辰110周年”专题推介.

[2] 潘光旦.说乡土教育//政学最言.观察社，1948 //潘光旦先生百年诞辰纪念文集.北京：中央民族大学出版社，2000：251.

[3] 蔡元培.说民族学.一般，1926(12).

[4] 参见：江应梁.人类学的起源及其在我国的发展.云南社会科学，1983(3)；王建民.中国民族学史·上卷：187.

Ethnology 的本意是“不同文化人群”(ethno—)的“学问”(ology)[1]。翻译成“民族学”,等于把一个研究不同文化的学问变成了研究社会中一个很小的组成部分——“民族”的学问,结果导致了对 ethnology 的时代性误解。

钱穆在《国史大纲》(1937)中对文化之于民族的凝聚作用说得十分透彻:

> 抑有始终未跻于抟成“民族”之境者;有虽抟成为一民族,而未达创建“国家”之域者;有难抟成一民族,创建一国家,而俯仰已成陈迹,徒供后世史家为钩稽凭吊之资者;则何与?曰:惟视其“文化”。民族之抟成,国家之创建,胥皆“文化”演进中之一阶程也。故民族与国家者,皆人类文化之产物也。举世民族、国家之形形色色,皆代表其背后文化之形形色色,如影随形,莫能违者。……若其所负文化演进之使命既中辍,则国家可以消失,民族可以离散。……以我国人今日之不肖,文化之堕落,而犹可言抗战,犹可以言建国,则以我先民文化传统犹未全息绝故。一民族文化之传统,皆由其民族自身迁传数世、数十世、数百世血液所浇灌,精肉所培壅,而始得开此民族文化之花,结此民族文化之果,非可以自外巧取偷窃而得。

可见,在民族国家的背景下,“民族学”的翻译及其在中国的诞生,意义非凡。潘光旦更从种族的角度论述了“文化”之于国家的重要。他在《再谈种族为文化原因之一》一文中说:“民族虽然和种族,和国家都不相同,但它却是介乎两者之间的,因为种族是生物学上的东西,国家是政治与文化上的东西,而民族不但是生物学上的东西,同时也是文化上的东西。”[2]潘先生的文化观可以从他的“文化的生物学观”一文中看出,他提出了人类现象的金字塔,从顶尖往下:文化现象—社会现象—心理现象—有机现象—理化现象。表明了文化现象处于人类生活的最高层。[3]

在西南民族研究中,最以“文化”视角而为的当属陶云逵。他早年因在南开读书期间受到李济讲授人类学的影响,1927 年远赴柏林大学读人类学,师从人类学家费雪尔(E.Fischer),由此深受德国人类学的“文化”传统之影响。陶云逵认为文化是与人类生命相始终的一个理念体系(system of ideas),也是一套生活方式和

---

[1] 张小军.走向“文化志”的人类学:传统民族志概念反思.民族研究,2014(4).

[2] 潘光旦.性与民族//潘光旦民族研究文集.北京:民族出版社,1995:40.

[3] 潘光旦.文化的生物学观(1930).潘光旦文集(第二卷).北京:北京大学出版社,1994:311.

价值体系，借身体及身体以外的物质表现于行为之外，对社会起到合整的作用。文化的本质是心理的。“总归起来一句话，一个社会的社会体系是一个理念的体系。”[1]直言便是“社会体系也是文化体系”。他认为西南边疆社会的问题实际上是个文化问题。民族是文化的人群。一方面，“必得有统一的文化，……这样全国族乃成一个整体”。另一方面，“所谓文化的统一化并不是说主观的以固有的中原文化标准而把其它的同化，……这里所谓文化的统一化或文化的改变乃是把边社的文化也跟中原人群的文化一样的近代化起来”。[2] 陶云逵还在云南土族地理分布的研究中，从文化的汉化和同化视角，检讨了李济偏向体质人类学的“层叶覆盖说”，提出了自己的“挤压抬升说”。乃是西南民族地区研究之经典。[3]

4. “文化”的学科视角

韦伯(M.Weber)在社会学三大古典导师中以“文化”见长，其《新教伦理与资本主义精神》便是这方面的代表作。他曾经系统地讨论文化对于社会科学的方法论意义，并认为“我们已把那些从文化意义方面分析生活现象的学科称为‘文化科学’”。[4] 文化的学科视角也体现在民国时期对西方 culture 概念的本土化过程中，其中有三位主要的代表学者，一是陈序经的文化学；二是孙本文的“文化社会学”；三是黄文山的“文化学”。

陈序经是西方文化概念最忠诚的发扬者，这不仅得益于他早期留学美国的经历，还在于他对“全盘西化”(全盘接受西洋文化)的偏执。他的《文化论丛》20 册 200 多万字，可见其“文化”之用力。其中《文化学概观》是其《文化论丛》的前四册，系统论述了他的文化理论。他特别关注和吸收人类学的文化理论，对人类学中第一个系统提出“文化”定义的泰勒(E.B.Tylor)着墨颇多，泰勒《原始文化》的第一章题目便是“关于文化的科学”。陈序经认为文化是人类适应时境以满足其生活的努力之结果。他说在德国留学时，无意看到培古轩(M.V.Lavergne-

[1] 陶云逵.文化的本质.车里摆夷之生命环.杨清媚编.北京：生活·读书·新知三联书店，2017：316-317，336.

[2] 陶云逵.论边政人员专门训练之必要.车里摆夷之生命环.杨清媚编.北京：生活·读书·新知三联书店，2017：344-345，347.也见杨清媚.文化与民族精神：陶云逵及其作为“精神科学”的人类学遗产解读.车里摆夷之生命环.杨清媚编.北京：生活·读书·新知三联书店，2017：20-21.

[3] 陶云逵.几个云南土族的现代地理分布及其人口之估计.车里摆夷之生命环.杨清媚编.北京：生活·读书·新知三联书店，2017：113-136.

[4] [德]韦伯.社会科学方法论.黄振华，张兴健，译.台北：时报文化出版企业有限公司，1993：89.

Peguilhen)发表于1838年的《动力与生产的法则》,在这本与孔德创立社会学(sociology)几乎同时的著作中,提出了社会科学的四大分类,即动力学、生产学、文化学(Kulturwissenschaft)和政治学。[1] 其中“文化学”当时主要偏向研究人类的教化,陈序经认为这一文化学过于狭窄,于是有了他对文化理论的后来发扬。

孙本文在社会学本土化中,一直在社会学的背景下推动“文化社会学”。他曾发表《社会学上之文化论》《文化与社会》《社会的文化基础》等[2],依据当时文化人类学的“文化”概念,建立了中国的文化社会学以及社会学的文化学派。他在1929年的《社会的文化基础》的序言中认为:“文化为人类调试于环境的产物,包括一切有形无形的事物。从历史方面说,自有人类,即有文化。从地理方面说,世界上无一民族,无有文化。从人类生活方面说,人自出生之后,直至老死,无时无处,不在文化环境中生活。所以文化是人类社会最彻底最普遍的一种势力。”他同时强调说:“世俗对于文化的性质,辄所误解,以致蔑视文化的势力。”[3]所谓“文化的势力”,其实就是“文化力”,理解社会运行的文化力,正是孙本文希望该书能够阐明的文化之真义,由此使改造社会者知所从事,因为他认为社会的改造必须从文化入手。孙本文还系统地建立了文化社会学的理论框架,是当时对文化理解最为透彻的学者之一。

黄文山曾提出文化学(culturology)并认为文化学是一门研究文化现象和文化体系的科学。主要研究文化的起源、发展、变动的法则,以及不同文化现象的相互关系与各民族文化发展的异同。他认为“文化学的任务,在于研究文化体系,而不是社会体系”。[4] 怀特(L.White)曾在其《文化科学》中主张建立文化科学并积极评价了黄文山的研究,认为汉语比英语更加容易使用“文化学”,因为英语中有以文化为主体的文化学(culturology)和关于文化的科学(culture of science)之区别,前者将“文化”指定为一个实在的领域并确定为一个学科,剥夺了社会学的优先权。这使得社会学家不愿意承认这样一门学科。[5] 1921年,哲学家李凯尔特(Von H.Rickert)出版了《文化科学和自然科学》,提出与“自然科学”并列的“文化

---

[1] 陈序经.文化学概观.长沙:岳麓书社,2009:49-53.

[2] 孙本文.孙本文文集(第四卷).北京:社会科学文献出版社,2012.

[3] 孙本文.孙本文文集(第四卷).北京:社会科学文献出版社,2012:149.

[4] 黄文山.文化学体系.台北:中华书局,1971.

[5] [美]莱斯利·A.怀特.文化科学:人和文明的研究.杭州:浙江人民出版社,1988:390.

科学”，理论的依据简单明了：自然产物是自然而然的，文化产物是指人工播种栽培的。[1] 由此有了作为栽培的 culture（文化）提升为与自然相对的人类现象。这也是怀特的看法：“文化才是唯独人具有的生活方式。”[2]遗憾的是，黄文山开创的“文化学”虽然学术眼界很高，后来却没有时机得到长足的发展。

回顾上述晚清到民国时期的人类学和“文化”的本土化，可以清晰地看到其中“被本土化”的过程。当大量西方学术概念和话语涌入的时候，除了上述少数学者，大部分精英都处于对西方思想的被动接受和主动融合之中，很少有人从自己的文化思想中提出有意义的学术概念，反而对自己文化的批判成为时髦。在此背景下，“文化”的掩埋或许可以代表那个年代人类学（也包括很多其他学科）本土化的一种无奈。

三、再本土化：让“社会”有“文化”

让“社会”有“文化”之论，并非新的学术时髦，早在 20 世纪战后的五六十年代多学科的“文化转向”中，这一论题已经展开。一方面，在后现代理论背景下，“文化”及其文化研究（如文化批评、文本分析等）成为时髦，承担起解构传统社会结构理论的概念工具，福柯（Michel Foucault）的话语和权力理论、德里达（Jacques Derrida）的解构主义理论等是这方面的代表；另一方面，“文化”也在社会批判的三股左派或新马克思主义潮流中得到释放，包括著名的法兰克福学派，以威廉姆斯（R.Williams）等为代表的英国文化唯物论，以及葛兰西（Antonio Gramsci）的文化霸权理论等。

从学科的角度来看，考古学在 20 世纪 60 年代因为追求有“文化”的“新考古学革命”而成为人类学的分支学科。心理学在 1979 年之前，以文化研究为主题的论文只有 80 多篇，2000—2002 年，相关论文却激增至 8 000 余篇。[3] 在国际政治领域，亨廷顿（Samuel P.Huntington）在《文化的重要作用》前言中，引述说：“保守地说，真理的中心在于，对一个社会的成功起决定作用的是文化，而不是政治。开明地说，真理的中心在于，政治可以改变文化，使文化免于沉沦。”该书探讨了价

[1] [德]H.李凯尔特.自然科学和文化科学.北京：商务印书馆，1986：20-21.

[2] [美]莱斯利·A.怀特.文化科学：人和文明的研究.杭州：浙江人民出版社，1988：33.

[3] 钟年，彭凯平.文化心理学的兴起及其研究领域.中南民族大学学报，2005(6)；王登峰，侯玉波.人格与社会心理学论丛(一).北京：北京大学出版社，2004.

值观如何影响人类进步，从政治、经济、族群、性别等多方面探讨文化的深层作用。[1]

历史学中，以年鉴学派为代表的历史人类学推动了史学的人类学转向，形成了“文化史”学派的诞生。林·亨特(Lyn.Hunt)等编辑的《文化的转向：社会和文化研究中的新方向》，探讨了文化转向引出的五个关键结果：首先，“社会”已经不再是所有解释之源，社会范畴不是稳定的客体。第二，文化在社会结构之上被研究。文化被作为象征、语言和表征系统来讨论。第三，文化的转向威胁到要抹掉所有涉及社会脉络或者理由的东西。第四，社会说明范式的瓦解。第五，各学科专业的重新结盟，尤其是文化研究的兴起。[2]

文化人类学一直偏重于文化的视角，其高潮发生在20世纪60—70年代，由建构文化的象征人类学和解构文化的后现代人类学两代学者形成。前者最主要的代表人物是格尔兹(C.Geertz)及其《文化的解释》等著作；后者的代表人物包括他的学生拉宾诺(P.Rabinow)以及马库斯(George Marcus)等人，代表作有《写文化——民族志的诗学与政治学》以及《作为文化批评的人类学》等。社会学中，曾经担任国际社会学会首位女会长的阿瑟儿(Margaret Archer)曾经有过对于吉登斯(A.Giddens)结构化(structuration)理论的批评，并主张文化形态发生(cultural morphogenesis)的动力学，阿瑟儿在《文化与能动：社会理论中的文化空间》中强调了文化在社会学中的独立作用，认为对结构与能动，可以用文化与能动的分析框架来解决。[3] 不过，从另一方面来看，吉登斯在实践理论中的结构-能动的理论框架，也受到了拉图尔(B.latour)行动者网络理论(ANT)的挑战。

拉图尔是对“社会”概念彻底颠覆的学者，他批评涂尔干的“社会”的出发点，用“联结的社会学”反对“社会的社会学”。在《实验室生活》一书中，以一个科学实验室为田野地点，他提出“行动者网络理论”(Actor Network Theory，ANT)，认为人与非人(设备、仪器、材料等)共同作为主体，通过互译联结成网络，以建构起

---

[1] [美]劳伦斯·哈里森，[美]塞缪尔·亨廷顿.文化的重要作用.北京：新华出版社，2010.

[2] Hunt，Lynn and Victoria Bonnell.*Introduction In Beyond the Cultural Turn：New Directions in the study of society and Culture*.Victoria Bonnell and Lynn Hunt eds.California：University of California Press，1999.

[3] Margaret Archer.*Culture and Agency：The Place of Culture in Social Theory*.Cambridge University Press，1988.

科学的知识。[1] 在拉图尔之后，近年来，人类学的“本体论转向”，进一步将视野回归到万物相互作用的本底秩序，启发人们关注联结和运行的动力学机制。而“文化”作为人类的“第一秩序”，作为行动者网络的编码体系，正是其深层的动力学机制，对此，拉图尔似乎并无自觉。

在中国社会的历史和人类学研究中，对西方社会结构模式的吸收和批判也带来了一些“文化转向”。余英时是史学中最重“文化”的学者之一，他指出五四及其新文化运动，是近代中国社会转型的重要阶段，表现为从基于自己的文化来吸收外来西方文化，转变为对传统文化彻底否定的革命，结果带来了社会秩序的深层次失序。文化的超越便是肯定文化对于历史的决定作用，如所谓中国历史上的“超稳定系统”之说，“如果真有什么‘超稳定系统’，那也当归之于‘文化’，不在政治或经济”。“肯定文化的超越性以克服浅薄的功利意识和物质意识，这是一切文明社会的共同要求。”[2]

何伟亚(James Hevia)在《怀柔远人》中从文化主义的视角，反思“文化误解”说，批评“误解”后面(一定有“正解”)蕴含的传统与现代(如柯文的“中国中心说”的观点)、中国与西方(如费正清的朝贡体系的“冲击反应说”)的文化逻辑，主张回到两个扩张帝国各自的主权和权力体系的构建来理解这场礼仪之争。[3] 何伟亚对中国研究中文化主义的批评，恰恰从另一个方面说明了文化主义方法论的强势。对此，罗志田在《怀柔远人》的译序中指出，自葛兰西之后，文化早已充满权势意味，文化竞争即是权势之争。从这个意义(以及一般意义的文化)而言，近代中西文化竞争的存在及其严重性是无法忽视的。何伟亚不说“文化误解”，却处处在表现文化，他实际上是以未明言的“文化冲突”观来取代“文化误解”模式。[4] 罗志田本来就强调中国历史研究不可或缺文化视角，他曾经在《变动时代的文化履迹》一书中梳理了文化对于历史研究的学理脉络。[5]

在人类学中，台湾学派以中国文化研究而著称，如李亦园曾提出“致中和”的

---

[1] [法]布鲁诺·拉图尔，[英]史蒂夫·伍尔加.实验室生活：科学事实的建构过程.刁小英，张伯霖，译.北京：东方出版社，2004.

[2] 余英时.论文化超越//钱穆与中国文化.上海：远东出版社，1994：250-252.

[3][4] 何伟亚.怀柔远人：马嘎尔尼使华的中英礼仪冲突.邓常春，译.北京：社会科学文献出版社，2002.

[5] 罗志田.变动时代的文化履迹.上海：复旦大学出版社，2010.

整体均衡与和谐，来表达中国文化三层次均衡观念的模型。包括自然系统(天)的和谐、有机体系统(人)的和谐以及人际关系(社会)的和谐。[1] 张光直探讨了中西文明起源之差异，认为中国文明不同于西方文明的断裂性形态，而具有连续性文化形态。[2] 历史人类学也在20世纪90年代进入中国，以华南研究为代表，文化的视角十分鲜明。[3]白馥兰(Professor Francesca Bray)在《中国与历史资本主义：汉学知识的系谱学》一书中提出她对西方科技史研究的文化反思：

> 由资本主义组成的科学、科技和社会科学所形成的物质主义是一种困乏的物质主义，徒然做了我们对非西方世界观的认识。将我们现代的目标与价值投注在历史过往只更模糊了我们对于其他社会甚至我们自身文化中，关于物质、理念与社会之间互动关系的了解。目前西方的科技史研究，如同其他的社会科学研究，正在进行所谓的文化转向(cultural turn)，希望能将我们习以为常的现代西方物质经验与知识演进过程“非中心化”。[4]

白馥兰认为，过去300年来，基于西方社会理论和西方历史经验对中国社会分析的主要问题之一，在于使用社会发展与结构的狭隘模型，回避了来自中国历史与社会研究的各样证据和可以用来挑战一般历史与社会之研究思路的资料来源。[5] 文化的转向意味着一种复杂的综合：日常生活世界、日常语言学、常人方法学、主位的汉学地方性知识、有别于西方物质经验的本土能动性，等等。

除了文化的转向，解构社会与文化两者间的对立关系、将两者互补和融为一体，也成为学术时髦。霍尔(Stuart Hall)曾在《文化研究：两种范式》中，论述了文化主义范式与结构主义范式的互补。对于前者，他提到威廉斯的定义“文化是一种总体的生活方式”，尤其关注文化的总体性建构。在《漫长的革命》(*The*

---

[1] 李亦园.李从民间文化看文化中国//李亦园自选集.上海：上海教育出版社，2002；林治平，主编.和谐与均衡：民间信仰中的宇宙诠释.现代人心灵的真空与补偿 .台北：宇宙光出版社，1988；参见：张小军.中国研究的人类学“台湾学派”——李亦园先生学术追忆.中南民族大学学报，2018(5)：89-95.

[2] 张光直. 中国青铜时代. 第二集. 台北联经出版事业公司，1990.

[3] Siu，Helen.*Tracing China：A Forty-Year Ethnographic Journey*.Hong Kong University Press，2016.

[4] 白馥兰.迈向批判的非西方科技史//[加]卜正民，[加]格力高利·布鲁，主编，中国与历史资本主义：汉学知识的系谱学.古伟瀛，等译.北京：新星出版社，2005：249.

[5] [加]卜正民，[加]格力高利·布鲁，主编.中国与历史资本主义：汉学知识的系谱学.古伟瀛等，译.北京：新星出版社，2005：130-131.

Long Revolution)中，威廉斯认为文化不只是一种实践或社会的习惯与民俗，而是社会实践的相互关系的总和。文化分析就是去发现这些关系如何组织起来的本质。由此，他在《文化与社会》中试图建构起文化—并—社会(culture-and-society)的分析类型。[1] 对此，社会学家鲍曼(Zygmunt Bauma)认为：

> 社会—文化现象中的“文化符号”及与之相应的社会关系在多数情况下都是相互促进的，而非随意地指向对方。……最糟糕的是将许多努力浪费在关于社会的“最终本质”究竟是文化的还是社会的虚假问题上。事实上，人类生命的所有现象似乎都是……社会—文化现象：被称为“社会结构”的社会相互依赖之网只能通过文化的形式来想象，而大多数文化记号的经验现实和社会秩序的生成都是通过确立限度来实现的。……当选择一种文化模式时，我们在一个给定的社会行动中创造了相互依赖的网络，它可以被概括为一个社会结构的总体模型。[2]

米尔斯(C.Wright Mills)在其《社会学的想象力》中，一方面认为“与社会结构对比，‘文化’的概念是社会科学中最不确定的词语”；另一方面，又宣称“我写本书的目的是，确立社会科学对于我们时代的文化使命所具有的文化涵义”，并认为“社会学与人类学的传统主题，都是整个社会，或是人类学家所指称的‘文化’”。“从文化人类学的古典传统和当前的发展来看，它与社会学研究之间没有任何根本差别。”[3]意味着将社会和文化两者的归一。

无论是文化的转向，还是消融社会与文化的界限，或者建立“文化—和—社会”的模式，上述观点多偏向于方法论的讨论，还需要在本体论上思考和建立两者的关系，否则，很容易流于不断的形式化的争论。文化与社会两者关系的思考早就蕴含在中国古代哲学中。

《周易·系辞下》中有：“叁伍以变，错综其数。通其变，遂成天下之文；极其数，遂定天下之象。”“文”通变(运动)，表达的是事物相互作用和运动变化的规律，人类的天下之文即文化；“象”表达的是天下事物相互作用之有形呈现，即所谓“形

[1] 参见：[英]斯图亚特·霍尔.文化研究：两种范式//文化研究(第1辑)，陶东风等，主编.天津：天津社会科学院出版社，2000：43-46.

[2] [英]齐格蒙特·鲍曼.作为实践的文化.郑莉，译.北京：北京大学出版社，2009：204-205.

[3] [美]赖特·米尔斯.社会学的想象力.北京：生活·读书·新知三联书店，2001：182，19-20，151-152.

象(有形之象)”,社会便是一种人类的“天下之象”。

上述思考,与格尔兹所言如出一辙(见表2):

> 作为区分文化和社会系统的更有用的方法,但绝不是唯一的方法,是把前者看成有序的意义系统和象征系统,社会互动就是围绕它们发生的,把后者看成社会互动模式本身。
>
> 文化和社会结构是对同样一些现象的不同抽象。在观察社会行动的时候,一个着眼于社会行动对于社会行动者的意义,另一个着眼于它如何促进某种社会系统的运作。[1]

表2 《周易》/格尔兹/波粒二象性的社会-文化释义

	社　会	文　化
《周易》	人类之“象”	人类之“文”
	错综其数 (事物相互作用的命数/结果)	叁伍以变 (事物相互作用的运动)
格尔兹	社会互动模式本身	有序的意义系统和象征系统
	社会系统的运作	社会行动对于行动者的意义
波粒二象性	粒子性	波性
(比喻)	人类活动的“硬件”	人类活动的“软件”
(实质)	社会的实体结构	文化的信息编码

近年来,笔者一直借用物理学来论证文化与社会的“波粒二象性”的理论模式,[2]对社会学的“社会”与文化人类学的“文化”两个各自学科的核心概念进行了讨论,用物理学中关于所有基本粒子(也是构成我们这个世界的物质基础)都具有的“波粒二象性”的“互补原理(并协原理)”,指出了“社会”与“文化”是认识同一人类活动的两个互补概念,缺一不可。“文化”偏重了信息编码的人类行为的意义体系;“社会”偏重于实体结构。用一个不太严格的比喻就是,可以把“社会”比喻为“人类电脑”的硬件,它是人类各种行为要素(政治、经济、宗教等)的组合系统;

[1] [美]克利福德·格尔兹.文化的解释.韩莉,译.南京:译林出版社,1999.

[2] 张小军.人类学研究的文化范式——“波粒二象性”视野中的文化与社会.中国农业大学学报,2012(2).

将“文化”比喻为电脑的软件程序，它是人类各种行为后面的编码体系（见表 2）。正如法国思想家莫兰（Edgar Morin）认为的：

> 文化作为再生系统，构成了准文化编码，亦即一种生物的遗传编码的社会学对等物。文化编码维持着社会系统的完整性和同一性，保障着它的自我延续和不变的再生，保护它抗拒不确定性、随机事件、混乱、无序。[1]

“文化”概念的合理性基础来自其作为“信息”的致序本质。所有的生物都有接受和处理信息的感官——类“脑”器官。“脑”的集中处理信息的能力是有生命体进化出来的一种区别于非生命体的能力。这个链条的最高端，就是信息能力最强的人类脑，而人类全部社会生活的信息能力以及由此形成的运行软件，就是各种“文化”。也因此，文化作为人类信息表征的意义体系，是区别于动物的唯一特征。“文化”的信息本质，正在成为未来社会分析的重要基础概念，也将在 AI 信息脑以及信息社会的认知中起到关键的作用。由此，笔者曾经归纳文化的定义为：

> 文化是人类遵照其相应的自组织规律对人类及其全部生活事物的各种联系，运用信息进行秩序创造并共享其意义的具有动态再生产性的编码系统。

上述文化的定义在骨子里与中国古义之“文”是相通的，亦是笔者作为一名中国人类学者在“文化”理解上的一种自我本土化。无论如何，20 世纪战后以来，颇为曲折的文化转向，已然唤起“文化”的学术生命力，这必将使得让“社会”有“文化”的学术实践空间更加深广。

四、自我本土化反省

所谓“自我本土化”（self indigenization），是一个在本书写作中有感而生的思考。一般来说，本土化是将某一学科理论用于某一地域或国家研究的过程。那么，一个学者是如何参与到自己所处的国家、地域、民族、历史、田野的本土化过程的呢？在这个意义上，“自我本土化”主要是想表达如下思考：从主位（emic）的视角，一个学者如何能够参与到上述不同的本土化实践？他们作为上面的诸种“本土人”，是否天然具有本土化的优势和话语的优先权？在此，他至少需要面对以下几个层面的自我本土化反省：

---

[1] ［法］埃德加·莫兰.迷失的范式：人性研究.陈一壮，译.北京：北京大学出版社，1999.

（1）面对西方学术进入中国的自我本土化反省。作为西方起源的人文社会科学，究竟如何落地文化的异乡？一个接受西方科学规范的学者，如何可能真正将西方科学落地本土，而不是食洋不化？

（2）如何进入历史本土的自我本土化反省。中国历史本来应该是“中国人”的历史，但是“历史的本土”也是“时间的本土”，距离我们往往十分遥远，《剑桥中国史》这些来自外国学者的历史著作反而会让大家更觉得有历史感，而我们本土人甚至对上面书中自己的历史却可能了解有限。当然，这种时间的距离感终归还是文化的距离感，意味着“他者”反而可能是文化的“我者”，而国人甚至可能是文化的他者。

（3）一个中国本土人进入民族或者地域研究，同为人类学家，他比西方学者或者当地学者、本民族的人类学家更有研究优势吗？虽然这样分裂的提问并不恰当，但是答案却很显然：不一定有优势。那么，本土人的本土化优势究竟体现于何处？

（4）人类学者在田野中的自我心灵本土化。从马林诺斯基在《西太平洋的航海者》中强调“当地人的想法”（native think）到拉宾诺（P.Rabinow）的《摩洛哥田野研究反省》，再到后现代人类学的实验文化志，对于“能否真正明白当地人”“我们永远是当地人的他者”的主位困境，人类学家始终焦虑于如何真正在田野中贯彻“主位”的原则。这是一个人类学家自我心灵本土化的田野拷问。事实上，人类学家能否真正心系田野之本土，真正明白当地人的想法，就是一个如何互文化的问题。2020年，项飙的《把自己作为方法》再次启发了人类学家的主位思考，但是人类学家的自我本土化之行，还有漫长的路要走。

桑山敬己在《学术世界体系与本土人类学——近现代日本经验》中，用“本土人”来表达本土化。他首先阐明了为什么不用“土著”这一带有殖民色彩的词汇而使用“本土人”，而后提出了“本土人人类学家”和“非本土人人类学家”的概念。日本和中国这些非西方的人类学家在自己国土的研究中是本土人人类学家；而研究中国的西方人类学家则是非本土人人类学家。桑山敬己认为：“后者与研究对象在空间和心理上都存在一定距离，通常会在学问方面发出有魅力但缺乏道德、政治考量的声音。”并特别注明学术上的正确性并不代表道德或者政治上的正确性。[1] 这意味着，这些外土或者说非本土人的人类学家在他们的研究田野中，缺

[1] [日]桑山敬己.学术世界体系与本土人类学——近现代日本经验.姜娜，麻国庆，译.北京：商务出版社，2019：18-20.

乏自我的本土化。所谓的“学问魅力”，当是说西方学者的概念和理论视角；而“缺乏道德”“政治考量”则是他们的研究常常带着道德标准和政治偏见，是一种自我本土化不足的表现。在他看来，西方学者在“他者”本土的研究中处于劣势。法国新马克思主义人类学家戈德利耶（Maurice Godlier）也持类似的看法，他认为：“人类学这种知识形式之所以成为一门学问，就在于它能够和西方拉开距离，能够放眼别处，能够不苟同于我即天下的西方中心意识。”[1]

不过，就中国人类学而言，现状中似乎不但没有拉开与西方的距离，反而是在缩近距离。大家也在经常反思：一位西方人类学家在某个村落做田野多年，是否比一个甚至没有去过当地的本土人学者更没有研究优势？一个西方学者和一个中国学者同研究一个本土课题，是否本土学者就一定具有优势？就中国接受西方科学本土化的现实而言，自然科学明显不存在偏见。这是因为自然科学的“价值无涉”。但是在社会科学方面，作为“本土人”的中国学者为什么并不具有优势？如此来看，“本土人”的研究优势，并非可以用国籍、民族、种族甚至语言来简单定论。核心问题在于，谁能更好地与所研究的对象“互经验”以致“互文化”。[2] 这意味着，对于我们这些“本土人的人类学家”，如果缺乏田野中的自我反省和自我心灵的本土化，自以为高高在上，忽视了与研究对象的“互文化”，同样会在看似熟悉的田野中迷失。在这个意义上，“自我本土化反省”的提出，意在强调对诸种“本土人”的文化自觉和文化他觉，由此克服本土人的“本土化悖论”。

在更广泛的意义上，本土化并非简单的回归“中国”，还包括回归理论的本土、概念的本土、历史的本土、学科的本土、田野的本土、自我的本土。“本土化”概念天生带有某些缺陷，其中的深层讨论，或许不是本书所能解决的。上述本土化中的学理纠结和学术张力，还是会在本书中时隐时现。人类学本土化的最高境界当是“去本土化”(deindigenization)，学界本土化的理想是建立一个公平正义的学术世界，所有的学术概念和理论方法都在这个世界中共享和分享，所有的地方性文化和知识都能够在这个世界中得到尊重和理解，人类的智慧在这里得到释放。同理，对于“本土人人类学家”，最高境界便是回归本色的“人类学家”。作为理想，尽管可望而不可即，但是理想就是希望。

---

[1] [法]莫里斯·戈德利耶.社会人类学产于西方，就离不开西方么？//中国社会科学杂志社编.人类学的趋势.北京：社会科学文献出版社，2000：163.

[2] 参见：本书第二章。

无论如何，作为本书的编写意图之一，是希望本土学者能够在更高层次和境界中提升本土研究的水平，能够通过自我本土化反省，来促进本土化研究的文化自觉，避免各种狭隘的本土化。因此，本书所有章节虽然在过去的写作中各有自己的研究问题和结论，但是今天作为本书的各个部分，都在尽力体现上述的“人类学自我本土化反省”。

本书共包括四个部分十二章。[1] 分别从文化的视角，展开不同的本土化思考。

第一部分，“名”辨学科。主要通过“文化”“民族志”和“民族学”概念之“名”的辩论，理解文化人类学在近代进入中国所带来的某些学科思考。文化人类学的理论在近代进入中国，经历了复杂的本土化过程。作为一种学术话语，在“赛先生”的思潮之中，一大批学术概念从日本引入，包括“民族（nation）”“民族学（etnnology，曾译民种学）”等概念。而“文化”虽然来自本土，具有本土含义，但是在今天的使用中，还是多使用来自西方的界定。对于这些外来概念和理论，需要一个本土化的过程。事实上，这一过程在近代一直存在，ethnology 的概念甚至今天还在影响民族学学科的界定与发展。本部分的三章从不同角度对“文化”“民族学”“民族志”以及人类学与民族学两学科的关系及其本土蕴含进行了探讨。

第二部分，“学”归本土。主要通过人类学台湾学派的学术回顾，以及对在人类学本土化中做出杰出贡献的乔健先生的学术回顾，还有对庄孔韶《银翅》的书评，从学理上思考如何以中国本土的概念和思维来进行中国研究。西方现代科学是一种理解自然、社会和人类的认知范式，如何将中国传统的文化与社会置于西方引入的人文社会科学理论方法论中来理解？当西方的认知范式被用于理解中国文化的时候，会产生哪些问题？本部分的三章分别讨论了理论方法论的本土

[1] 本书内容大部分选自笔者发表的论文，成书经过了重新改写、编排和修订。张小军.人类学研究的文化范式——“波粒二象性”视野中的文化与社会.中国农业大学学报，2012(2)；张小军，木合塔尔.走向“文化志”的人类学：传统民族志概念反思.民族研究，2014(4)；张小军.世界的人类学与中国的民族学.世界民族，2018(5)；张小军.中国研究的人类学“台湾学派”——李亦园先生学术追忆.中南民族大学学报，2018(5)；张小军.漂泊中的永恒：一个人类学家的理想国.广西民族大学学报，2015(1)；张小军.银翅：中国本土的现象学?.清华社会学评论，2000 年创刊号；张小军.“韦伯命题”与宗族研究的范式危机.山西大学学报，2014(6)；张小军.宗族与家族//李培林，主编.中国社会.北京：社会科学文献出版社，2012；张小军.鬼与节的文化生态学思考.民俗研究，2013(1)；张小军.鬼与灵：西南少数民族的“鬼”观念与帝国政治.节日研究(第 14 辑)(《民俗研究》2020 年专辑)；张小军，雷李洪.“鬼主”与圣权制——西南地区历史上的政俗国家化.民俗研究，2018(3).

化，从中可以看到，西方的理论有其认知逻辑和认知体系，可以给理解中国社会带来有益的视野。但是，中国的文化有其自身的存在逻辑，并非可以简单地照搬国外理论来解释，甚至不当的理论应用会带来对中国社会的曲解，对此特别需要有学术上的文化自觉。

第三部分，“文”言宗族。本部分的三章为宗族研究的理论对话。主要通过历史上宗族的文化实践，以“文”会友，对话西方的宗族理论，包括韦伯（M.Weber）、葛希芝（Hill Gates）、弗里德曼（M.Freedman）和费孝通等。在人类学的中国研究中，宗族是一个众多学者关注的话题，因为在一般人看来，宗族是中国社会的一个重要象征。然而，长时间以来，学界多将中国宗族简单理解为人类学亲属制度下的社会组织，认为其在社会演化中已经逐渐淡出现代社会。这些理解忽略了人们今天看到的宗族，实际上主要来自明代以后华南社会的文化创造，即把宗族作为一种文化资源或文化手段的文化实践来理解，它并非简单的早期中国宗法制度的延续。同时，从文化的视角来理解宗族，可以更好地理解宗族如何作为社会关系和社会制度的重要载体，运行着社会政治、经济和伦理等众多要素，形成了中国社会结构的基础部分。在这个意义上，本部分三章的理论对话，直接批评了韦伯和弗里德曼对宗族的文化误解。

第四部分，“鬼”说帝国。同第三部分一样，本部分主要为历史研究。这就需要进入“历史”的田野，回到历史的本土。“鬼”字早在甲骨文中已经出现，开始并无贬义。鬼是灵之一种，主要表达人死后的灵界状态，鬼灵与神灵同类，乃是万物有灵的世界观之体现。后来随着帝国的进程，“鬼”愈加具有了国家意识形态的色彩，并成为统治的话语。如西南“鬼主”之谓，便是国家对少数族群领袖的一种贬称。通过“鬼”说帝国，可以理解“鬼”观念和民俗以及西南地区国家化的历史进程。

特别需要说明的是，本书主题是根据笔者已经有的一些研究编辑而成，每一篇论文都有自己的理论对话，因此并不一定能够完全切题。但是，所有章节都从不同角度反映了人类学本土化中的一些思考。对此，在每一部分的前面，都尽可能将该部分的论述进行框架性的介绍，以方便读者的阅读。

目　　录

第一部分　“名”辨学科

第一章　文化研究的范式：波粒二象视野中的文化与社会 …… 4
第一节　文化的理解 …… 4
第二节　“文化”的理论传统 …… 8
第三节　文化与社会的波粒二象性 …… 14
第四节　结论 …… 21
第二章　走向“文化志”的人类学：传统“民族志”概念反思 …… 23
第一节　从“民族志”回归“文化志” …… 23
第二节　文化的真实 …… 28
第三节　互主体性与“文化的经验” …… 31
第四节　结论 …… 36
第三章　世界的人类学与中国的民族学 …… 37
第一节　历史的并接 …… 37
第二节　文化的并接 …… 43
第三节　学科的并接 …… 48

第二部分　“学”归本土

第四章　中国研究的人类学“台湾学派” …… 59
第一节　台湾人类学的中国学脉 …… 60
第二节　台湾人类学的本土化 …… 63
第三节　台湾人类学派的理论贡献 …… 68

第四节　结论 ······ 72

第五章　漂泊中的永恒：一个人类学家的理想国 ······ 73
第一节　人类的理想国 ······ 73
第二节　中国的黄土地 ······ 75
第三节　民众的底边情 ······ 78

第六章　《银翅》现象学的人类学？
兼论人类学的本土化 ······ 81
第一节　直觉与现象人类学 ······ 82
第二节　直觉与本土 ······ 86
第三节　直觉与田野研究的文化志 ······ 89

第三部分　“文”言宗族

第七章　宗族与差序格局 ······ 97
第一节　宗族的早期历史形态 ······ 97
第二节　家庭、家族与宗族关系 ······ 102
第三节　理论对话：“水波差序”与“驻波差序” ······ 108

第八章　宗族研究的“国家范式” ······ 113
第一节　晚清到民国：“革命范式” ······ 113
第二节　20世纪50—60年代：边陲范式 ······ 118
第三节　20世纪80—90年代：“文化范式” ······ 122

第九章　“韦伯命题”与“家宗文化经济” ······ 128
第一节　“韦伯命题”与亲缘资本主义 ······ 130
第二节　宗族公社与亲缘“社会主义” ······ 135
第三节　宗族与“家宗文化经济” ······ 139

第四部分 “鬼”说帝国

第十章 “鬼主”与圣权制
西南地区历史上的治理文化刍议 …… 148
第一节 “鬼主”的国家化过程 …… 149
第二节 鬼主制与圣权制 …… 157
第三节 结论 …… 164
第十一章 西南少数族群的“鬼”观念与传统帝国政治 …… 165
第一节 从“灵”到“鬼”的话语实践 …… 165
第二节 “鬼”与少数族群的国家化 …… 175
第三节 结论 …… 181
第十二章 驯鬼年代：鬼与节的文化生态学思考 …… 183
第一节 生命的鬼文化生态 …… 183
第二节 社会的鬼文化生态 …… 190
第三节 驯鬼年代 …… 196
第四节 结论 …… 201

跋 …… 203

第一部分　“名”辨学科

100 多年来，在西方科学影响中国的思潮之中，一大批学术概念从日本和欧洲引入，包括“文化”“民族（nation）”“民族学（etnnology，曾译民种学）”等概念。在文化人类学的发展中，一直凝练和浓缩着自己的核心概念，而首要的概念就是“文化”。本部分为“名”辨学科。主要通过对上述概念之“名”的辩论，思考文化人类学在近代进入中国所带来的学科本土化。这些概念直至今天还在影响民族学学科的界定与发展。

长期以来，在学界一直有一个潜在的规则，即某个地域或人群的特殊文化规则如果不能进入主流学界的理论和解释体系，便会遭到某种自觉不自觉的学术歧视。这一方面体现了西方中心的学术霸权；另一方面，也提出了一个深层次的问题：是否存在完全“特殊”的人类生存法则或者规律？这里所谓的“特殊”，不是指表面现象及其文化逻辑的差异，而是深层的理论体系和深层文化逻辑的差异。主流学界一直发展着一套人类学的理论体系，它并不能用“西方中心”来简单描述，无论哪个地域的研究，都在以不同的方式贡献于这个理论体系。那么，为什么中国研究没有提供更加有影响和重要的学术或理论贡献呢？这其实是一个至今仍然需要认真回答的人类学本土化的问题。

本部分从“文化”的角度对文化与社会两个概念的关系以及由此形成的学术范式进行了辨析，并对“民族学”“民族志”的概念从本土化的角度进行了反思，最后探讨了人类学与民族学两个学科的关系及其本土蕴含。

第一章，“文化研究的范式：波粒二象视野中的文化与社会”。本章主要通过对“文化”概念在人类学中的演变之探讨，思考以“文化”作为核心概念的相关人类学研究范式，进而在与社会学之“社会”研究范式比较的基础上，提出在人类研究中“文化”与“社会”的波粒二象性的理解。如同物理学中的“光既具有波性同时又具有粒子性”一样,“文化”与“社会”是对“人类”的两个不同视角的互补描述。象征和解释人类学家格尔兹(C.Geertz)在其《文化的解释》一书中认为:“作为区分文化和社会系统的更有用的方法,但绝不是唯一的方法,是把前者看成有序的意义系统和符号系统,社会互动就是围绕它们发生的,把后者看成社会互动模式本身。”“文化和社会结构是对同样一些现象的不同抽象。在观察社会行动的时候,一个着眼于社会行动对于社会行动者的意义,另一个着眼于它如何促进某种社会系统的运作。”[1]不难看到,格尔兹的上述观点认为,“文化”优越于“社会”之处,乃在于“文化”被视为人类行为的意义编码体系,相当于电脑的“软件”,从而区别于“社会”的思维偏向人类“硬件”的思考。在这个意义上,人类学家的工作便是理解和解读人类的各种文化。对人类各种文化意义的编码体系即文化行为进行解码,是人类学家的主要任务。

第二章,“走向‘文化志’的人类学”:传统“民族志”概念反思。本章通过对“民族志”的反思,指出三点传统“民族志”概念的理论误解和失解:①在中文语境中,“民族志”之“民族”译法存在不足,ethnography 的合理译法是从“民族志”回归到“文化志”。②面对后现代理论对“文化志”方法论的挑战,传统“民族志”的问题是缺乏对“文化”之“信息”本质的理解。“文化志”作为“他者”的理解,必然具有歧义性和部分的真实,而这恰恰就是一种“文化的真实”。③人们之间的信息沟通是彼此间“文化的经验”沟通,它必然导致研究者和当事人彼此之间的有限度理解,形成所谓的“互主体性”问题。从“经验”的角度来看,经验是文化的,是研究者和研究对象沟通的桥梁,两者共同产生“意义”。因此,文化的尊重和平等是文化经验的原则,应该在对“经验”的深入理解下促进“互经验文化志”的研究。

第三章,“世界的人类学与中国的民族学”。因为“民族学”的用法,导致在近代中国形成了一个十分本土化的学科——“民族学”(ethnology)。但是,这个英文概念所表达的,其实就是西方的文化人类学。于是,形成了一个有趣的学科现象:在美国被认为属于同一个学科但有两种名词(cultural anthropology 和 ethnology)的文化人类学,在中国形成了“世界的人类学与中国的民族学”两个学科。本章论述了学术界一直争论的中国民族学的独特学科地位,探讨了世界的人

[1] [美]格尔兹.文化的解释.韩莉,译.南京:译林出版社,1999:176-177.

类学与中国的民族学的三种本土化并接。①历史并接,论述了两者在近代的各自引入和本土化过程。“民族”概念在近代学术史上之所以重要,主要来自近代中国的国家危机,并出现了两种并置的思潮,一是民族主义的思潮;二是主权国家思潮,从而引出了民族学的本土化。②文化并接。一是体现在在学科学理上“文化”作为两个学科共同的研究主旨上;二是体现在当今“人类命运共同体”和“中华民族共同体”两个“共同体”的话语中。③学科并接。一是讨论了两学科的相同说、相佐说和并立说;二是从人类学的横向学科与民族学的纵向学科属性来定位两者在学科体系中的位置。本章还探讨了两个学科的历史本土化和未来的本土化发展。肯定了民族学在中国的学科定位,展望了民族学未来发展的可能前景,寄希望中国的民族学能够在民族文化保护和传承上发挥独特的作用,并能够以扎实的民族研究为世界的人类学理论做出贡献。

第一章 文化研究的范式：波粒二象视野中的文化与社会

人类学一直将“人”或者“人类”作为研究对象，形成了包括体质人类学、语言人类学、考古人类学和文化（社会）人类学四个分支。相对于社会学的“社会”研究范式，文化人类学始终尝试建立“文化”的研究范式。然而，“文化”究竟是什么？这个在文化人类学中最重要的概念，几乎一直被不断争论和定义，虽然未获统一的看法，却也在争论中促进了各种理论的思考。本章主要探讨“文化”作为人类生活的“自组织编码系统”，思考以“文化”作为核心概念的相关人类学研究范式，进而在与社会学之“社会”研究范式比较的基础上，提出在人类研究中“文化”与“社会”波粒二象性的理解。

第一节 文化的理解

“文化”是人类学的核心概念之一，也是在人们的日常生活中无处不在的概念，它可以十分轻易地被人们以各种含义广泛使用于日常生活中：

> 地域的：全球文化、西方文化、高原文化；文明的：仰韶文化、埃及文明、玛雅文明、工业文明；族群的：印第安文化、犹太文化、藏族文化；组织的：企业文化、部落文化、家庭文化；社区的：城/乡文化、校园文化；宗教的：佛教文化、基督教文化；饮食的：饮食文化、茶文化、快餐文化；艺术的：文学、艺术文化、语言文化、影视文化、摇滚文化；物质的：水文化、铜鼓文化、服饰文化；经济的：农耕文化、消费文化、商业文化；大众的：大众文化、网络文化、新潮文化；政治的：法律文化、殖民文化、新文化运动；社会的：传统文化、现代文化、性别文化、嬉皮士文化；体育的：乒乓文化、足球文化；民间的：民间文化、乡土文化；日常的：婚姻文化、住宅文化、旅游文化；学术的：跨文化、亚文化、文化全球化、文化认同、异文化、文化遗产；产业的：文化工业、文化消费、文化生产……

如此庞大的文化家族，反映出“文化”作为日常语言的包容能力。对于“文化”这一概念本身的复杂性，伊格尔顿(Terry Eagleton)认为，它是英语中三个最为复杂的单词之一。[1] 不过，这也产生了“文化”可以到处搭台，为三百六十行包装的“滥用”：

> 不知道从什么时候开始流行一种说法：文化搭台，经济唱戏。如果旅游想火一把，就是文化搭台，旅游唱戏。如果谁想热闹一番，尽可让文化搭台，然后谁就可以在文化的舞台上唱戏。反正，文化是重要的，它的重要在于它始终肩负着“搭台”的“历史重任”，是一个不可或缺的载体，各行各业都可以在这个载体上尽情表演，完了，文化的台上空空如也。给人极深印象的，倒是各位“唱戏”的角儿们在隆重出场时，无不裹着文化的衣裳，装点着文化的笑靥，手持着文化的道具，尽显风采。而一转身到了台下，竟然“赤身裸体”，那些文化的东西全都化为乌有。这使人感到“文化”似乎是一种国际型的通用包装，是一种使用率极高，又任人撕剥且抛弃率亦很高的东西，像一只橘子的皮，一枚核桃的壳。三百六十行，文化来包装；三百六十天，文化尝个鲜。把文化作为一种点缀，抑或社会的附件，这必然使文化常常遭遇尴尬。[2]

在一些人类学家看来，这类对“文化”概念的滥用正在给以“文化”研究见长的人类学的学术领地带来危机。文思理(Sidney Mintz)认为：

> 自半个世纪甚至更早的时间以来，就伴随着对“文化”意义的庸俗化，……这个几近放弃的概念已经相应地被非人类学家大规模地采用，他们采用人类学的观念和工具是为了他们自己的目的，不论这些目的之新旧。[3]
>
> 我们现在有文化的工厂和公司，有政治文化、国会文化、足球文化和衣帽间文化，以及文化战争，等等。我认为这个中心概念的退出——使得“文化”同义于“某人做某事的一个空间”——对民族志研究者的未来弄出了一个真正的麻烦。[4]

文思理的担忧可以理解，“文化”这个曾经很专属的学术概念被如此庸俗化，

---

[1] [英]特瑞·伊格尔顿.文化的观念.方杰，译.南京：南京大学出版社，2003：1.

[2] 老铁.与文化的“零距离”关系：文化的尴尬.北京晚报，2002-04-02(37).

[3] [美]文思理.民族志的回顾与思考.张小军，译.清华社会学评论，2001(1)：192.

[4] [美]文思理.民族志的回顾与思考.张小军，译.清华社会学评论，2001(1)：197.

好像有一天交响乐被摇滚化，美声被"忐忑"化，一些音乐家或许会感到焦虑一样。不过，从另一个方面来看，我们大可不必惊慌，因为上面琳琅满目的文化家族，恰恰说明了"文化"作为人类生活各个方面的编码体系的普遍存在形态。马林诺斯基曾划分物质文化和精神文化，即已经改造的环境（包括器物、房屋、工具、武器、设备、货品等）和已经变更扩展了的身体（包括知识、宗教、科学、道德、价值体系、风俗习惯、社会组织方式、语言等），并认为文化的真正单位是制度。[1]

人类学家默达克（G.P.Murdock）曾经罗列了世界各种文化中有共同命名的内容，包括基础资料、文化接触、文化整体、语言、传播、资源类活动、技术、资本、住房、食物、嗜好品、衣服和装饰品、日常生活过程、劳动、分工、交换、财政、运输、旅行、娱乐、艺术、计量、继承和学习、对自然的适应、宗教、伦理、财产和契约、阶层、家族、血缘和地缘集团、政治组织、法律和社会制度、身体、性、生殖、和平、战争、疾病、婚姻、儿童、成年、老年、死亡，等等。[2] 反映出"文化"概念的广泛涵盖。

文化人类学当然不是停留在"某某文化"现象的表面描述上，而是要检讨这种文化构造后面的深层法则和深层逻辑。如果真正明白了人类与文化的"零距离"，明白了"文化"对于人类行为的普遍编码意义，相信人们就不会对"宅门文化""夜壶文化"这样的炒作津津乐道了，因为对居住形态或者器物的人类学研究一直就在进行，并且有相当深厚的理论。人类学家对上面那些"被文化"的现象，仍然可以进行文化的研究。内行的人类学家绝对不会因为研究糖（如文思理的《甜与权》）就炒作"糖文化"，研究玻璃（如麦克法兰的《玻璃的世界》）就炒作"玻璃文化"，研究客家围屋就炒作"围屋文化"，大凡如此刻意鼓吹和炒作某某文化者，通常不是正经的人类学家，而是善于"文化搭台"的伪学者。

不过，对于后现代人类学家来说，解构"文化"是他们的天性。柯利福德（J. Clifford）在《写文化》中认为："文化不是科学的'客体'。文化，以及我们观念中的'文化'，是历史地被生产，并且是主动被争辩（contest）的。"[3]《作为文化批评的

---

[1] [英]马林诺斯基.文化论.费孝通，译.北京：中国民间文艺出版社，1987：2-5，92.

[2] [日]水野祐."文化"的定义//庄锡昌，顾晓鸣，顾云深，等编.多维视野中的文化理论.杭州：浙江人民出版社，1987：372-373.

[3] Clifford.Partial Truth//J.Clifford & G.E.Marcus.(eds). *Writing Culture*.University of California Press，1986：19.

人类学》也在人类学方法论上有诸多反省，[1]他们提出后现代理论关于“真实性(truth)”之类的挑战。2020年9月，以发起“华尔街运动”而著名的人类学家格雷博(Bruno Latour)去世了。据说在他的个人网页上，第一篇文章就是他的一个演讲：“文化不是你的朋友。”格雷伯认为，“文化”这个词是从德国来的，有一篇很著名的文章，说的是18世纪的时候，法国人搞出了文明这个概念，然后德国人就搞出了文化这个概念。文化这个东西其实就是构建一个事实上并不存在的国家，它只存在于你的想象之中。因为大家吃饭的方式，讲话的方式，大家想问题的方式，各种艺术性表达不同，才有了文化这个东西。[2] 格雷博显然对“文化”这一抽象概念带有距离感，很奇怪他会把作为“大家吃饭的方式，讲话的方式，大家想问题的方式”产生的“文化”视为一种事实上似乎并不存在的想象。而这正是博厄斯学派关于“文化”的理解，如林顿认为的“文化是指人类的全部生活方式”。

这样来看，“文化”的研究不是失去了方向，反而为“文化”研究正名显得更加重要。我们必须让“文化”有学术，并找到在学术意义上对“文化”的准确定位。这一定位的出发点，就是要将文化“真实化”“事实化”。本章的论证是将其理解为人类行为与生活的信息软件——自组织的编码体系，最终走向文化的信息科学和认知科学，将其理解为处理人类社会生活的信息器官——“社会脑”。或可以说，文化就是人类行为的动态软件——“自组织编码系统”，这套文化编码体系，格尔兹(C.Geertz)更愿意把其理解为文化的意义系统，或可以说是社会运行的软件程序。

法国社会思想家莫兰(Edgar Morin)曾经清晰地认为：

> 文化作为再生系统，构成了准文化编码，亦即一种生物的遗传编码的社会学对等物。文化编码维持着社会系统的完整性和同一性，保障着它的自我延续和不变的再生，保护它抗拒不确定性、随机事件、混乱、无序。[3]

莫兰虽然没有把文化直接比作人类生活的自组织编码，但是文化作为一种“社会学对等物”的遗传编码，已经清楚地表明社会是这套编码作用下的一个有机

[1] [美]乔治·E.马尔库斯，[美]米开尔·M.J.费彻尔.作为文化批评的人类学.王铭铭，蓝达居，等译.上海：上海三联书店，1998.

[2] [法]格雷伯：文化不是你的朋友，豆瓣(www.douban.com).开源艺术[2019-06-25].

[3] [法]莫兰.迷失的范式：人性研究.陈一壮，译.北京：北京大学出版社，1999：149.

实体。生物有其遗传编码，决定了生物的属性和成长；社会的遗传编码就是文化。不过，与单体生物不同，社会不是简单的有机体，而是更加开放的系统，因而文化的编码体系也更加开放和灵活。此外，遗传编码具有先天生物性的相对稳定特征，而文化的编码除了按照自组织即自发有序规律进行信息的秩序创造之外，还具有更加动态和不断自我修正的自组织再生产的实践特征。

由此，本章尝试提出：文化是人类生活的自组织编码体系，进而提出“文化”与“社会”波粒二象的研究范式（即相对于“社会”作为“硬件”，“文化”可以理解为“软件”）系统，意在强调两者或者说人类学和社会学两个学科作为横向学科的互补性和并协特征，并希望促进人们对“文化”研究范式的重视与正确理解。

第二节 “文化”的理论传统

早期人类学家对文化各有定义，按照克鲁伯（Alfred Kroeber）在《文化概念》（1958）一文中的归纳，当时文化的定义多达 160 多种，几乎每一个重要的理论流派和人类学大师都有对文化的一番理论。比较社会学中“社会”概念的相对稳定性，“文化”在人类学中几乎是一个最富有活力也最富有争论的概念，因此愈加形成了文化人类学的广泛研究领域并生成了不同的理论和方法论。本节主要通过不同理论流派学者们的文化概念，归纳和提炼本章的文化定义。就传统的文化概念而言，笔者以为有三个最重要的经典看法。

第一个经典的定义来自“文化人类学之父”泰勒（Edward Tylor）：

> 文化或文明，就其广泛的民族志意义而言，是包括了知识、信仰、艺术、道德、法律、习俗以及人们作为一个社会成员所习得的能力和习惯在内的复合整体。[1]

泰勒将文化和文明并论，蕴含了进化论的思想。上面文化定义的特点，是把人类行为中偏向于精神活动的部分归结为文化。在西方二分的思辨中，人类的精神活动是比物质更为高级的活动，因而，这类文化也成为文明的同义语。这一文化的用法通常被称为狭义的文化概念，至今仍有影响。如《文明的冲突与世界秩

[1] [英]泰勒. 文化之定义∥庄锡昌，顾晓鸣，顾云深，等编. 多维视野中的文化理论. 杭州：浙江人民出版社，1987：99-100.

序的重建》的作者亨廷顿(Samuel P. Huntington)就认为,文化的含义“指一个社会中的价值观、态度、信念、取向以及人们普遍持有的见解”。他列举20世纪90年代初期的加纳和韩国,两国当时在GDP和产业结构等方面十分相似,但30年后韩国经济名列世界第14,而加纳人均GDP仅是韩国的1/14。这种发展悬殊在于文化,在于韩国人的节俭、勤奋、教育等方面。[1]

第二个重要的文化概念是广义化的“生活方式”。林顿(Ralph Linton)的文化定义继承了泰勒和博厄斯,将两者的文化概念扩展到人类的整个活动:

> 文化指的是任何社会的全部生活方式,而不仅仅是被社会公认为更高雅、更有价值的那部分生活方式。当把文化一词用到我们的生活方式上时,如此文化不只是指弹钢琴和读勃朗宁(Robert Browning)的诗。对社会科学家来说,这些行为只是我们整个文化中的若干简单因素。整个文化还包括诸如洗盘子、开汽车等平凡的行为,而且,对于文化研究来说,这些平凡行为与那些在生活中被认为是“上等”的事物相比,并没有什么高下之分。在社会科学家看来,没有无文化的社会,甚至没有无文化的个人。每个社会,无论它的文化多么简单,总有一种文化。从个人参与不同的文化来看,每个人类的存在都是文化的存在。[2]

文化作为一种人类或社会生活方式的经典看法今天已经为大多数人类学家所接受,这个文化概念来自美国近代人类学之父博厄斯(F.Boas)的文化相对论的文化观,他视文化为一个存在于文化个体所承载的社会之外的整体,并为文化自己的力所驱动。他的学生克鲁伯更是一个典型的文化整体论者。然而,这个独立的整体是什么?文化自己的驱动力又是什么?他的学生们对此进行了深入的研究,包括本尼迪克特(R.Benedict)的《文化模式》《菊与刀》,米德(M.Mead)的《三个原始部落的性格与气质》《萨摩亚的青春期》,等等。他们用“文化模式”和“人格”解释了所谓的生活方式,并进一步解释了何谓人类各种生活(如政治、经济、宗教、日常生活等)的“方式”。如果追问“模式”与“方式”的联系,不难从中体会到它

[1] [美]塞缪尔·亨廷顿,[美]劳伦斯·哈里森,主编.文化的重要作用:价值观如何影响人类进步.北京:新华出版社,2002:1-3.

[2] [美]C.恩伯,M.恩伯.文化的变异——现代文化人类学通论,杜杉杉,译.沈阳:辽宁人民出版社,1988:29.

们后面的文化编码含义。

第三个里程碑式的概念是把文化看作符号和信息的体系。《文化科学》的作者怀特(Leslie White)早就指出：

> 文化才是唯独人具有的生活方式。……即使用符号的能力，所以，人的行为与所有其他生物之间的区别，不仅是巨大的，而且是基本的、本质的区别。[1]
>
> 全部文化(文明)依赖于符号。正是由于符号能力的产生和运用，才使得文化得以产生和存在。……没有符号，就没有文化。[2]

将文化在本体论上归结为信息符号，是对文化理解上的巨大贡献，促进了将文化理解为人类(运用人脑进行)的信息编码体系，这一思想在格尔兹(C.Geertz)的象征人类学中达到极致：

> 人类是为自身编织的意义之网所束缚的动物。文化就是这样的网络。文化本质上是象征符号的。[3]
>
> 作为一个有结构意义的相互关联的符号系统，文化不是一种力，不是可归为事件、行为、制度和过程的东西。它是一个文脉(context)，在其中很多事情可以容易地得到理解。[4]

虽然格尔兹强调了文化的意义系统，但是他不认为这个意义系统是自我包容的存在于人们头脑中的可观察模型。萨哈林斯(M.Sahlins)则认为：

> 意义是人类学对象的特征。文化是个人和事物有意义的自组织秩序，因为这些秩序是象征符号的，它们不可能是头脑的自由创造。[5]

这一看法不仅强调了文化的象征意义的本体论特征，还把其视为一种个人和事物有意义的自组织秩序。“秩序”这一概念，是社会学创始人孔德(A.Comte)在实证社会学中提出的三个重要概念之一。

---

[1] [美]怀特.文化科学：人和文明的研究.曹锦清，杨雪芳，等译.杭州：浙江人民出版社，1988：33.

[2] [美]怀特.文化科学：人和文明的研究.曹锦清，杨雪芳，等译.杭州：浙江人民出版社，1988：390.

[3] Clifford Geertz.*The Interpretation of Cultures*.New York：Basic Books，1973：5.

[4] Clifford Geertz.*The Interpretation of Cultures*. New York：Basic Books，1973：14.

[5] M.Sahlins.*Culture and Practical Reason*.University of Chicago Press，1976：X.

本章综合前人成果给出的文化定义如下：

文化是人类遵照其相应的自组织规律对人类及其全部生活事物的各种联系，运用信息进行秩序创造并共享其意义的具有动态再生产性的编码系统。

上述文化概念的主要特性如下：

（1）信息性、象征性和符号性。文化的本质是“生命的信息秩序”。生命与非生命的区别，本质在于具有使用信息建立秩序的能力，人类也不例外。系统论的奠基人贝塔朗菲（L.Bertalanffy）认为：“文化世界实际上是一个符号世界。”[1]符号具有抽象性、解释性、歧义性、多义性等信息和文化的特性。未来学家贝尔（Daniel Bell）在《资本主义的文化矛盾》中，把文化的概念从价值转向了表意的象征符号，认为表意象征符号（即文化）的进化规则不同于社会结构的规则，人类的社会互动是以表意象征为基础的。[2] 帕森斯（T.Parsons）认为，“文化”并列于“自然”与“社会”，是一种信息的象征事物。“‘文化’事物或‘信息’事物，它是从‘自然’和‘社会’事物的意义中概括出的一种特殊事物。”[3]“沟通的内容——‘信息’始终是符号，而且在某种意义上是‘文化’。”[4]在他构造的社会系统中，文化子系统具有社会系统维模（pattern maintenance）的功能。在他的社会行动理论中，文化是行动的意义，社会则是行动的形式。文化的信息性本质是其象征符号性的基础，人脑的信息能力是人类区别于动物的最主要能力，换句话说，也是人类文化能力的基础。

（2）系统整体性和共享性。系统性强调了文化的整体性秩序的特点。文化系统具有“超和性”——系统大于部分之和的特征。本尼迪克特在其《文化模式》中认为：“文化，也超越了它们的物质的总和。”[5]这也进一步说明了文化不是表面事物的堆积，而是具有超越的意义编码特征。对此，萨哈林斯说：“文化秩序的统一性是通过意义来建构的。文化是一个有意义的系统，它定义了所有的有功能

[1] [美]贝塔朗菲.一般系统论：基础、发展、应用.秋同，袁嘉新，译.北京：社会科学文献出版社，1987：165.

[2] [美]贝尔.资本主义的文化矛盾.赵一凡，蒲隆，等译.北京：生活·读书·新知三联书店，1987.

[3] [美]塔尔科特·帕森斯，尼尔·斯梅尔瑟.经济与社会.刘进，等译.北京：华夏出版社，1989：11.

[4] [美]帕森斯.现代社会的结构与过程.梁向阳，译.北京：光明日报出版社，1988：224.

[5] [美]本尼迪克特.文化模式.何锡章，黄欢，等译.北京：华夏出版社，1987：36.

的存在。”[1]除了克鲁伯的文化整体论，施奈德(D.Schneider)也认为：“文化是一个整体的系统。”文化的整合不是一个功能性的机械组合而是作为一个符号和意义的系统。文化不能还原为其他的系统，它必须被视为一个整体而不是碎片。[2]威廉姆(S.William)指出：“所谓一个社会的文化，就是其成员明确认识的、相互关联的、为进行解释而形成的各种各样的模式。”[3]马林诺斯基理解的文化是一种手段性的现实，是公共的并有助于群体的整合。“文化是公共的，文化事实源自个人利益转变成公共、共同和可传递的系统。”[4]格尔兹也认为：“由于意义的存在，文化是公共的。”[5]

(3) 自创生、自组织的规律性。自组织即自发有序，是文化的基本动力法则。克鲁伯认为：“每个文化倾向于发展特有的组织。这种组织是首尾一致、自成一体的。每一个文化都会接纳新的东西，不论是外来的或是本土的，依照自己的文化模式，将这些新的东西加以重新塑造。”[6]马林诺斯基认为：“文化原是自成一格的一种现象。文化历程以及文化要素间的关系，是遵守着功能关系的定律的。”[7]怀特则认为，文化的现象构成一个独立且独特的领域，文化的要素根据文化自身的规律而相互作用。[8] 在文化各要素交互作用的过程中，各种文化要素间新的结合和合成所形成的各种发明、元素周期律的“发现”、热力学定律等都是文化要素的新合成。因此，文化传统是按照它自身的原则和规律活动与发展的动力系统。……我们可以把文化看作一个独立自足，自成一类的系统。[9] 莫兰也曾经从自组织现象产生的社会复杂性来理解文化，认为社会的维持需要一整套根据规则结构化了的信息——文化：“文化构成高度复杂性的一个再生系统，没有

[1] M.Sahlins.*Culture and Practical Reason*.University of Chicago Press,1976：X.

[2] D.Schneider. Notes Toward a Theory of Culture // K. Basso & H. Selby (ed). *Meaning in Anthropology*.University of New Mexico Press,1976：218-219,213.

[3] S.William. Studies in Ethnoscience, Repr. // R. Manner & D. Kaplin. *Theory in Anthropology*. Chicago & Aldine,1968：476.

[4] [英]马林诺斯基.文化论.费孝通，译.北京：中国民间文艺出版社，1987.

[5] Clifford Geertz.*The Interpretation of Cultures*.Basic Books,1973：12.

[6] 庄锡昌，孙志民.文化人类学的理论架构.杭州：浙江人民出版社，1988：68.

[7] [英]马林诺斯基.文化论.费孝通，译.北京：中国民间文艺出版社，1987：97.

[8] [美]怀特.文化科学：人和文明的研究.曹锦清，杨雪芳，等译.杭州：浙江人民出版社，1988：83.

[9] [美]怀特.文化科学：人和文明的研究.曹锦清，杨雪芳，等译.杭州：浙江人民出版社，1988：158.

它,高度复杂性将崩溃并让位于一个较低的组织水平。”[1]上述观点表达了文化自发有序和秩序的基本特征。

(4) 秩序性。做“秩序”是文化内在的驱动目的。秩序的动力逻辑是高聚能、低能耗。怀特认为,文化作为一种复杂的机制,其作用是保障人类群体的生命安全和延续不断。为了执行这一功能,文化必须以某种方式利用能源以便使自己运行起来。怀特认为:“在物理学的意义上,文化是一种热力学系统。”[2]按照热力学第二定律,一个封闭系统最终会走向熵增加,即走向混沌。所以热力学第二定律又称为“熵增加定律”。文化的信息本质,意味着它具有做秩序的反熵倾向,因而有文化的社会可以视为具有反熵倾向的热力学系统。对此,英国经济学家布瓦索(Max H.Boisot)也悟到其中的真谛:“文化是在社会推动的热力学过程中对智能的制度化运用,试图在特定社会秩序内使熵的产生达到最小。”[3]社会学家鲍曼也认为:“所有的文化实践都在于对一种自然秩序施加一种新的人工秩序,所以人们不得不在构成人类思想的重要规则领域中寻找基本的文化生成能力。由于文化秩序是通过符号的指示活动进行的——通过标识而将现实予以分类——符号论,即关于记号的一般理论规定了文化实践的一般方法论的研究核心。指示的行动就是意义生产的行动。”[4]

(5) 能动再生产性和实践性。文化的编码体系是在人们的理解和使用中不断变化的。林顿曾经提出“文化的建构模式(culture construct pattern)”。对人类来说,文化不仅是外在的役使力量,也不仅仅是静态抽象的“文化模式”,而是我们参与其中并进行建构的动态系统。建构的过程包含了虚构和误认等。从实践的角度来看,“人类学家的贡献是把文化视为一中间物(tertium guid),它不仅通过有意义的社会逻辑调和人类和世界的关系,而且通过设计出主、客观相关的关系术语来建构人类和世界的关系”。[5] 世界体系论的提出者沃勒斯坦(I.Wallerstein)

---

[1] [法]莫兰.迷失的范式:人性研究.陈一壮,译.北京:北京大学出版社,1999:62.

[2] [美]怀特.文化科学:人和文明的研究.曹锦清,杨雪芳,等译.杭州:浙江人民出版社,1988:157.

[3] [英]马克斯·H.布瓦索.信息空间——认识组织、制度和文化的一种框架.王寅通,译.上海:上海译文出版社,2000:465.

[4] [英]齐格蒙特·鲍曼.作为实践的文化.郑莉,译.北京:北京大学出版社,2009:219-220.

[5] M.Sahlins.*Culture and Practical Reason*.University of Chicago Press,1976:X.

将“文化作为现代世界体系中的意识形态战场”。[1] 布迪厄(P.Bourdieu)认为文化携带着权力。“文化生产者有特殊的权力,严格地说是表明事物并使人们相信它们的象征权力。”[2]体现了文化既是被创造的,同时又是创造者的实践观点。

(6) 信息编码和文化语法。系统科学家拉兹洛(E.Laszlo)清楚地指出:“对社会基本活动进行编码的那些准则的总和构成了一个基本的信息库,它属于社会全体成员的集体所有。这个集体的信息库相当于社会的文化,如果我们对文化下一个广义的定义,就是说它不仅仅是科学、艺术和宗教组成的‘高级文化’,而且还包括所有人的行为特征的话。”[3]结构主义人类学家利奇(E.Leach)认为:“文化的所有各种非词语侧面,比如服装的式样、乡村布局、建筑、家具、食品、烹饪、音乐、体态、姿势等等,都是以模式化的集合体组织起来的,从而根据类似于自然语言的语音、词汇和语句的方式,将编过码的信息综合起来。因此,谈论支配服装穿戴的语法规则,就和论述支配言词话语的语法规则一样意味深长。”[4]法国结构主义受到结构主义语言学的影响,因此在文化的理解上更加具有语言编码的倾向。

第三节　文化与社会的波粒二象性

早期社会学的三大导师中,涂尔干(E.Durheim)是“社会”方法论的主要奠基者,他强调“社会事实”以及社会先于和高于个人的观点,《自杀论》等经典论著表达了上述思想。与之相对,韦伯(M.Weber)则对“文化”的社会伦理和意识形态的作用给予强调,《新教伦理与资本主义精神》是其代表作。文化人类学对“文化”的强调有一类偏重于“文化实体”,如新进化论、文化生态学、文化唯物主义等理论流派;而认知人类学、象征人类学、解释人类学和结构主义则强调“文化象征”。

本章将文化与社会作为一对辩证互补而不是对立排斥的范畴。众所周知,“社会”这一概念思维以及社会学研究范式的核心表达是“实体”的社会。从人开

---

[1] I.Wallerstein.Culture is the World-system: A Reply to Boyne // M.Featherston.(ed.).*Global Culture*.SAGE, 1990: 64.

[2] P.Bourdieu.*In Other Words*.Polity Press,1982: 146.

[3] [美]拉兹洛.进化——广义综合理论.闵家胤,译.北京:社会科学文献出版社,1988.

[4] [英]利奇.文化与交流.卢德平,译.北京:华夏出版社,1991: 12.

始，首先研究人与人之间的社会互动（包括符号互动）、社会关系，继而是社会的结构与功能，直到社会系统。具体的研究对象从初级群体的家庭到次级群体的各种社会组织，从初级的共同体到复杂的社会形态，等等。仿照文化的定义，可以给出“社会”的定义如下：

> 社会是人类遵照其相应的自组织规律对人类及其社会生活的各种互动关系，运用人类组织进行秩序创造并共享其功能的具有动态再生产性的结构系统。

英文的“社会”（society）源于拉丁语 socius，意思为“伙伴”。而中文里的“社”＝示＋土，为祭祀土神的地方。《礼记·郊特牲》中有：“社，祭土而主阴气也……社，所以神地之道也。”可见中文里早期“社”的概念与今义不同。今天的“社会”概念，是在 19 世纪末 20 世纪初由日本传入的，最初在中文中理解为“群”（人群、群性）。梁启超在 1902 年的一篇文章中说到，麦喀士（马克思）谓：“今日社会之弊，在多数之弱者为少数之强者所压伏。”他还将“人群”等同于“社会”的概念，翻译 social evolution 为“人群之进化论”。1903 年，汪荣宝、叶澜编辑，由上海明权社出版的《新尔雅》中说：“二人以上之协同生活体，谓之群，亦谓之社会。研究人群理法之学问，谓之群学，亦谓之社会学。”[1]严复在其翻译的斯宾塞（H.Spencer）的 *Study of Sociology* 中，使用了“群学”译“sociology”，即《群学肄言》（1903），对“社会”的概念尚不接受。不过在次年出版的甄克思的 *A history of Politics* 中，他就使用了《社会通诠》的译名。可见，中文中引入的“社会”一词与英文一样，都是表达偏向于“实体”的人类生存状态。[2] 图 1-1 中显示出社会学中的五个核心概念，即“社会五行”（互动、关系/交换、功能、结构、系统）的定义和它们之间的联系，并以乔纳森·H.特纳的《现代西方社会学理论》中所列的各种理论分类归到上述概念[3]，可知 90％的社会学理论可由这五个实体思维的概念所涵盖。

---

[1] [德]李博.汉语中的马克思主义术语的起源与作用.赵倩，王草，等译.北京：中国社会科学出版社，2003：114-115.

[2] [德]李博.汉语中的马克思主义术语的起源与作用.赵倩，王草，等译.北京：中国社会科学出版社，2003：105-116.

[3] [美]乔纳森.H.特纳.现代西方社会学理论.范伟达，主译.天津：天津人民出版社，1988.

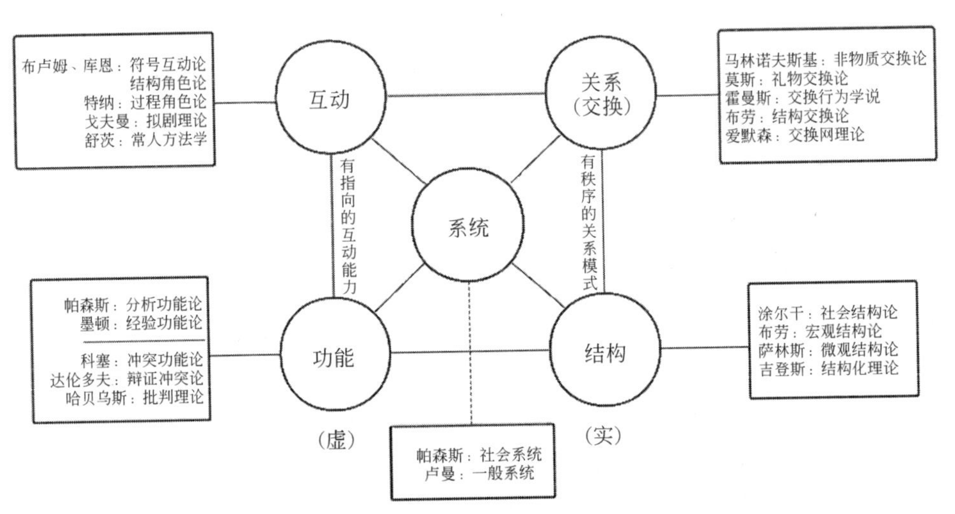

图 1-1 “社会五行”及其涵盖的社会学理论[1]

然而,“文化”的概念并非像“社会”一样是舶来品。《易经》中对“文化”的解释是“观乎人文以化成天下”,可以理解为文化就是以一种“人文”——人类相互作用的方式来构造人类世界和人类生活的编码体系。日本反而是从中文接受了“文化”的概念,日本学者水野祐认为:

> 作为译语(指译自英文 culture)的“文化”,因而不用说该原语就是汉语了。就像王蓬诗句“文化有余戒事略”所认为的那样,其意是学问进步,“社会开化,即文明开化”。……“文”这个汉字的起源是一个由线条相互交叉呈“文”状,万物相互交叉。“化”字则是人和匕的会意,“匕”即回首从人之意,所以“化”字是一个意为引导人重改行善的字。[2]

“文”之古义即“物相交杂故曰文”,而“化”有“化生”“转变成某种性质或状态”的含义。这些也与英文相近,culture 来自拉丁语 colore(耕耘)。有教养、修养,陶冶、教化,培育、栽培的意思,也有“摆脱自然状态,通过人加以改变”之意。于是

[1] 参见:张小军.社会场论.北京:团结出版社,1991:136-146.

[2] [日]水野祐.“文化”的定义//庄锡昌,顾晓鸣,顾云深,等编.多维视野中的文化理论.杭州:浙江人民出版社,1987:366.

乎，文之化，乃是人类万物交杂之化生也。或者说，文化是人类社会的人们相互作用之化生力。这个理解甚至比英文更加准确地表达了文化作为人类生存编码体系的特点。遗憾的是，中文中的“观乎人文以化成天下”之文化所具有的化生天下的作用，以及“物相交杂故曰文”的表征人类互动体系之含义，却被中国学者自己忽略了。[1]

一、社会和文化的关系

文化(culture)和社会(society)是文化人类学和社会学的核心概念。要理解这两个概念的关系，首先要理解两个概念都是人们认识世界的思维符号工具，“社会”偏向于实体思维，“文化”偏向于象征符号思维。从本体论上看，“人类”“社会”有真实的客观存在，但是从认识论上，“社会”和“文化”只是一种抽象的实在。它们不是一个具体的“东西”，摸不着，但体会得到。实际上，人类的哲学归根到底是一种“感官哲学”，无论本体论、方法论、认识论，都是依据人类的感官来“论”的。正因为如此，人脑具有的想象能力弥补了感官的不足，人脑可以造出概念来帮助我们理解世界，“社会”和“文化”都是这样的概念。

基辛(R.M.Keesing)认为，文化是社会行为的基础概念性符码。[2] 社会和文化两个概念之所以对人类学重要，不仅因为对两者各自的强调，产生了同一学科中欧洲社会人类学和美国文化人类学的不同传统，而且也在于它们十分基础的地位。试想，社会学家如果不知道“社会”为何，人类学家不知道“文化”为何，它们学科的基础何在？在两者的早期关系中，存在着“社会中心说”和“文化中心说”的争论。

(1)“社会中心说”的观念从早期延续至今，仍然占有统治的地位。这种影响自然来自社会学，如法国社会学家涂尔干(E.Durkheim)。拉德克利夫-布朗作为社会人类学功能学派的大师，是“社会中心说”的代表人物。他说：我们看不到文化，因为它不指代任何具体的现实，而是一种抽象。[3]“新人类学将任何存续的文化视为整合的统一体或者系统，在其中，每一个因素都有与整体相联系的确定

[1] 参见：本书导论：让“社会”有“文化”.

[2] [美]基辛.当代人类文化学概要.北晨，编译.杭州：浙江人民出版社，1986：69.

[3] [英]拉德克利夫-布朗.原始社会的结构与功能.潘蛟等，译.北京：中央民族大学出版社，1999：213.

的功能。”[1]“社会中心说”强调社会结构和功能的合理性和优先性，但无法解释很多社会现象，包括一个社会为什么有如此的结构和功能？社会为什么有不同的文化、结构和生活方式，特别是那些在结构和功能上看起来“不合理”的文化和生活方式？人们的行为究竟受社会的结构功能制约还是文化的影响？一个社会的变迁为什么总是始于文化变迁？

(2)“文化中心说”的观点出自美国文化人类学，克鲁伯认为，文化是超有机体的(superorganic)。“人类学家常常持文化的整体论，把社会结构只是作为文化的一个部分。”[2]博厄斯的学生本尼迪克特是著名的“文化模式”的提出者，她在论及社会和文化对秩序的控制时，强调文化的作用：“社会只有在偶然的、特定的情景下才是管制性的，法律也并不就等于社会秩序。在更为简单的、同质性的文化中，习惯与习俗就完全可以取代建立正式法律权威的必要性。”[3]

怀特虽然反对博厄斯的文化相对论，文化优先的观点却彼此相同，他把文化区分为三个亚系统，即技术的(工具等)、社会学的(人际关系等)、意识形态的(信仰、思想、知识等)[4]。“文化中心论”认为文化自成一体，有其文化的意义系统。文化优先于社会。

艾吉莫(G.Aijmer)提出文化形态(modalities)的概念，文化形成了多义的社会。“这个世界，是文化的言说，不是简单的我们直接经验的世界，文化形态是对存在进行构思的‘单行线’，它选择自大量有用的、可选择的，一团用文化结构起来的可能事物。换句话说，人类存在不仅生活在一个社会，而且同时生活在许多可能的社会中。”[5]文化不仅可以对一个社会进行多义的编码，还可以创造出多重的社会，对人类的生活进行主动的建构。

(3) 第三种看法将社会和文化平行并列，波普诺(D.Popenoe)认为：“社会指共享文化的人的相互交流，而文化指这种交流的产物。……文化是人们在交流中

---

[1] [英] 拉德克利夫-布朗.社会人类学方法.夏建中，译.北京：华夏出版社，2002：37，67.

[2] A.Kroeber.The Concept of Culture and of Social System.*American Sociological Review*，1958(23)：123.

[3] [美]本尼迪克特.文化模式.何锡章，黄欢，等译.北京：华夏出版社，1987：239.

[4] [美]怀特.文化科学：人和文明的研究.曹锦清，杨雪芳，等译.杭州：浙江人民出版社，1988：349.

[5] Aijmer，Goran.Anthropology in History and History in Anthropology.// Occasional Paper No.3. *The Annual Work- shop in Social History and Cultural Anthropology*，South Research Center，HKUST，1997：13.

创造的,但人类互动的形式又来自对文化的共享。”[1]通常,人们的互动构成社会,波普诺的说法意味着社会和文化互为结果和条件。在结构主义人类学家列维-斯特劳斯(C.Levi-Strauss)看来,社会和文化共同受到人们头脑中深层“结构”的制约。他认为,如果说神话结构(文化结构)平行于社会结构,这并不是由于神话反映社会,而是因为神话和社会共享一个共同的基本结构——心智的结构。[2]

列维-斯特劳斯的观点虽然晦涩,但是道理深刻。他要寻找的,其实是文化如何编码和社会如何运行的深层心智规则。

二、文化与社会:波粒二象性

无论是“社会中心说”“文化中心说”还是“平行说”,都将社会与文化视为两个不同的事物。本章提出的文化与社会“波粒二象性”的观点,在本体论和认识论上的最大特点,是将“文化”与“社会”两者视为同一事物的两个方面。

象征人类学家格尔兹曾说:

> 作为区分文化和社会系统的更有用的方法,但绝不是唯一的方法,是把前者看成有序的意义系统和符号系统,社会互动就是围绕它们发生的,把后者看成社会互动模式本身。
>
> 文化和社会结构是对同样一些现象的不同抽象。在观察社会行动的时候,一个着眼于社会行动对于社会行动者的意义,另一个着眼于它如何促进某种社会系统的运作。[3]

在格尔兹看来,文化与社会是同一人类行动的两种不同抽象。“社会”着眼于社会系统的运作和社会互动模式本身;“文化”着眼于社会行动有序的意义系统和象征系统对于行动者的意义。因此,从“人类”的概念出发,社会和文化是“人类”“互动”这同一事物的两种不同的抽象实在。“社会”强调实体思维(实物)的抽象;“文化”偏重于信息思维(虚物)的抽象(见表 1-1)。

---

[1] [美]波普诺.社会学.李强,等译.北京:中国人民大学出版社,1999.

[2] S.Ortner.Theory in Anthropology since the Sixties.*Comparative Studies in Society and History*,1984,26(1).

[3] [美]格尔兹.文化的解释.韩莉,译.南京:译林出版社,1999:176-177.

表 1-1 文化与社会的波粒二象性

分类	二 象 性	本性	事 实	系 统
文化	波性(沟通、信符)	信息性	表征性事实	意义编码(人类生活软件)
社会	粒性(互动、关系)	实体性	客观性事实	功能结构(人类生活硬件)

借用物理学的波粒二象性原理,文化与社会恰恰是波粒二象性的关系。在物理学中,三位诺贝尔物理学奖获得者先后对此做出了贡献。首先是爱因斯坦(Albert Einstein)在1905年发现了光的波粒二象性。1924年,德布罗意(Louis Victor · Duc de Broglie)发现的物质波理论,认为一切基本粒子都具有波粒二象性,即微观粒子(也是我们这个世界)的存在形态是,既具有波的虚物性质,同时又具有粒子的实物性质。1928年,波尔(Niels Bohr)由此提出量子力学的基本原理之一——互补原理(Bohr's principle of complementarity),认为只有互补地说明两种性质,才能得到完备的描述。我们把波尔描述互补原理的原话改造如下:

> 一些经典概念(社会)的应用不可避免地排除另一些经典概念(文化)的应用,而这“另一些经典概念(文化)”在另一条件下又是描述现象不可或缺的;必须而且只需将所有这些既互斥又互补的概念汇集在一起,才能而且定能形成对现象的详尽无遗的描述。

文化研究范式可以对社会研究范式的不足进行补充。例如,“阶级”的分析,人们已经日益意识到“实体”的阶级之功能分析范式的不足,因而转向了“表征”或者说文化的阶级分析。黄宗智(Philip Huang)曾提到布迪厄(Pierre Bourdieu)“通过‘象征资本(symbolic capital)’的概念,把马克思主义的结构分析从客观事物扩展到了表征的(representational)领域。资本不仅是物质性的,而且是象征性的。阶级不仅是一种客观的社会结构,也是一种表征结构,一种特色、偏好、风格和语言。进一步说,实践者的能动性(agency)不仅选择客观行动的方式,也选择表征性的思想和态度。”[1]

在社会系统的运行中,文化的先行性十分明显。例如,经济全球化就是文化

[1] 黄宗智.中国革命中的农村阶级斗争——从土改到“文革”时期的表述性现实与客观性现实.国外社会学,1998 (5):37-54.

先行的一个例子。对中国而言,经济全球化主要也是来自文化的全球化。众所周知,晚清的西学东渐,直到20世纪50至80年代积累的现代化思想,都是先有文化的编码,"想"要去学西方,才进行的一系列社会改革和革命;并不是因为西方经济的自然入侵所使然。特别是在20世纪50至70年代,西方国家封锁中国的经济,我们在文化上仍然抱着"赶英超美"的现代化思维定式,表面上是一种自力更生的志气,深层却是以西方作为榜样。这样一种政治文化观,是现代化思想的基础,在此基础上中国接受经济全球化,是一种文化全球化先导的自然结果。"消费文化"引领中国也是如此,对历史和当代的西方热,都是先在文化上追求西方的生活方式,然后来改变我们的生活方式和经济结构,引入西方的经济产品,促进经济的全球化。因此,正如罕纳兹(U.Hannerz)明确指出的:"世界已经变成一个社会关系网,不同地区间除了人口和商品流动之外,还有意义的流动。""存在一个世界文化。各种意义和表达的分布结构在任何地方都变成相互关联的。"因此,不再容易辨认一种地方的理想型,地方文化的边界难以维持且日趋模糊。[1] 从另一方面看,文化全球化后面还伴随着地方化,伴随着两种文化的融合与相互消化。例如,中国文化核的编码体系,在消化西方的市场制度时,产生的不是简单的西方资本主义,而是一种杂交的有中国特色的经济文化。

第四节 结 论

在本体论的意义上,需要提倡文化的研究范式,与社会的研究范式形成互补。因为社会的研究范式忽略了社会运行中的"看不见的手"——文化编码体系。本章主要通过对"文化"概念在人类学中的演变之探讨,思考以"文化"作为核心概念的相关人类学研究范式,进而在与社会学之"社会"研究范式比较的基础上,提出在人类研究中"文化"与"社会"的波粒二象性的理解。虽然社会学的研究中不乏"文化编码"的探讨,如符号互动理论、拟剧理论等,但是仍然需要为"文化"的概念及其研究正名。一些人类学家焦虑于"文化"概念的被滥用和庸俗化倾向,但是从另一方面来看,文化概念具有广泛的人类和社会现象的普适性和包容性,应该提

[1] U.Hannerz.Cosmopolitans and Locals in World Culture // Featherston.(ed.). *Global Culture*. SAGE,1990:1990:237,249-251.

炼出这一特性的学术内涵。文化编码具有时间的三重性特征：①过去已经形成的文化编码作为人们行为的基础；②文化编码在现时人们行为中不断进行动态结构化调整；③现时的文化编码又是未来人们行为的基础，并帮助人们理解过去。

此外，文化的互向性特征表现为人们创造了文化编码，又被文化编码所创造。文化编码的创造与被创造都遵循着自组织的法则，并建构起多重的实存与虚拟的人类生活世界。如果注意到实践理论的文化观，我们可以把伯格(P.Berger)的名言“社会是人类的产物；社会是一客观现实；人是社会的产物”[1]改造为：

> 文化是人类的产物；文化是一表征性现实(representative reality)；人是文化的产物。

这就是人类“化身”的文化——“观乎人文以化成天下”。

---

[1] Berger, Peter L.and Thomas Luckmann.*The Social Construction of Reality: A Treatise in the Sociology of Knowledge*.New York: Doubleday, 1967: 79.

第二章　走向“文化志”的人类学：传统“民族志”概念反思

民族志(ethnography)研究一直是人类学的看家本领。民族志不仅是研究方法，也是理论载体。20世纪70年代以来，随着后现代人类学的挑战，传统民族志面临危机，田野中的研究主体被强调，田野和写作中的文学化倾向和文化创造愈加丰富。人类学家在大量涌入田野的新闻记者、撰稿人、旅游者面前逐渐失语，民族志本身的权威也在丧失。这些都对人类学家提出了质疑：民族志究竟还是不是我们的专业特长和赖以生长理论的土壤？我们究竟应该怎样理解民族志的地位？

本章通过对“民族志”的反思，指出三点传统民族志的理论误解和失解：①在中文语境中，民族志之“民族”译法存在不足，ethnography的合理译法应从“民族志”回归到“文化志”；②面对后现代理论对文化志方法论的挑战，传统民族志的问题是缺乏对“文化”之“信息”本质的理解。文化志作为“他者”的理解，必然具有歧义性和部分的真实，而这恰恰就是一种“文化的真实”。③人们之间的信息沟通是彼此间“文化的经验”沟通，它必然导致研究者和当事人彼此之间的有限度理解，形成所谓的“互主体性”(inter-subjectivity)问题。从“经验”的角度来看，经验是文化的，是研究者和研究对象沟通的桥梁，两者共同产生“意义”。因此，文化的尊重和平等是互文化经验的原则，应该在对“经验”深入理解的情况下促进“互经验文化志”(inter-experience ethnography)的研究。

第一节　从“民族志”回归“文化志”

文化志对于人类学极为重要。格尔兹(C.Geertz)曾经这样描述文化志在人类学中的位置：“如果你想理解一门科学是什么，你首先应该观察的，不是这门学科的理论和发现，当然更不是它的辩护士说了些什么，你应该观察这门学科的实践者们在做些什么。在人类学或至少社会人类学领域内，实践者们所做的，就是文化志。”[1]在此意义上，文化志是人类学的翅膀，没有这一翅膀，人类学就无法翱翔。理解文化志等于理解人类学，然而目前在对文化志的理解中，存在很多误解和失解，特别是在中国本土人类学学术语境中的“民族志”，译法存在学理上的不足。即民族志研究在方法论上存在着“文化”缺失，缺乏对“文化”之“信息”本质的理解，因而在面对后现代理论的挑战中表现乏力甚至失语。

早期北美的文化志开始于对印第安人的研究。泊维尔(John Wesley Powell)于1879年创立了美国民种学（文化人类学）办公署（Bureau of American Ethnology)，首先在政府中建立了人类学的专门机构。作为地质学家，他是美国地质学测量的开创者，同时也进行文化志和语言学的研究，其对墨西哥北部印第安人语言的分类沿用至今。[2] 1883年，博厄斯(F.Boas)开始印第安人的文化志研究，“文化”成为其核心概念，在西北海岸的印第安人研究是一个建立文化理论的经典文化志过程，他把记录和分析当地人语言作为文化志工作的中心任务，并派他的研究生去美国和太平洋的许多地方做调查。当时在文化志研究和理论上尚没有一种科学的方法，人类学家建立理论的依据多是靠二手的旅行者游记、传教士的报告等，以此来发现人类在文化进化、文化类型等方面的理论。博厄斯对此提出了批评，特别是在对文化进化论的批评中，提出了文化相对论的理论。这些理论将“文化”概念置于人类学的统治地位。博厄斯习物理学出身并获得物理学博士，这使他希望使用可信的材料和细致的推理来进行研究。他的努力使得文化志资料的收集空前丰富，人类学也第一次有了自己坚固的经验基础，正是基于这样的转变，文化人类学在20世纪早期开始成为一门科学，博厄斯因此被称为“美国现代人类学之父”。而当时所谓的“民族志”，就是印第安人的文化志。

Ethnography和Ethnology分别于1771年和1787年由德国历史学家先后提出，在19世纪的欧洲大陆开始流传，重在对不同人群(people)、民族(nation)和种族(race)等文化人群的研究。“Ethno-”这个前缀，本意有文化群之义，Ethnology因此是“不同文化人群的学问”。中文翻译为“民族学”取其广义，即包括人种、民

---

[1] [美]格尔兹.文化的解释.韩莉，译.南京：译林出版社，1999：176-177：6.为讨论方便，对于ethnography的翻译，本章所引中文文献尊重原译，英文则采用“文化志”。

[2] William A. Haviland. *Cultural Anthropology* (Ninth Edition). New York, Toronto, London: Harcourt Brace College Publishers.1999：25.

族、部族、狭义的民族。在理论方法的本土化中,比较重要的是如何理解人类学的“ethnography”即“民族志”。这一翻译为“民族志”,明显与把 ethnology 翻译为“民族学”有关,而将 ethnology 翻译为“民族学”,正是这个概念的本土化结果。杨堃曾经指出:“光绪末年,我国最初从英文翻译的民族学著作叫‘民种学’,同年,从日文翻译的叫‘人种学’。一九〇九年,蔡元培在德国留学时,译为民族学。一九二六年,蔡氏发表《说民族学》一文,才开始引起我国学术界的重视。”杨堃还在注中补充道,1903 年译有《民种学》一书,系德国哈伯兰原著,英国鲁威译成英文,林纾和魏易转译为中文。同年,《奏定大学堂章程》内列有“人种学”,即 ethnology。[1] 除了学理上的考量之外,还有着民族主义和三民主义的影响。中国引入人类学早期,民族学和人类学两个概念并用。这一方面是受日本的影响;另一方面有来自欧美的影响,反映出中国接受西方科学思想的两条渠道。

上面提到蔡元培是较早明晰辨识“民族学”的学者,他曾经在《说民族学》(1926)中认为:“民族学是一种考察各民族的文化而从事记录或比较的学问。偏于记录的,名为记录的民族学,西文大多数作 Ethnographie,而德文又作 Beschreibende Volkerkunde。偏于比较的,西文作 Ethnologie,而德文又作 Vergleichende Vlokerkunde。”[2]蔡元培明确讲到民族学 ethnology 是考察“文化”的,也是记录和比较文化的,但是他没有使用“文化学”或者“文化志”,而是使用了“民族学”以及“民族志”。

中文翻译 ethnography 为“民族志”已经成为跨世纪的约定俗成,然而在这一翻译后面,却隐含着一些方法论的问题。如对于田野资料的歧义性、真实性、主体性、伦理性等影响资料搜集、访谈和写作的“民族志”问题,很难用“民族”一词来讨论,因为人类学家的田野研究面对的是不同的文化,对此,国外学者多用“文化”一词。《人类学辞典》定义 ethnography 为:“通过比较和对照许多人类文化,试图严格和科学地逐渐展开文化现象的基本说明。由此,通常经过田野研究,文化志成为一个专门的既存文化的系统描述”。[3] 其中的“人类文化”“文化现象”“文化的

---

[1] 杨堃.民族学概论.北京:中国社会科学出版社,1984:3,22.

[2] 蔡元培.说民族学.一般.第一卷,1926(12).

[3] Thomas Barfield, *The Dictionary of Anthropology*. Oxford: Blackwell Publishers Ltd. 1997: 157.

系统描述”等概念，清楚地定位了 ethnography 的文化志内涵。其中并无任何“民族”的界定。本研究就是希望还“文化”于 ethnology 的本来面目，建议将“民族志（ethnography）”正确地翻译为“文化志”，同时将中国近代逐渐形成的“民族学”翻译为 minzuology，这不仅有助于 ethnology 的正确定位，也有利于民族学理论方法和学科本土化的健康发展。

《韦氏词典》对 ethnography 的解释亦十分清楚，所有的相关词条都是围绕着“文化”而展开的（见表 2-1）。

表 2-1 《韦氏词典》（第 11 版，2003 年）的词条解释[1]

词　条	英　　文	中　　文
ethno-	race/people/cultural group	人种/人群/文化群
Ethnology	1. a science that deals with the division of human beings into race and their origin, distribution, relations, and characteristics. 2. anthropology dealing chiefly with the comparative and analytical study of cultures: CULTURAL ANTHROPOLOGY	1. 关于人类的人种划分及其起源、分布、关系和特征的科学； 2. 主要进行文化比较和分析研究的人类学：文化人类学
Ethnography	The study and systematic recording of human culture also: a descriptive work produced from such research	人类文化的研究和系统记录：由此研究产生的描述工作
Ethnohistory	A study of the development of cultures	文化发展的研究

从《韦氏词典》的相关词条中可以清楚地看到，没有任何将上述词汇翻译为“民族志”的可能译法。对于 ethnography，词条的解释十分清楚：“人类文化的研究和系统记录以及由此研究产生的描述工作。”据此，ethnography 最好的翻译就是“文化志”。以不同文化人群的研究做志，是文化人类学家的本职。其中，当然包括民族，因为“民族”本身也是一类文化人群。

在中国学界，“民族志”的概念可能依然会被长期固守，即便大家明白了其中的内涵。这样一种语言惰性实际上正是文化惰性的反映。当人们“居于”自己的文化母体即母文化中，或者长期编织、接受、浸染于某种文化时，要改变固有的文

[1] Merriam-Webster. *Merriam-Webster's Collegiate Dictionary*. 11th Edition. Sprinfield: Merriam-Webster, Incorporated.2003: 429.

化惰性是十分困难的。因此，当人类学者带着自己的母文化去理解他者的文化时，如没有长期的田野经验，没有认真的田野反省，要想通过改变自己的文化视角、克服“民族志”一类的思维惯性来理解事物的本真，并不是件容易的事情。正因为如此，“民族志”带给我们的误解也会在自觉不自觉中产生，其对学科发展产生的影响不可低估。在文化志的意义上，对传统民族志中的一些方法论问题可以得到更好的理解，特别是面对后现代理论关于田野资料真实性与田野研究互主体性的挑战，“文化志”的视角十分重要。

“文化”于文化志的重要性是不言而喻的。文思理(Sidney Mintz)十分担心文化概念庸俗化带来的危害，他认为自半个世纪甚至更早的时间以来，就有着对“文化”意义的庸俗化，“文化概念的日益扩散和简单化，无论是在学术领域之内还是之外，它与文化志一起，已经越来越成为非人类学家的生计”。“就人类学的专业史来说，并不都一致同意‘文化’一词的含义，不过如今，很多人类学家十分热心去定义它，或者把陈述的问题联系到文化的定义，甚至在他们的学生或者他们彼此之间都是如此。相应地，这个几近放弃的概念也已经被非人类学家大规模地采用，他们采用人类学的观念和工具是为了他们自己的目的，不论这些目的之新旧。”[1]在文思理看来，正是因为文化概念的庸俗化以及人类学家对文化概念的滥用，导致了人类学对“文化”的失守，以“文化”为对象的文化志也出现了分割肢解：“实践中，我认为对文化的放弃助长了剥夺这个专业的一种声音：一种与众不同的文化上的发言权。……我们现在有文化的工厂和公司，有政治文化、国会文化、足球文化和衣帽间文化，以及战争文化等等。我认为这个中心概念的退出——使得‘文化’同义于‘某人做某事的一个空间’——对民族志研究者的未来弄出了一个真正的麻烦。”[2]

文化概念的庞杂是否真的会影响文化志的研究？笔者曾经提出理解文化与社会的波粒二象性的观点，指出“文化是人类遵照其相应的自组织规律对人类及其全部生活事物的各种联系，运用信息进行秩序创造并共享其意义的具有动态再生产性的编码系统”(见本书第一章)。因此，文化概念被广泛应用不足为怪。文化概念的广泛运用，并不意味着对于人类学家是个难于应付的挑战。恰恰相反，正因为文化概念在描述人类生活上的广泛使用性，反而给了人类学家更加广阔的

[1][2] [美]文思理.民族志的回顾与思考.清华社会学评论，2001(1)：191-199.

机会，训练有素的人类学家对此具有不可替代的学术优势，令他们可以奉献对文化的精彩研究，并通过文化的知识将对人类的理解普及民众。如果有一天，这个世界上人人都成为文化人类学家，那将是人类学的最大成功。

第二节　文化的真实

文化志在20世纪70年代以后面临后现代理论的巨大挑战。有学者认为有两个主要的趋势，一个趋势是关注文化的差异如何在文化志中得到表达，以及所谓的“经验文化志”(ethnographies of experience)如何发展；另一个趋势是关注找到有效的方法来显示文化志的主题如何被关联到历史政治经济的广泛过程。[1]后现代文化志的方法论问题尤其体现在《写文化——民族志的诗学与政治学》《作为文化批评的人类学》等著述中，[2]后现代理论的最有力发难是挑战“真实”，即对同一个村落、同一个受访者、同一个事件，因为会有不同的歧义性的理解，从而否认了所谓客观事物的唯一“真实”。后现代学者还强调文化志写作的文学化，以及研究者和其他政治权威对写作的影响。就文学化而言，带有想象和夸张等修辞的文学、诗学作品本身就具有超越现实的内在逻辑，而各种权力对文化志自觉不自觉的影响也不足为怪。

不过，后现代理论似乎没有注意到，歧义性对于沟通和交流来说其实是本质性的存在。上述歧义性来自文化认知的信息本质，即使没有上述问题，再认真、公正的人类学家，也会陷入歧义性之中——这不仅仅是对人类学家。试想在日常生活中，人们对一件事、一个人、一个村落的认知，一定会是歧义性的，这是“一般”的逻辑；而若要大家彼此达成一致的看法，则需要共同的文化、知识体系以及文化的经验，这反而是“特殊”的逻辑。只要是认知，歧义性是普遍的，而我们所谓的真实性，只不过是人们在歧义性的普遍中，寻求达成的某种相对一致，即获得“文化的真实”。

---

［1］ Julia Crane.Experimentation and Change in Contemporary Strategies for Ethnography.*Reviews in Anthropology*，1991(19)：11-40.

［2］［美］詹姆斯·克利福德，［美］乔治·E.马库斯编.写文化——民族志的诗学与政治学.高丙中，吴晓黎，李霞，等译.北京：商务印书馆，2006；［美］乔治·E.马尔库斯，［美］米开尔·M.J.费彻尔.作为文化批评的人类学.王铭铭，蓝达居，等译.北京：生活·读书·新知三联书店，1998.

文化既然是人类行为的“软件编码”，不同的文化具有不同的编码，包含不同的逻辑、定义名和“算法”，不同的人会带着不同的文化来理解“他者”，因此必然产生歧义性。从认知上，不仅人们之间有文化差异，每个人也都有自己的不同个体“文化”——人格。因此在日常生活中，我们很难达成对一个人或者一件事物完全一致的“唯一真理”的看法。这是普遍的法则，也是田野中的法则。沃尔夫（M. Wolf）在《一个讲三次的故事：女性主义、后现代主义和文化志的责任》中，以她半个世纪前随人类学家的丈夫在台湾做田野研究时，所留下的关于一个乡村女巫（萨满）的三种文本——自己写的文化志、原始的田野笔记以及几个同事搜集的观察资料，来讲述同一个对象的不同故事。沃尔夫主张一种反映（reflection，研究客体的映像）加反省（reflexive，反身性的反思自我）的实验文化志（experimental ethnography），批评后现代和女性主义的人类学。她认为反省民族志中反省的自我主体不应当只是西方人类学家或者女权主义者。前者假定他们优越于被研究的人——穷人、未受教育的人、野蛮人、农村人，等等，带有殖民主义和种族主义偏向；后者在把自己作为男性的对立物时，等于承认了这个来自男权规范的女权，是与男性偏见相同的另一种偏见。参与对田野经验反省的“自我”，应当是没有各种偏见的平等的文化志工作者。不能以第一世界人类学家的大量反省要求第三世界的人类学家。[1]

沃尔夫虽然对后现代理论过于强调研究者主体的观点提出批评，强调基于研究主体反省（reflexive）以及基于研究客体反映（reflection）两者相结合的实验民族志，但是并没有解决三个文本的歧义性如何处理的问题。实际上，田野中的歧义性已经在马林诺斯基（B.Malinowski）和维纳（A.Weiner）、米德（M.Mead）和弗里曼（D.Freeman）、萨林斯（M.Sahlins）和奥贝塞克里（G.Obeyesekere）的公共争论中体现出来。[2] 这与日常生活中我们不可能对一个人产生完全一致的看法是同样的。或者说，存在着认知的不同层面，在最细节的层面，不可能达成完全的一致，但是在逻辑和概念的较高层面，可以找到共同。例如“漂亮”，当大家使用这一

---

[1] M.Wolf. *A Thrice-told Tale: Feminism, Postmodernism and Ethnographic Responsibility*. Stanford: Stanford University Press, 1992.

[2] [美]乔治·E.马库斯.《写文化》之后20年的美国人类学//[美]詹姆斯·克利福德，[美]乔治·E.马库斯编.写文化——民族志的诗学与政治学.高丙中，吴晓黎，李霞，等译.北京：商务印书馆，2006.

概念名词对某一个人(如女人类学家本尼迪克特)表达共同的看法时,大家没有歧义;而当解释到底漂亮在哪里时,大家会立即产生歧义性。笔者曾经在课堂上让学生做这样的测试,结果四男四女 8 个同学的回答各不相同,有的说本尼迪克特眼睛有神,带着一种忧郁的美感;有的说气质好;有的说五官端正……,总之大家的回答莫衷一是。在“漂亮”的层面,大家看法一致;在具体说明怎样漂亮的层面,大家看法不同。究竟哪个是真实的?答案很简单,它们是不同的真实。

列维-斯特劳斯(C.Levi-Strauss)关于人类认知中“二分”的观点,表达了一种跨文化的“真实”——凡是人,就有这样的认知逻辑。但是在不同的文化中,具体的二分是丰富多样的。表面的差异和深层的一致是人类学家的追求。这种差异和一致构成了“文化的真实”。如果问差异和同一哪个更为真实?这无疑是一个伪问题。人们之所以可以相互理解而不为真实性问题所困扰,乃在于有一个相对真实的相互理解和共享的体系,这就是文化。凭借从小开始的“文化化”,人们之间可以相互了解,包括人类学家的田野和人们对人类学家文化志作品的了解。

在人类学的意义上,相对一致的真实是一种文化的真实——大家运用共同的文化编码达成的文化共识。换句话说,一些方法论上的歧义性等问题来自“文化”本身的信息性和象征性,文化志作为“他者”的理解,必然具有歧义性和部分的真实,而这种真实就是“文化的真实”。文化的真实告诉我们:真实是经验实践的相对真实,沟通者之间的文化编码和逻辑越接近,他们越会感到彼此经验的一致,越容易对某一事物认知的真实性达成一致。这也意味着:人类学家必须学习当地文化,尊重当地文化,才更能理解当地人,更能明白当地的事物。然而,包括后现代理论的诸多理论却失解于此,并且在很大程度上,不恰当地放大了研究者主体的作用和文学化书写的影响。对此,蔡华通过与克利福德(J.Clifford)的对话,指出了训练有素的人类学家完全可以排除围绕主观性的干扰,以科学民族志方法论认识异文化的研究对象。[1]

人类学理论本身的不同方法论亦表明了唯一真实的不可能。在文化进化论、文化相对论、文化生态学、象征人类学、结构主义人类学这些不同的理论视角中,对同一现象的理解也不同。雅克布森(D.Jacobson)在《阅读文化志》(*Reading*

[1] 蔡华.当代科学民族志方法论.民族研究,2014(3).

Ethnography)中，讨论了结构文化志(structural ethnography)、象征文化志(symbolic ethnography)、组成的文化志(organizational ethnography，批评固定的结构，强调构成的过程)等文化志的特点，以不同的视角理解和阅读研究对象结果会有所不同，“解释和翻译文化范畴或概念，或其具体的物态，因而是一个复杂的任务。它涉及理解其作为其中一部分的思想体系”。[1]

本土化的问题也许一直是中国人类学者的困惑之一。其后面的学理背景(在排除那些借本土化寻找生存空间等动机之后)，主要是如何运用一个西方的知识体系来认识中国社会知识转换的文化问题。从一般的抽象理论层面，好像数学、物理学一样，西方的也是中国的，两者没有明显的本土化问题；从经验理论层面，本土化是不可避免的，但是其意义应该是一种学术的个别经验。李亦园认为本土化的最终目的并非只是本土化而已，其最终目的仍是在建构可以适合全人类不同文化、不同民族的行为与文化理论。[2] 从互补的角度理解本土化，或许有助于以一种平和的心态和学术的视野来看待本土化。笔者曾经提出“本土化面前人人平等”的观点，意在指出不论是本地人还是外地人，研究异文化时他们并没有特权，一个了解当地文化的外地人或外国人，并不见得比一个不了解当地文化、却自诩为“本地人”或“中国人”的人更理解当地社会甚至“中国”。[3]

因为政治权力或者话语霸权一类而导致的真实性偏离在日常中十分普遍，它们对文化志田野工作和写作的影响不言而喻，这就需要研究者的反省和伦理的自觉。因为任何文化志的作品，最终是研究者的自觉产物。如何在田野研究和书写中最大可能地排除政治权威及其影响，需要研究者自觉秉持公平、尊重、互信等伦理，不断反省研究中的各种权力之影响。在这一点上，倒是后现代学者们的反省精神给我们做出了榜样。

第三节 互主体性与“文化的经验”

“互主体性”(inter-subjectivity)是拉比诺(P.Rabinow)在《摩洛哥田野研究反省》中提出来的，这是拉比诺“反省文化志”(reflexive ethography)的核心概念。

[1] David Jacobson.*Reading Ethnography*.NY：State University of New York Press，1991：13.

[2] 李亦园.序//荣仕星，徐杰舜，主编.人类学本土化在中国.南宁：广西人民出版社，1998：1-3.

[3] 张小军.银翅：中国的现象人类学？兼论人类学的本土化//清华社会学评论(特辑1).厦门：鹭江出版社，2000：238.

他在田野中发现与受访者之间不乏友谊，也相互信任，却彼此不认同对方的文化，理解他们却不能像他们一样去对待现实，算是真正的明白吗？在他看来，与受访者之间只是部分的理解，不同的文化意义之网分离了我们。“我们根深蒂固地是彼此的他者”。[1] 反省的文化志采取一种修正的现象学方法，批评传统文化志将研究客体看成外在于研究主体的东西。所谓反省，就是将研究者的主体意识作为文化志研究的一个不可或缺的部分，并对主体的田野经验进行自我反省。这个田野研究中的自我，是在互主体中的文化自我，只有通过理解他人才能迂回理解自我。因此，文化志只是人类学家的一种解释范式，“事实”是在我们的解释中制造和再造的，是人类学家自己的解释。如此看来，拉比诺的互主体观点很明显也是“互文化”的。

无论如何，人们之间的信息沟通是彼此的“文化（志）”认知，而不是“民族（志）”认知，它必然导致研究者和当事人彼此之间的有限度理解。在“经验”的意义上，理解当事人的想法是可能的。但是要完全明白是困难的，因为“经验”本身是文化的。换句话说，人们的“经验”是在文化编码体系中形成的，因此“经验”也是文化的一部分。相同文化体系的人容易相互理解，人类学家之所以要学习当地语言，进行长时间的田野工作，就是为了更加接近当地的文化，以便更好地理解他们。文化的尊重和平等是互文化经验的原则，而拉比诺一类的后现代学者均忽视“他者”的文化经验，过度强调研究者主体的文化解释，即放大了主体的文化经验。这已经不是方法论的问题，而是文化志伦理的问题了。因为任何研究者都没有理由居高临下地面对受访者。尊重对方的文化，学习当地的文化，才可能更多地了解当地人，这是田野工作的常识，也是文化经验和田野研究中互主体性沟通的基本原则。

特纳（V.Turner）在《经验与践行：走向一个新的过程人类学》一文中，对经验的重要性直言不讳：

> 对所有人文科学和研究来说，人类学是最深厚地植根于调查者的社会和主观经验之中。每件事情都来自自我的经验，被观察的每件事情最终都是按照他（她）的脉搏而跳动。……所有的人类行动都浸透在意义之中，而意义是

[1] Paul Rabinow. *Reflections on Fieldwork in Morocco*. Berkeley: University of California Press. 1997.

难于测量的，虽然它通常可以被领会——即使只是感觉并且是模棱两可的。当我们试图将文化和语言具体化时，意义从过去引出我们对今天生活的感觉、想法和思考。[1]

我希望恢复我们持久的人类学对“经验”的关注。我们不曾从其它人文研究中借得这个术语；它是人类学自己特有的。早就有一个关于人类学家的俏皮话：田野“经验”等于我们的“过渡仪式”。[2]

对于调查者来说，经验是相互的。共同的经验来自/产生共同的意义理解，来自/产生共同的文化。要获得对当地人的理解，他们必须进入两种文化秩序的中间状态——田野，通过田野研究的经验过程，转换研究者的理解为当地人的理解。“如果研究者开放自己，不仅学习语言，而且学会非语言的沟通编码——就好像钥匙开锁的过程，他们就可以被田野经验很好地转换。……经验必须联系到带有转换的践行。作为其主要结果，意义产生自转换的过程。”[3]这样一个转换过程，也是互经验的过程。

经验在认知的意义上，是一种借助于感官进行信息采集，再通过大脑进行信息加工的动力学过程，目的是建立与目标物的确定关系。在“经验”的意义上，理解当事人的想法（native thinks）完全是可能的，这在人们的日常生活中很平常，因为“经验”的理解具有非点线因果的完形特征。人类学家的田野之所以如此诱人，正是在于他们长期的“经验”，并通过这些经验彼此进行文化的理解。因为经验的过程通常是一个文化的过程——既通过文化编码来经验，也将经验加入自己的文化之中。因此，不同的文化下，“经验”事物的结果不同，造成了诸如“本土化”的问题——此乃不同的文化背景导致的对一地现象的理解差异。鲍曼对此言道：

人类关于世界的恒久思考是由于它的根深植于人类主体性的原初经验中，……无论怎样定义和描述文化领域，它始终介于基本经验的两极之间。

---

[1] Victor Turner. Dewey, Dilthey, and Drama: An Essay in the Anthropology of Experience// Victor Turner, Edward M.Bruner eds. *The Anthropology of Experience*. University of Illinois Press, 1986: 33.

[2] Victor Turner. Experience and Performance: Towards a New Processual Anthropology //*On The Edge of The Bush*. Arizona: The University of Arizona Press. 1985: 205.

[3] Victor Turner. Experience and Performance: Towards a New Processual Anthropology// *On The Edge of The Bush*. Arizona: The University of Arizona Press. 1985: 206.

> 它既是主观上有意义的经验的基础，也是其他非人类的异化世界的主观“占用”。正如我们通常看到的那样，文化作用于人类个体和所感知的真实世界的汇合地。它顽强地抵抗所有单方面与经验框架中两极中的任何一极联系起来的企图。文化概念是被客观化了的主观性，它试图理解一个个体行动如何能拥有一种超个体的有效性，以及坚固的现实如何通过众多个体的互动而存在。[1]

在某种意义上，人类学家的田野正是为了进入他者的经验世界，学习他者的文化经验，以便更好地理解他者。经验一方面受到外部观念的影响，另一方面受到内部主观感受的作用。[2] 人们的经验实际上是一种认知的方式，即认知主体和被认知对象之间反复信息互动形成的知识编码，即文化。例如，用手去拿一个杯子的过程，就是人与杯子的信息互动：人试探地伸手而感受用力的大小和距离，经过反复的实验，形成了人们用什么样的力去拿杯子的“经验”。如果是人与人之间的交往，人们同样要相互经验，这样的经验形成的行为编码就是文化。

特纳的“经验”研究重在对“经验”的深入探讨，而挑战经验文化志(ethnography of experience)的是后现代理论的实验文化志(experimental ethnography)。与特纳不同，研究者主体的经验在文化志中被放大，被赋予合法性的活力。在《作为文化批判的人类学》的《人文学科的表述危机》一文中，指出了我们身处“实验时代”，认为表述危机是实验人类学的生命源泉。[3] 相比于功能主义和结构主义的文化志，实验文化志文本给予研究者重要的地位，他可以将自己的感受、思考和评价融入田野工作及其发现的陈述中，这已成为“实验”的标志。对此，一些学者关于研究主体介入会给研究对象带来影响的担忧似乎已经烟消云散。然而，给予人类学家田野主体的权威，等于给予了所有进入田野的主体以合法性。特别是新闻记者、小说家，等等。结果，反而是人类学家自己权威的消解。文思理说道：“它关乎一个基本的认识论方面的重新争论，涉及所有那些观察者会进入其观察的田野，从而成为其中一部分的专业——人类学很明显是其中之

---

[1] [英]齐格蒙特·鲍曼.作为实践的文化.郑莉译.北京：北京大学出版社，2009：217.

[2] Joan Scott.Experience，*In Feminists Theorize the Political*.NY and London：Routledge.1992：29.

[3] [美]乔治·E.马尔库斯，[美]米开尔·M.J.费彻尔.作为文化批评的人类学.王铭铭，蓝达居，等译.北京：生活·读书·新知三联书店，1998.

一。这个问题涉及非人类学家,但更多是人类学的,它已经长足地消抹了观察者特别是职业观察者如人类学家想象的权威。相对人类学家来说,那些报道人——电视台的新闻主持人、谈话节目的主持人、摄影师、艺术家、评论家、诗人、小说家,等等,现在却获得了很大的相对权威。”[1]人类学家究竟是否具有文化志的权威性?为什么节目主持人和小说家能够获得更大的权威?这是因为一种文化现象的理解存在着深度和表浅的差别,人类学家的深度理解有如阳春白雪,和者盖寡,而新闻等媒体的浅度理解则容易被大众接受。

许多学者对后现代文化志批评的反应是寻找新的出路。主体加入民族志是实验民族志的特点。不过,将研究主体放大是危险的。也许我们可以思考:为什么没有所谓的“互客体性(inter-objectivity)”?看病的例子说明,医生似乎比病人还了解“自己”。因为身体有界,但是客体无界。实际上,信息也是同样的:人脑有界,信息无界。对阿尔茨海默症、精神疾病的外部诊断,已经取代了主体的“自我”地位,消抹了病患主体对自己的权威。人们在日常之中大量的信息沟通,以开放的方式不断跨越主体之间的界限。在本质上,信息就是沟通双方的共同产品,封闭的信息自反馈和自沟通是自闭症的表现。互客体性中的医疗化,让医生具有了主体中心的地位,这与后现代理论强调研究者缺乏互客体的主体中心地位有所不同。如果按照后现代的极端,人类学家变成人类医生,文化志变成不同文化人群的文化病历,人类学家可以以自己的主体权威来对研究对象随心所欲、品头论足,也就失去了文化志研究的意义。实际上,医生诊病也要询问病情,而人类学“医生”面对的“人类病人”要复杂得多,远远不是如同诊病的询问就可以了解的。更何况,人类学尚没有可以诊病和治病的统一科学理论和药方。

情感是互主体中的经常性成分,并非可以中立。因为有感情的互动沟通与没有感情的沟通是不一样的。人类学家不仅应该虚心学习当地语言和文化,而且应该在田野中付出感情。传统教科书认为人类学家应该是一个冷静的、价值无涉的观察者,但是文化的经验沟通告诉我们,感情是文化沟通中重要的影响因素,就像我们愿意对有感情的朋友亲人倾诉衷肠一样。即是说,人类学家除了保持科学的精神,还应该对人类充满爱和真情,尊重研究对象。这也是一个人类学家做好田野研究的基本伦理。你不爱农民,歧视他们,就不可能了解农民,就会戴着有色眼

[1] [美]文思理.民族志的回顾与思考.清华社会学评论,2001(1):191-199.

镜看待他们。我们曾经设想价值中立和不带任何情感的互动可以得到最客观的相互理解，然而这在田野中和现实中是不可能的。如在父母与儿女之间、朋友之间的互主体中，假如没有情感在相互经验和理解中的作用，则很难达成此类亲密的关系。田野中大家一同畅饮的情感交流，显然对彼此理解和交心是极为重要的。许烺光曾认为：“人们通常以两种方式互相影响和影响他们周围的世界。这两种方式是角色和情感（affect）。”[1]一个带着深厚感情进入田野的人类学家一定比那些例行公事的人类学家能更好地了解当地人。因为情感是其文化经验的一部分，可以促进对他者文化的更深的理解，并由此促进互主体的沟通。

“互经验文化志（inter-experience ethnography）”的研究是将实验文化志的对研究者和叙事（如文学化）之开放主张与传统经验文化志之文化经验的研究结合起来。它强调互经验的叙事和写作，因为研究者主体的经验也可以反映研究对象的状况，因此将主体经验甚至基于主体经验的文学化引入文化志是合理的，但是反对超越经验的主观判断和随意的文学化倾向。

第四节　结　　论

以上通过对“民族志”这一中译名词及这一概念的理论反思，指出了“民族志”译法在学理上的不足，主张以“文化志”的译名取而代之。同时，反思了过往民族志研究方法论上的“文化”缺失，即缺乏对“文化”之“信息”本质的理解，因而在面对后现代理论的挑战中表现乏力甚至失语。这里从回归文化志、文化的真实与歧义性、互主体性与文化的经验三个方面展开讨论，强调了在文化认知的基础上，训练有素的人类学家通过深入的田野工作和文化志研究，能够不断揭示和呈现人类基于“经验”之上的“文化的真实”，并将实验民族志对研究者和叙事（如文学化）之开放主张与传统经验文化志之文化经验的研究结合起来，进行“互经验文化志”的研究。

---

[1] [美]许烺光.驱逐捣蛋者——魔法·科学与文化.王芃，徐隆德，余伯泉，等译.台北：南天书局，1997：81.

第三章　世界的人类学与中国的民族学

近代以来西学东渐，人类学（anthropology）和民族学（ethology）随着民族国家的进程进入中国学界，两个学科在不同年代的本土化过程中遭遇了不同的处境，形成了各自学科的演变以及两者之间关系的某些纠结和争辩。时至今日，这些学科演变中的历史纠结已经影响各自的学科发展，本来在欧美学界已经合二为一的两个学科，在中国大陆学界依然迷茫于各自的未来走向。本章从历史、文化和学科三个视角，论述了人类学与民族学的关联与并接。历史并接论述了两者在近代的各自引入和本土化过程。近代中国的国家危机和国家建立的需要导致了两种并置的思潮：民族主义和主权国家，从而引出了“民族”概念的重要性和民族学的本土化。文化并接一方面体现在学科学理上“文化”作为两个学科共同的研究主旨；另一方面体现在两个学科如何进行“人类命运共同体”和“中华民族共同体”的研究。学科并接一是讨论了两个学科的相同说、相佐说和并立说；二是从人类学的横向学科与民族学的纵向学科属性思考两者在学科体系中的位置。在归纳和充分理解诸多学者观点的基础上，本章认为应该以世界的人类学与中国的民族学来表达两者的学科归属，并期待中国的民族学能够真正走出自己的学科之路。

第一节　历史的并接

晚清至民国，中国社会经历了一个重大的转折。两种国家和政体的转变，迫切需要关于解决国家建立和转型的新知识。在这个过程中，一方面，西方科学进入中国学界，人类学与民族学也应运而生，并形成了历史上两个学科的不同发展过程，包括两者概念的各自引入和本土化过程、相互的融合与借鉴以及各自的后来发展。另一方面，近代国家转型引起的国家危机，导致了“民族”概念在近代学术史上的重要位置。简单地说，自晚清以来，国家的危机与新的主权国家如何建立的需要并置。在这种情况下，也出现了两种并置的思潮，一是民族主义的民族国家思潮；二是主权国家思潮。杜赞奇(P.Duara)曾经指出：

> 民族主义的新颖之处并不在于其政治自觉，而在于其世界性的民族国家体系。整个上一世纪中(指19世纪——笔者注)，这一扩散到全世界的体系视民族国家为惟一合法的政体形式。从外部来看，民族国家在明确的、虽不无争议的领土界限内宣布自己拥有主权。[1]

由此，民族国家与主权国家成为两种普遍思潮，前者解决的是帝国崩溃之后建立什么样的新国家；后者解决的是新国家如何建立的问题。在学术上，前者促进“民族学(ethnology)”进入中国；后者直接促进了“民族学”的本土化(特别是边疆少数民族的研究)，即中国民族学之形成。

一、民族研究：从民族国家到多民族共和

在上述两种思潮和国家建立的过程中，“民族”成为一个核心的概念。孙中山于1906年12月2日在东京演讲《三民主义与中国民族之前途》时正式提出三民主义。“民族”之所以成为第一个主义，乃因为“民族”概念联系到国家的建立，有了国家，才能谈民权与民生。因此，这里的“民族”包含两重含义：一是中华民族之民族(nation)；二是汉、满、蒙、回、藏等民族。这一“民族”逻辑，包括“国族”和少数民族自治等概念，其影响一直延续到今天。

在上述历史背景中，民族研究成为知识界重要的研究领域之一。近代的民族研究伴随着一个从“民族国家”到“多民族共和国”的过程，也是试图用民族主义解决国家危机的过程。[2]在这个过程中，一直在进行着两类“民族”的表述：一类表述来自早期梁启超于1901年提出的“中国民族”的概念。[3] 也可以追溯到1903—1905年，刘师培在上海结识章太炎、蔡元培，为《警钟日报》《国粹学报》撰稿，并完成了《中国民族志》。刘师培曾自述写作的动机：“吾观欧洲当十九世纪之时为民族主义时代，希腊离土而建邦，意人排奥而立国，即爱尔兰之属英者今且起而争自治之权矣。吾汉族之民其亦知之否耶？作民族志。”[4]书中主张

---

[1] [美]杜赞奇.从民族国家拯救历史：民族主义话语与中国现代史研究.王宪明，译.北京：社会科学文献出版社，2003：59.

[2] 张小军.“民族”研究的范式危机——从人类发展视角的思考.清华大学学报，2016(1).

[3] 梁启超.中国史叙论//《饮冰室合集·文集》之六.北京：中华书局，1989：11-12.

[4] 刘师培.中国民族志.中国民族学学会印行，1962.

汉民族的民族主义立国,带有明确的民族国家思想。孙中山也曾认为“民族主义就是国族主义”。[1] 可见在三民主义的民族主义中包含了民族国家的思想。

第二类表述涉及一个国家内部在文化族群意义上的多民族,包括汉族和今天所说的边疆民族或“少数民族”。这样一种“民族”表述也与国家建设直接相关,也就是说,在主权国家建立中需要解决一个国家内部多民族与国家的关系,这就在后来引出了“多民族共和”的表述。孙中山早就提出了这类思想,1912 年 1 月 1 日,孙中山发表了《中华民国临时大总统宣言书》,第一次提出了“五族共和”论:

> 夫中国专制政治之毒,至二百年来而滋甚,……是用黾勉从国民之后,能尽扫专制之流毒,确定共和以达革命之宗旨,完国民之志愿,端在今日。敢披沥肝胆为国民告:国家之本在于人民,合汉、满、蒙、回、藏诸地为一国,即合汉、满、蒙、回、藏诸族为一人,是曰民族之统一。

孙中山在发表演说时更加明确地表示:“今我共和成立,凡属蒙、藏、青海、回疆同胞,在昔之受压制于一部者,今皆得为国家主体,皆得为共和国之主人翁,即皆能取得国家参政权。”[2]他在国民党一大宣言中郑重宣布“承认中国以内各民族之自决权”,将“多民族共和”的观念更加明确化。

在当时的学者中间,不乏持有这类思想观念之人。麻国庆曾经论及早期学者的观念转变以及对后来学者的影响,即从吴文藻到费孝通一代学者的“多民族一国家”观念的连续。[3] 吴文藻于 1926 年指出:“民族与国家结合,曰民族国家。民族国家,有单民族国家与多民族国家之分。……一民族可以建一国家,却非必建一国家,诚以数个民族自由联合而结成大一统之多民族国家,倘其文明生活之密度,合作精神之强度,并不减于单民族国家,较之或且有过之而无不及,则多民族国家内团体生活之丰富浓厚,胜于单民族国家内之团体生活多矣。”[4]这等于提出了从民族国家到多民族共和国转变的重要理论,并影响到后来的学者。几乎

[1] 孙中山.三民主义//孙中山选集(下卷).香港:中华书局,1978:590.

[2] 孙中山.孙中山全集(第 2 卷).北京:中华书局,1982:430.

[3] 麻国庆.明确的民族与暧昧的族群——以中国大陆民族学、人类学的研究实践为例.清华大学学报,2017(3).

[4] 吴文藻.民族与国家//吴文藻人类学社会学研究文集.北京:民族出版社,1990:19-36.

与吴文藻同时，李济在《中国民族的形成》(1928)[1]中提出汉人群、通古斯群、藏缅群、孟高棉语群、掸语群五大族系，其中也包含了多民族国家的思想。“边疆”研究受到重视，正是基于建设多民族共和国家，同时面对主权国家建立的需要。由此，边疆少数民族的研究开始进入学界，从而奠定了民族学本土化的基础。

用“民族”来解决“国家”的问题，这几乎是早期知识精英们的共识，在这个解决近代国家危机的过程中，逐步形成了“民族主义”和“民族国家”的概念。从近代历史来看，早期的主要问题是“现代国家”的建立。当现代国家建立起来之后，则面临着如何进行国家制度、国体等主权国家建设的具体问题，多民族研究遂成为关注，亦引出了走向多民族共和国的转变。

二、“民族学”研究的本土化转向

自 20 世纪 20 年代开始，中国大学教育进入了一个喷涌的时期，一批著名大学开始转型新式学科体系和现代西方教育，一批留学归来的学者担此重任，形成了社会学、人类学和民族学并行的理论研究和实践，一些理论流派应时而生，包括吴文藻等奠基的中国功能学派；孙本文、黄文山倡导的中国文化学派；以及杨堃、凌纯声等创立的中国历史学派。[2]这是中国学术史上极为独特的学科交叉与整合，理由很简单：几乎所有学者都主要是在面对当时中国社会的现象和问题，特别是国家建设和相应的“民族”现象，而非从哪个学科来甄别和区隔研究对象。对于学者们来说，当时迫切需要的是关注中国社会的真问题，而不是以学科之见来简单判断哪些现象应该归属哪些学科来研究。因为社会现象并不因学科而生，反而学科应该缘现象的研究需要而建。然而，学科之区别以及学科建设依然是学者们摆脱不了的关注，不过我们可以从老一辈学者们的论述中，看到中国民族现象多学科共同研究的浓重痕迹。

蔡元培是较早认识到民族学的重要性，并对“民族学”进行辨识的学者。他曾经在《说民族学》中认为：[3]

---

[1] 李济.中国民族的形成——一次人类学的探索.上海：上海出版社，2008.

[2] 王建民.中国民族学史(上卷).昆明：云南教育出版社，1997：123-160；胡鸿保主编.中国人类学史.北京：中国人民大学出版社，2006：68-76.

[3] 蔡元培.说民族学.一般.第一卷，1926(2).

> 民族学是一种考察各民族的文化而从事记录或比较的学问。偏于记录的，名为记录的民族学，西文大多数作 Ethnographie，而德文又作 Beschreibende Volkerkunde。偏于比较的，西文作 Ethnologie，而德文又作 Vergleichende Vlokerkunde。

上述要点一是强调民族学是考察各民族的文化，“文化”研究被明确赋予了民族学；二是民族学有两种划分：偏于记录的 ethnographie（现在通常译为民族志）和偏于比较的 ethnologie（现在通常译为民族学）。可见所谓的“民族学”还不是特指中国民族现象研究的民族学，而是对 ethnology 的一般翻译。蔡元培还曾就民族学与人类学的区别进行了讨论：

> 人类学是以动物学的眼光观察人类全体，求他的生理上、心理上与其他动物的异同；势不能不对人类各族互相异同的要点，加以注意；似乎人类学又可以包括民族学的倾向；所以从前学者，也或用 Anthropologie 作民族学的名称。然现今民族学注意于各民族学文化的异同，头绪纷繁，绝不是人类学所能收容，久已离人类学而独立。[1]

蔡元培当时的民族学很明显强调的是文化群体的研究，不过后来的“民族”逐渐被赋予了上述“中华民族”和“少数民族”两种内涵。这一区别的形成甚为重要，意味着基于自己社会“民族”现象的中国民族学开始形成。蔡元培对民族学研究十分重视，在中央研究院 1928 年成立之初，就在社会科学研究所中成立了民族学组，并自任主任。后来邀请师从著名法国人类学家莫斯(M.Mauss)的凌纯声担任研究员。凌纯声承蔡元培的看法：“民族学可分记录的与比较的两种研究：偏于记录的我们称之为民族志；偏于比较的为民族学。”[2]

从 20 世纪 20 年代到 30—40 年代，一批学子学成回国，形成了若干人类学/民族学的研究中心：北方以中央研究院、燕京大学、清华大学、南开大学、辅仁大学为中心，研究人员有蔡元培、凌纯声、林惠祥、芮逸夫、李济、商承祖、颜复礼、董作宾、李方桂、吴文藻、费孝通、吴泽霖、林耀华、李安宅、陶云逵、田汝康等。东南以中央大学、金陵大学、厦门大学、复旦大学为中心，研究人员有孙本文、吴定良、

[1] 蔡元培.说民族学.一般.第一卷，1926(12).

[2] 凌纯声.松花江下游的赫哲族.中央研究院历史语言研究所，1934(1).

卫惠林、马长寿、丁骕、陈国钧等。南方以中山大学、岭南大学为中心，研究人员有杨成志、黄文山、陈序经、伍锐麟、罗香林、江应樑、岑家梧、罗致平、梁钊韬等。西南以四川大学、华西大学、云南大学为中心，研究人员有徐益棠、李安全、方壮猷、胡鉴民、蒋旨昂、杨汉先、胡庆钧等。当时出版的人类学、边疆研究、少数民族研究期刊近三十种、专著百余种。清华、燕京、辅仁、中法、中央、金陵、复旦、暨南、上海、中山、岭南、云南、华西等大学都开过人类学或民族学课程。[1]

1934年夏，由凌纯声、邱长康、徐益棠、孙本文、何联奎、胡鉴民、卫惠林、黄文山等人发起召开了中国民族学会筹备会。拟定了中国民族学会简章草案，提出学会的宗旨是“研究中国民族及其文化”。规定了学会的五项任务：搜集民族文化的实物，调查中国民族及其文化，研究中华民族及其文化，讨论中国各民族及其文化问题，编辑刊物与丛书。1934年12月16日，中国民族学会在中央大学中山院举行成立大会，这是中国自己的民族学建立之里程碑。当时学会共有会员33人，推选蔡元培、杨堃、刘国钧为监事，何联奎、黄文山、孙本文、商承祖、徐益棠、胡鉴民、吴定良为理事，吴文藻、何联奎、杨成志、刘咸、杨堃、吴定良、凌纯声、商承祖、黄文山为出版委员会委员。[2] 不难看到，其成员包括了人类学、社会学、民俗学等学科为主的学者，而蔡元培是其间最有力的推行者，令我们感慨今天的哪一所大学校长和教育总长能够有如此的学科视野。

民族学在中国学界的发端，有一个从西方 ethnology 翻译为“民族学”的引入，到后来在中国落地的本土化过程。这种落地是两者结合的过程：一方面，保持了 ethnology 文化研究的本来宗旨；另一方面，具体化到中国的各民族研究中去，包括早期的国族（中国民族、中华民族）、五大共和之民族，以及边疆少数民族。“民族学”也由 ethnology 这一世界通用的“文化人类学”的概念用语之一，逐渐演变为中国自己的民族学。

1949年以后，这种发展趋于定形。对这一演变过程的影响，导致当今的两类看法：一些学者们依然笃信 ethnology 就是中国的民族学；另一些学者强调中国自己的民族学，中央民族大学英文校名经过早期的用 nationality 表达“民族”，到今天用汉语拼音 Minzu 来表达校名（Minzu University of China），意味着“民族”

---

[1] 江应樑.人类学的起源及其在我国的发展.云南社会科学，1983(3).

[2] 王建民.中国民族学史(上卷).昆明：云南教育出版社，1997：186-187.

已经是一个落地中国的概念了。自20世纪30年代开始，民族学逐渐从早期的文化人类学研究到落地于中国本土的民族学研究。1949年以后，由于“社会科学研究的马克思主义传统与民族学人类学学科发展的特殊历程，使得‘民族’在中国大陆成为明确存在的实体概念，各个‘民族’成为中国大陆民族学研究实践中明确的研究对象”。[1] 这样一个“民族学”转向的历史过程，对理解“中国的民族学”十分重要。

第二节 文化的并接

人类学与民族学两者的文化并接主要体现在两个方面：一是在学科学理上，“文化”是人类学和民族学两个学科共同的研究主旨；二是在当今“人类命运共同体”和“中华民族共同体”两个“共同体”的话语中，世界的人类学和中国的民族学是当仁不让的两个基础研究学科。[2] 在此，“文化”更成为建构两个文化共同体的核心概念。

一、人类学和民族学的“文化”视角

人类学(文化人类学)的“文化”视角自博厄斯学派以来一直是该领域的主要研究概念，并形成了相应的研究范式。对于民族学而言，无论是在ethnology的意义上，还是在少数民族研究的意义上，“文化”亦都被民族学者们所强调。

李济曾经指出：“民族学是研究人类文化的，其注重于生活环境与价值道德交互影响上所发生之事实，并解释之。”[3]凌纯声认为民族学重在文化研究，这在当时是许多学者的共识。“因民族学研究的对象为文化，故又称‘文化人类学’。”[4]他还说：

现代的民族学几为一般学者所公认是考察各民族文化的学问；或简直可

[1] 麻国庆.明确的民族与暧昧的族群——以中国大陆民族学、人类学的研究实践为例.清华大学学报，2017(3).

[2] 参见：张小军.强国之学：人类学的学科使命.文汇学刊[2016-05-30].

[3] 李济.民族学发展之前途与比较法应用之限制.社会科学学报，1944(1)：57-68.

[4] 凌纯声.民族学与现代文化.国立中央大学日报，1932(873)：12-21.

说是民族学就是文化学，他是研究文化的起源、发达、散布及传演的科学。照字义上讲，民族学应该研究世界各民族的文化，然有许多文化高的民族，已有历史、文学、美术等等去研究他们的文化，所以现代的民族学只研究文化低的民族，或称为原始民族的文化。[1]

上面关于“文化高、低”的观点虽然有些局限，但在当时，将民族学主要定位于原始民族文化的研究。卫惠林也有类似看法：“民族学之为对于原始民族文化的特殊学科，既为事实，亦为必要，同时亦至合理。”[2]江应樑认为，民族学是研究世界各民族历史的和现实的生活与文化的一门科学，是一门考察各民族文化，从事于记录与比较的学问。[3] 他还认为在英、美等操英语的国家中，人类学研究者是把民族学作为人类学的一个部门即“文化人类学”或“社会人类学”。欧洲大陆的一些国家则把民族学划在人类学之外，把对本国以外的落后民族及殖民地的民族的研究称为“民族学”，对本国民族民间知识的研究则称为“民俗学”(folkore)。[4]不过，李济对此类说法予以纠正：

最初民族学发生的时候，原是以全部人类作研究的对象。但就它以后发展的历史说，事实上只限于研究欧洲人所谓文化较低的民族。……我们出发点，应该是以人类全部文化为目标，连我们自己的包括在内。[5]

“中国的文化学派”以文化为研究对象。黄文山在美国受博厄斯的影响，回国尝试建立一个专门以文化为研究对象的综合性的社会科学，他在中央大学社会学系讲授文化人类学，后又主编中山文化教育馆所办的《民族学研究集刊》，是中国民族学学会的发起人和领导人之一。[6] 黄文山说，英美学者所谓的文化人类学，亦有时称为“社会人类学”，在法则上又称为“比较社会学”或“文化民族学”，但在大陆，普通多采用“民族学”一名。此种术语之不同，纯由各国历史习惯所引起，姑

[1] 凌纯声.民族学实地调查方法.民族学研究集刊，1936(1)：45.
[2] 卫惠林.民族学的对象领域及关联的问题.民族学研究集刊，1936(1)：37.
[3] 江应樑.民族学在云南.民族研究，1981(1).
[4] 江应樑.人类学的起源及其在我国的发展.云南社会科学，1983(3).
[5] 李济.民族学发展之前途与比较法应用之限制.社会科学学报，1944(1)：57-68.
[6] 王建民.中国民族学史.上卷.昆明：云南教育出版社，1997(151).

不论表面如何参差与分歧，然其所研究人类文化之科学，则殆无二致。[1] 民族学的范围似属太狭，不足以包括整个的讨论，……除依据民族学或人类学与政治学而外，尚须借助文化史、社会学、经济学，甚至生态学、人口学等等专门科学。……此种综合的探讨，……称之为“文化学”。[2] 民族学虽以研究文化为题材，但此种题材究以初民社会为限。对于各种不同的原始民族及其文化之各方面，做种种比较与综合的研究，企图发现民族文化之一般的类型与共通的法则，并能推寻其因果关系，说明其性质与功用，此为民族学之主要任务，而近代民族学之意义，亦即在此。[3] 黄文山还曾提出“文化学(culturology)”，并曾引起怀特(L.White)的赞赏。[4] 黄文山认为：

> 什么是文化学？文化学是以文化对其研究的对象，而企图发见其产生的原因，说明其演进的历程，求得其变动的因子，形成一般的法则，据以预测和统制其将来的趋势与变迁之科学。[5]

还有一位主张“文化科学”的学者是陈序经，他的《文化论丛》有 20 册 200 多万字，可见其对“文化”之用力。其中《文化学概观》是其《文化论丛》的前四册。系统论述了他的文化理论。他特别关注和吸收人类学的文化理论，对人类学中第一个系统提出“文化”定义的泰勒(E.B.Tylor)着墨颇多，泰勒的《原始文化》中的第一章题目便是“关于文化的科学”。[6] 另一位文化学派的学者是孙本文，他在美国受教于文化社会学派巨匠奥格本(W.F.Ogburn)，回国后即致力于在中国推行文化社会学，认为文化社会学原本就是民族学对于社会学贡献的产物，文化社会学家采用民族学家研究原始社会的方法及其所得的结论，以分析现代社会文化，以科学的态度探究社会现象。[7]

民族学以文化研究为宗旨，也体现在《中国民族学会简章》中：

> 本会以研究中国民族及其文化为宗旨。

---

[1] 黄文山.民族学与中国民族研究.民族学研究集刊，1936(1)：1.

[2] 黄文山.总论殖民地制度及其战后废止的方案.民族学研究集刊，1946(5)：1-24.

[3] 黄文山.民族学与中国民族研究.民族学研究集刊，1936(1).

[4] [美]怀特.文化科学.曹锦清，译.杭州：浙江人民出版社，1988：390.

[5] 黄文山.文化学的建筑线.新社会科学，1934(2).

[6] 陈序经.文化学概观.长沙：岳麓书社，2009.

[7] 孙本文.孙本文文集(第四卷)，北京：社会科学文献出版社，2012.

本会会务暂定为左列事项：搜集民族文化之实物，调查中国民族及其文化，研究中国民族及其文化，讨论中国各民族及其文化问题，辑行刊物与丛书。[1]

表明民族学一开始即以文化研究为宗旨，乃因为民族是文化群体，民族文化的研究、保护与发展是其应有之意。

二、文化的超越

理论上，“文化”的视角促进了两个学科的文化并接；现实中，在当今“人类命运共同体”（人类学需要研究的对象）和“中华民族共同体”（民族学需要研究的对象）两个“共同体”的研究中，尤其需要“文化”的超越，因为民族文化是建构两个共同体的核心概念。林耀华曾说：“民族学是研究民族共同体的一门学科。”[2]不同的民族，本身就是不同的文化共同体，而文化共同体的研究，需要广阔的国际视野。吴泽霖认为：“民族学作为一种科学，其研究业务有两个方向：纵的方向，从事研究人们共同体，从家庭、氏族、部落和民族的发展规律；横的方向，从宏观和微观的观点研究世界上有代表性的民族情况及其存在的问题。”[3]不同的民族，本身就是不同的文化共同体。无论是世界的民族文化，还是中国的民族文化之研究，都是建构上述两个共同体的学问。费孝通曾经指出了文化的超越特征：

“文化”就是在“社会”这种群体形式下，把历史上众多的个体的、有限的生命的经验积累起来，变成一种社会共有的精神、思想、知识、财富，又以各种方式保存在一个个活着的个体的生活、思想、态度、行为中，成为一种超越个体的东西。[4]

在费孝通看来，文化的上述超越，意味着要对自己的文化和他者的文化具有双重的文化自觉：

文化自觉是一个艰巨的过程，只有在认识自己的文化，理解所接触到的

---

[1] 中国民族学会.中国民族学会简章草案.新社会科学，1934(2).

[2] 林耀华.民族学通论.北京：中国社会科学出版社，1990：17.

[3] 吴泽霖.论博物馆、民族博物馆与民族学博物馆//吴泽霖民族研究文集.北京：民族出版社，1991：430.

[4] 费孝通.费孝通文集.第16卷.北京：群言出版社，2002：156.

多种文化的基础上，才有条件在这个正在形成中的多元文化的世界确立自己的位置，然后经过自主的适应，和其它文化一起，取长补短，共同建立一个有共同认可的基本秩序和一套各种文化都能和平共处、各抒己长、联手发展的共处守则。[1]

在人类命运共同体的建设中，“文化”是最核心的概念之一。这里的“文化”，是人类学意义上的文化，即文化是人类行为的意义编码体系。任何共同体的建立，都首先要有共同的文化意义编码体系的建立，因此，也必然首先是“一个文化共同体”：

二十世纪是一个世界性的战国世纪。意思是这样一个格局中有一个前景，就是一个个分裂的文化集团会联合起来，形成一个文化共同体，一个多元一体的国际社会。……我们要看清楚这个方向，向这个方向努力，为它准备条件。

我们要避免人类历史的重来一遍，大家得想办法先能共同生存下去，和平共处。再进一步，能相互合作，促进一个和平的共同文化的出现。这个文化既有多元的一面，又有统一的一面。[2]

在费孝通看来，创建多元一体的世界文化，是世界的未来之愿景和希望。这意味建立人类命运共同体需要文化认同，因为对人类“命运”的理解主要是一个文化问题，它不可能通过没有文化认同的国家联合来完成。这意味着只有文化可以超越国家，来完成对命运共同体的建立。这也意味着文化多样性与文明之间的关系原则：

人类文明多样性是世界的基本特征，也是人类进步的源泉。世界上有200多个国家和地区、2 500多个民族、多种宗教。不同历史和国情，不同民族和习俗，孕育了不同文明，使世界更加丰富多彩。文明没有高下、优劣之分，只有特色、地域之别。[3]

---

[1] 费孝通.反思·对话·文化自觉//费宗惠，张荣华编.费孝通论文化自觉.呼和浩特：内蒙古人民出版社，2009：22.

[2] 费孝通.从反思到文化自觉和交流//方李莉编.全球化与文化自觉.北京：外语教学与研究出版社，2013：65-66.

[3] 习近平.共同构建人类命运共同体——在联合国日内瓦总部的演讲[2017-01-18].人民网.

上面这些对世界文化多样性的强调，与联合国开发计划署发表于2004年的《人类发展报告：多样性世界里的文化自由》的主题十分一致。只有这样，才能做到“以文明交流超越文明冲突，以文明互鉴超越文明隔阂，以文明共存超越文明优越”[1]，最终达成人类命运共同体和中华民族共同体的文化认同。

第三节 学科的并接

一、两学科的学科关系

中国的民族学是在两种背景下形成的，一是近代中国的国家危机和建设中，伴随着从民族国家到多民族共和，再到新中国形成制度化的多民族共和国的建立；二是在学术上，从引入人类学和民族学到民族学的本土化。民族学与人类学的关系及其本土化可以划分为五个阶段：[2]第一阶段是晚清开始的ethnology（曾译民种学，后译民族学）的早期引入时期；第二阶段是民族学的本土化时期，特别是1930—1949年；第三阶段是新中国成立后到20世纪80年代，是马克思主义民族学的本土化阶段；第四阶段是20世纪80年代开始的人类学复兴和民族学式微时期；第五阶段是当今两个学科若即若离的状况：一方面是民族学对人类学的学科依赖，另一方面又希望民族学可以独立发展。对此，乔健曾认为两个学科的关系十分混淆，应该澄清并得到共识。[3] 大致上，两个学科的关系可以归纳为以下三类观点：

1. 相同说

相同说认为两个学科其实都是人类学，至于称呼什么都无所谓，很多学者依然用“民族学”之名表ethnology（文化人类学）之实。杨堃曾说：

> 民族学是研究民族的科学。如说得更具体点，民族学是研究现代各民族发展规律的社会科学。但这里所说的民族，是广义的，指民族学一词的词根ethno而言。它包括民族、部落和民族（资产阶级民族和社会主义民族）。因

[1] 光明日报评论员.促进文明交流互鉴共存[2017-05-20].光明网.

[2] 卫惠林曾有过关于两学科四个阶段的划分。参见：卫惠林.民族学的对象领域及关联的问题//中山文化教育馆编.民族学研究集刊，1936(1).

[3] 乔健.中国人类学发展的困境与前景.广西民族学院学报（哲学社会科学版），1995(1).

此,原始社会史的主要部分,即去除人类形成阶段的原始群以外,全属于民族学研究的范围。[1]

他强调广义的民族学词根 ethno,意味着他理解的民族学依然是 ethnology,他明确说“民族学和文化人类学,应指一门学科”。[2] 类似地,林耀华也认为,英国的“社会人类学”、美国的“文化人类学”和当前合称的“社会文化人类学”,无论从研究对象和范围来说,都基本上等同于民族学,彼此间也经常互相通用。[3]林惠祥更直言不讳“文化人类学即民族学”。他说威斯勒在《纳尔逊百科全书》中的定义最好:“民族学便是‘社会生活的自然史’。换言之,便是关于各民族的文化的现状及其严谨的研究。”[4]他还认为:“民族学是社会科学中一门独立学科。目前我国民族学的研究,在国内研究我国各民族,包括汉族和少数民族,以及各民族间的相互关系。……民族学作为一门研究民族的学科,它的研究范围不应限于国内,而应该扩展到国外,研究世界各民族。”[5]上述的民族学,大家还是沿用 ethnology。陈奇禄更将民族学反推至整个人类学:

“民族学”一词,我想采较广阔的定义,民族学这门学问初导入我国的时候,它所包含的内容本来也是较广阔的。所以在这里我们所谓民族学,除了以研究文明主流之外诸族群文化的一般所谓民族学(ethnology)和以研究基层社会文化腾留的民俗学(folklore)外,有时也兼包括研究人类本身的体质人类学,和研究史前文化的考古学。[6]

王建民认为,民族学在中国就是文化人类学的同义语。他归纳了民族学定义的三种看法:其一,来自欧美的观点,认为民族学是研究人类文化的科学。其二,主张民族学是研究民族共同体的科学,苏联学者过去多数持这种意见。其三,民族学是从群体观点去研究民族及其文化史与生命史的科学。中国学者在新中国成立前受西方学术影响较大,基本上偏向于第一种看法。[7] 杨圣敏指出,2011 年,

[1] 杨堃.民族学概论.北京:中国社会科学出版社,1984:3,5,7.
[2] 杨堃.民族学概论.北京:中国社会科学出版社,1984:7.
[3] 林耀华.民族学通论.北京:中国社会科学出版社,1990:1.
[4] 林惠祥.文化人类学.北京:商务印书馆,1996:12-13.
[5] 林惠祥.文化人类学.北京:商务印书馆,1996:10.
[6] 陈奇禄.中国民族学研究的回顾和前瞻//民族与文化.台北:黎明文化事业公司,1984:115-116.
[7] 王建民.中国民族学史.上卷.昆明:云南教育出版社,1997:2,6.

教育部召集讨论本科目录中的两学科的关系问题，9位专家中有7位赞成民族学与人类学是一个学科，今后在教育部公布的目录中只用“民族学”。不过他也认为各国学者在民族学、人类学的理论方法和基本方面是相通的，因此，“用人类学的理论与方法规范民族学的研究，进一步明确学科规范，提高研究的科学性，是今后民族学研究走向规范化和提高研究队伍质量的必由之路”[1]。

两个学科的“相同论”依然停留在早期民族学作为人类学引入的阶段，一方面，坚持了人类学的学科主体；另一方面，忽略了中国民族学的学科生成，忽略了中国的“民族”已经是一个本土化的社会“现象”。

2. 相佐说

承认两个学科各自存在，但是各有偏向。一种观点认为，民族学已经是中国特色的学科，应该发展（极端的甚至认为人类学是资产阶级科学，应该只保留民族学）；另一种看法是从学科上分析人类学对民族学的涵盖，认为民族学应该归入人类学（极端的看法表现在批判苏联民族学的影响后，主张中国的民族学没有存在的必要，应该归入人类学）。

宋蜀华认为：“把中国各民族作为研究对象是中国民族学的首要任务。”同时中国民族学的研究对象不能仅限于少数民族，还应包括汉族。[2] 杨昌儒等认为，民族学在中国有特定的含义，尽管这种特定的含义在理论上尚未做出全面的阐述。但中国民族学发展的历史表明，其研究范畴、研究对象、研究方法乃至于研究目的，无不具有中国社会和中国文化的特征，民族学鲜明的“中国化”特色已经成为不可否认的事实。[3] 张有隽认为，关于民族学、人类学学科地位的不明确性，主要表现在：一是乔健先生所批评的民族学、人类学名称使用上的混乱。二是乔健先生所说的中国大陆学术界目前对民族学、人类学名称的界定和涵盖范围没有共识。学术界对这两个学科的认识多半停留在西方几十年前的水平上，大体上把它们看成一门学科，这不但影响人类学的地位，也影响民族学的发展。三是学科分割，互相对立，缺少密切配合。四是国家对民族学、人类学学科地位的核定处于不明确的状态。西方人类学者、民族学者提出的人类学涵盖范围比较广泛的结

---

[1] 杨圣敏.当前民族学人类学研究中的几个问题.广西民族大学学报，2012(1).

[2] 宋蜀华.论中国民族学研究的纵横观.民族研究，1995(2).

[3] 杨昌儒，董强.构建中国民族学的话语体系.贵州民族大学学报(哲学社会科学版)，2017(3).

论，以及将民族学作为人类学的一个分支学科的做法值得我们思考。[1] 上述观点实际上是在主张民族学划归人类学。李绍明则认为，近期学术界有的同仁提出，应放弃“民族学”这一名称，建议改用人类学将其取代，或进而提出以人类学来改造现有的民族学的看法。同时，还有同仁提出应弱化民族学的少数民族研究，以便与国际接轨。我以为这都是不可取的。设若我国民族学界做出这样的改变，那将使这门学科变成“无本之木，无源之水”，进而危及它所赖以生存的根基。[2]

“相佐说”一方面承认了世界的人类学和中国的民族学两者的分立；但另一方面又形成最后只是一个学科的看法——无论是民族学还是人类学。

3. 并立说

并立说认为两个学科应该并立。前两种看法具有一个特点，都是“归一”——要么归一到民族学；要么归一到人类学。“并立说”强调两科的并立，其渊源来自费孝通提出的三科并立。1995 年 9 月，中国民族学会与东北民族学院（现大学民族大学）在大连召开“中国民族学如何面向 21 世纪”学术讨论会，费孝通提出人类学、民族学、社会学三科并列，互相交叉，各得其所的构想。[3] 一些学者也持这一看法。周大鸣从知识体系上认为人类学、民族学、社会学应该“三科并立、共同发展”。[4] 何星亮认为在当代中国，广义的“民族学”是具有中国特色的学科，狭义的“民族学”与文化人类学和社会人类学基本相同。把广义的民族学与人类学并列为一级学科，比较符合学科发展的历史和当前中国的现实。[5]

“并立说”强调两个学科的共存，但是在现实中常常会陷于说不清两个学科的关系，或者在两个学科之间左右摇摆、若即若离的尴尬局面。

二、两学科的定位与发展

按照学科的划分，人类学属于横向学科，民族学属于纵向学科。所谓横向学科，即面对整个人类社会的学科，其特点是横跨性，而对于社会中某一现象如政治、经济、宗教、民族等，常称之为纵向学科，对应有政治学、经济学、教育学、民族

---

[1] 张有隽.关于中国民族学、人类学学科地位问题.广西民族学院学报，1995(3).

[2] 李绍明.21 世纪初我国民族学发展的几个问题.西南民族学院学报，2001(11).

[3] 王建民.中国人类学发展史中的几个问题.思想战线，1997(3).

[4] 周大鸣.关于人类学学科定位的思考.广西民族大学学报(哲学社会科学版)，2012(1).

[5] 何星亮.关于“人类学”与“民族学”的关系问题.民族研究，2006(5).

学等(见表3-1)。

表3-1 人类学作为横向学科和民族学作为纵向学科

纵向/横向	人类学	社会学	历史学
民族学 *Minzuology*	民族人类学 MinzuAnthropology (Ethnology)	民族社会学 Minzu Sociology	民族史 Minzu History
经济学	经济人类学	经济社会学	经济史
政治学	政治人类学	政治社会学	政治史

中国人类学的发展与世界强国差距很大。据美国人类学学会统计,美国人类学相关的机构有935个。[1] 据估计在1920—2012年间,美国获得人类学学位的人数为367 185人,其中博士学位19 543人,硕士学位48 654人,学士学位284 909人,其他学位或证书13 766人。[2] 目前,美国每年获得人类学学士学位的在万人以上,硕士学位在1200人以上,博士学位在500～600人左右。这些数字均远远超过中国人类学专业的毕业生数据。美国几乎没有专门的民族学学位,所有民族或者族群研究都融在不同的学科当中。相较而言,中国大陆设有人类学博士点的高校和科研机构、人类学系的高校和科研机构、人类学研究机构的高校和研究机构大约有25个,其中仅有6个人类学系,由于人类学只是社会学下的二级学科,民族学下的自设学科(相当于二级学科),人类学本科专业只有6个,人类学硕士点35个,博士点13个。每年全国的博士毕业生不及美国的1/20。[3] 人类学的发展受到体制的要挟,十分困难。

民族学作为“中国的民族学”,一方面,与中国语言、中国哲学、中国文学、中国音乐学等学科一样具有鲜明的中国特点;另一方面,它与民俗学都是偏向于中国特有的学科。鉴于民族学的本土化,“民族”现象在中国的客观存在是一个不容否认的显性事实。因此笔者认为,中国的民族学不宜再使用英文ethnology(文化人

[1] https://secure.americananthro.org/eWeb/DynamicPage.aspx? Site=AAAWeb&WebKey=cc464c00-c91e-497c-b51a-7e0d27b96daa.

[2] https://dougsarchaeology.wordpress.com/2014/07/17/anthropology-gradautes-1948—2009/

[3] 资料截至2019年。

类学)，应该使用 minzuology。[1]

今天的“民族”已经全面嵌入国家和社会生活的方方面面，包括政治生活、经济生活、宗教社会、家庭生活，中国的民族学具有独特的学科特点，本不应被忽视，却面临着学科危机。何明认为，民族学的危机始于20世纪90年代。首先是学者的学科认同危机。一方面，20世纪80年代出现了一批质疑斯大林民族定义的文章；另一方面，能否用“族群”取代“民族”产生了激烈的争论。其次，危机来自社会信任，整个群体或学科对当前民族的阶段性特征及其迫切需要讨论与解决的重要问题几乎都不做深入系统的调研、没有令人信服的回应，等于民族学的失语。最后，危机源于体制。如目前新闻出版中的一些规定设置阻碍了民族研究呈现真情况与讨论真问题。要破解这些危机，就要重构“民族”概念、重建学科的合法性和学者的学科认同。[2] 看来，民族学的发展挑战严峻，学科定位、学科建设以及学术体制的问题迫切需要解决。

总体而言，民族学的发展处于机会与危机并存的状况。从招生人数来看，民族院校人数一直处于上升状态。民族学作为一级学科，已经在十几所大学设置了民族学的一级学科，12个博士后流动站，35个博士点和硕士点，20个本科专业。学科上，马克思的民族学理论固然是基础理论之一，但是也要兼收并蓄其他的民族学理论流派，包括中国历史上的民族学理论流派，如清华学派、燕京学派等。中国的民族学需要创建自己的独特理论观点，目前这一点还有很大的创造空间。从民族学本土化的意义上，民族学在一定程度上是被中国学者“研究”出来的，这是老一辈学者建立中国民族学的巨大理论贡献。但是，如果我们今天不注重民族学的“文化”视角和理论体系建设，一味将民族研究视为“民族问题”研究，民族文化很可能在我们这一代学者的研究中被扭曲甚至消亡，民族学也可能在我们手中被研究至亡。

郝时远曾指出上述问题：民族学既未形成稳定的、专业化的、具有“普遍意义的学科体系”，也未能实现分支学科相互融通的基本理论和专业知识系统，大多在

---

[1] 郝时远曾经提到有人将生态民族学翻译为 ecological-Minzuology，说明也已有 Minzuology 的说法。参见：郝时远.中国民族学学科设置叙史与学科建设的思考——兼谈人类学的学科地位(下).西北民族研究，2017(2).

[2] 何明.民族研究的危机及其破解——学科认同、学者信任和学术体制的视角.清华大学学报，2016(1).

“民族”的名义下立足于其他学科的母体之上。即“民族××学”而不是“××民族学”。他强调：“中国特色的民族学，需要系统的民族学理论工具。这种理论工具显然不能仅以政治宣示、平等意识和政策观念去涵盖或代表，而是学科性的专业理论。”他还提出了历史民族学、政治民族学、经济民族学、生态民族学、法律民族学等民族学的学科体系。[1] 李绍明也较早提出过民族学的学科体系：本体分支学科有民族学理论、中国民族志、世界民族志、应用民族学、历史民族学等。边缘分支学科有生态民族学、心理民族学、饮食民族学、人口民族学、经济民族学、政治民族学、文艺民族学、教育民族学、医药民族学、都市民族学等。[2] 这些都涉及民族学学科体系的建设问题。

从民族学来看，人类学不仅因为其横向学科的特点，其文化研究的主旨和“人类”的视角都对民族学有巨大的学术支持，但是过度依赖人类学，会导致民族学的不充分发展，变成有名无实的学科。从人类学来看，除了在民族院校设置，也应该是全国大部分高校应该设置的学科，它是世界的主流学科，其横向学科的特点，表明它并不需要在制度和体制上简单捆绑于民族学，民族学亦然。当然，鉴于中国民族学形成的特殊渊源，在未来若干年之内，两者的捆绑式发展可以相互促进，但是从长远来看，这样的简单捆绑模式反而对两个学科的发展不利。中国的民族研究本来有着巨大的学术资源和发展空间，令人担忧的是，目前的民族文化正在遭到严重破坏，如果这种状况继续下去，民族学将会成为无源之水、无米之炊的学术空壳，引起学科消亡的悲剧，这才是今天民族学的最大危机。

---

[1] 郝时远.中国民族学学科设置叙史与学科建设的思考——兼谈人类学的学科地位(下).西北民族研究,2017(2).

[2] 李绍明.完善我国民族学学科体系之我见.云南民族学院学报(哲学社会科学版),1996(1).

第二部分 “学”归本土

关于中国研究对世界人类学的理论贡献，从学界主流的发声来看，至少远远比不上非洲研究。其中的原因十分复杂，例如，非洲人类学研究的贡献之中，有多少是非洲本土的人类学家？换句话说，非洲研究不过是主流学界的人类学家们的一个“他土”的研究领域，甚至这个领域的研究在某种意义上超过了西方本土。这样来看，中国研究在国际学术界之所以乏声，原因之一是主流学界的人类学家较少问及这片“他土”而已。其中的原因，又和语言难通、历史悠久以及中国社会文化的复杂性等有着密切的关系。如今，这一情况已经发生了很大的转变。越来越多接受了主流学界训练的本土人类学家成长起来，他/她们没有语言障碍，又有本土生活经验，对主流学术界及其理论十分“自觉”，于是极大地推动了中国研究进入主流学界。加上一大批虽然不是本土出身，但是对中国社会有着极大兴趣的外土学者的进入，共同促进了中国研究融入世界学界。

无论如何，在这一方面，民国时期的老一代学者已经有诸多开拓，包括老清华的潘光旦、史禄国、吴泽霖、费孝通、杨堃等著名学者，以及中生代的人类学“台湾学派”。如本书第四章所述的李亦园与“李氏假设”堪称是与世界学术界对话的一个范例。李先生对彼得·伯格关于亚洲现代性的“新儒家假设”表示怀疑。他认为：民俗宗教的小传统与新儒家的大传统同样重要。中国民俗宗教是一种与大传统不同的小传统，却真实地伴随着“亚洲四小龙”的经济腾飞。华南的历史人类学研究也是与世界学界对话的范例。萧凤霞作为华南研究的领军学者，在40年的华南研究中一直对话不断。其中包括与自己老师的对话，包括施坚雅（W.Skinner）和武雅士（A.Wolf）等。这类对话涉及国家与社会、地域研究、赋税经济与沙田开发，民间信仰与宗教，家庭与宗族，族群（包括客家、疍民以及少数族群）与妇女，等等。总之，无论是民国时期的中外学者，还是“二战”以后因为环境封闭导致的研究低谷时期，再到最近20世纪40年代中国研究的崛起，我们还是能看到一个不断发展的中国人类学研究的轨迹。恕我不能、也无能一一列举这100年历程中的诸多大师和著名学者，以及虽然普通但是依然重要的诸多学术研究，亦无法简单评述今天中国研究的人类学水平。但是有一点是明确的：对人类学的中国研究抱有十足信心——相信中国研究在大家的共同努力下，一定会对人类社会的理解有所贡献。

本部分讨论“学”归中国，是说人类学者所学的人类学理论方法如何回归到中国本土的研究之中。用外来的学术概念和学术体系理解中国文化与社会，是一项极为复杂的工作。它涉及几个方面：一是一些本土概念如“关系”等中国传统的概念和现象，如何使用西方的人类学理论观念来解释？二是从中国的本土现象中能够提出怎样的理论来与西方的理论进行对话？三是中国研究对于世界人类学能否提出可能的理论贡献？本部分的三章分别是三篇评述论文，一是对著名台湾人类学家、中国人类学本土化的导师李亦园先生以及“台湾学派”的评论；二是对香港中文大学人类学系的创系主任、著名人类学家乔健先生学术生涯的述评；三是对大陆著名人类学家庄孔韶的《银翅》一书的书评。共同的旨趣是他们如何“学”归中国，将人类学落地本土，并以中国现象与之对话，提出自己的理论贡献，包括概念、理论模式或自我本土化的思考。

20世纪50年代以后，因为客观的原因，社会学和社会文化人类学作为学科在大陆中断了差不多30年，在这个阶段，以施坚雅、武雅士、弗里德曼(M. Freedman)等在50～60年代曾经掀起一股中国研究的热潮，并培养了一批杰出的学生。他们提出了一些很重要的理论，如施坚雅关于成都平原的“市场模型”，武雅士的家庭、宗教和童养媳研究，弗里德曼的华南宗族和宗教研究，等等，这些理论的一个共同特点是“国家”的视角，但是缺乏历史和文化的视角。因为上述客观的原因，这个阶段对于中国社会的人类学研究，挑战西方理论的主要是中国台湾、香港地区的人类学家并影响到80年代的学科重建。如耶鲁大学的萧凤霞关于珠江三角洲的历史人类学研究，既有《植根乡土》的历史文化视角，又有《翻展亚洲》的世界和全球眼光，代表了一批华南研究学者对于中国研究本土化的贡献，当是人类学本土化研究的示范。[1]

第四章,“中国研究的人类学‘台湾学派’”。本章通过对李亦园先生的学术追忆,提出了中国研究的人类学“台湾学派”,从李先生的“学派”期望和他的人类学经历,体会一些理解“台湾学派”之所以可以成立的思考,探讨对“台湾学派”进行梳理的可能框架。首先,从台湾人类学的中国学脉,理解民国时期人类学的南派与北派学术传统以及学者进入台湾的早期影响;其次,是台湾人类学的本土化,这是相对于民国时期大陆人类学本土化的第二次本土化,主要特点已不是早期的消化引进,而是本土学术概念的生产;最后,是“台湾学派”的理论贡献,包括对中国社会的理论贡献以及与世界人类学的理论对话。

李亦园先生认为中国人的研究几乎都是西方式的,日常生活中我们是中国人,却成了西方人,我们有意无意地抑制自己的思想观念与哲学取向。他认为,根据多年的研究经验,西方的模式不适合中国社会,很多基础的社会文化概念和理论也格格不入。“一个学科的本土化或中国化,不但应该研究的内容要是本地的、本国的,而且更重要的是也要在研究的方法上、观念上与理论上表现出本国文化的特性,而不是一味追随西方的模式。”这种自觉的理论和概念的本土化,成为“台湾学派”的风气。

第五章,“漂泊中的永恒:一个人类学家的理想国”。本章是对乔健先生的学术追忆。人类学的本土化可以说是几代学者的追求和困惑。在乔先生看来,所谓本土化,并非另搞一套封闭的学科体系,中国学者要对世界学术有理论贡献,就要有立足于本土的深入研究,由本土概念、本土案例去建立理论。乔先生在这方面的研究包括“关系”的概念、江湖“赛场”的概念和计策行为模式的理论。此外,乔先生还主编了《中国文化中的计策问题初探》。实际上,概念在科学研究中是一种工具。对于事实的描述,用什么概念描述得到的认知是不一样的。上面的“关系”“人情”等概念,都是对中国文化事实提炼出来的概念,对于研究具有重要的基础意义。

乔先生在当时是对印第安人做田野调查时间最长的一位中国学者,对印第安人文化有着非常深入的理解和同情。这样一种对少数族群的情怀一直保留着,有一次谈及在法国与红头瑶的同胞聚会时,他抒发出人类学家的特有情怀——一种

[1] 相关研究领域的介绍参见:张小军.让历史有“实践”——历史人类学思想之旅,北京:清华大学出版社,2019.

对人类传统文化的尊重、感动和珍惜。这是一种情感的人类学家自我本土化反省——将自己的情感注入异国他乡的“心田本土”。这也体现在他对家乡传统文化遗产保护的关心上。情感，常常是人类学家在田野中自我主位本土化的重要方式，意味着田野中的价值无涉，情感有涉。

第六章，“银翅：现象学的人类学？——兼论人类学的本土化”。本章是一篇对《银翅》的书评。《银翅》作为一本重访《金翼》之乡、以福建地方社会和文化变迁为主题的当代文化志，庄孔韶提出了“中国文化的直觉主义”(cultural intuitionism)作为其重要的方法论基础，他说：“这是在逻辑的、功能的、经验的、分析的、文献的及统计的等研究之外，容易忽略但十分重要的直觉观察与直觉理解的方法论。”这样的直觉，其实是对至今仍然主导中国大陆人类学研究的传统功能主义方法，以及简单的因果分析、经验实证传统、缺乏田野研究的单纯文献和统计方法之局限的批评和反思，这也是该书作者的自我本土化反省以及最重要的理论贡献。

用直觉的观点来看，本土化的命题变得更加复杂，甚至是一个伪命题。试想，一个西方学者进入中国做田野研究，时间先后长达数年，而许多中国学者并没有到过那里。究竟谁对那里的社会更具有直觉的体证？难道中国学者仅仅因为是“中国人”，就对那里更具有发言权吗？问题的要害是本土的界限不应只是以“国家”“民族”或者“中国学者”来划分。本土化一旦只是中国化的同义语，便容易令我们自以为有某种“本土特权”。当明白我们其实也是某个“村本土”“乡本土”的“老外”时，便会明白“本土化”“中国化”有时候不过是一个造出来的在某些时空中被某些学术利益刻意强调的命题。由此，我特别想表达对盲目本土化热的几点忧虑：其一，“本土化”是否已经成为某种标签，其中渗透了狭隘的“中国主义”和“民族主义”？其二，人类学本来就是诞生于外土的，而中国人类学所面临的困境之一是对这种外土性的乏知。不知外土，何谈本土？其实骨子里，我们仍能觉出周围某些因乏知外土的“英雄气短”。其三，食洋不化，搬弄些国外的理论概念却不求甚解，形成对国外研究的浮躁炒作，这也是一种乏知外土的结果。其四，食土不化，热衷套用国外理论，却不真正了解本土的情况，何谈本土化？这些小忧思，相信有助于我们更加自觉地进行自我本土化反省。

第四章　中国研究的人类学“台湾学派”

20 世纪 90 年代，我在香港中文大学人类学系读研究生，开始接触到台湾的人类学。并在这个阶段受到两个中国研究学术圈的影响：一是华南的历史人类学研究，曾经在中文大学任教过的萧凤霞、科大卫、蔡志祥最早影响到我，也因此与华南研究结下了不解之缘。还有一个学术脉络，就是台湾的人类学。这一影响主要来自我的导师，乔健先生是我的硕士导师，吴燕和先生是我的博士导师，李亦园先生和庄英章先生分别是我硕士和博士论文的校外考试委员，他们都是台湾人类学出身，学脉几乎都是出自同一个人类学重镇——台湾大学人类学系。在我读书的阶段，台湾籍的谢剑、陈其南先生也是系里的老师，都对我的学业有直接帮助，因此，我的学术血脉应该说与台湾人类学密切相关。

2017 年，李亦园先生辞世，在给我们带来深深的悲痛和怀念的同时，也引起我对老一代台湾人类学家的思考，深感他们做出的杰出贡献应该被铭记，特别是应该被不熟悉台湾人类学研究的大陆新一代人类学学子知道和了解。于是，“台湾学派”的想法第一次冒出来，觉得可以由它来理解和介绍台湾学者的中国研究。[1] 在翻阅李先生的论文书籍时，发现他早有此言，在《民族志学与社会人类学：台湾人类学研究与发展的若干趋势》一文中，他回顾了台湾人类学的发展：

> 1949 年 8 月，台湾大学在当时的校长傅斯年大力支持之下，成立一个新的学系称为考古人类学系，这在中国人的人类学历史上无论如何是一个重要的里程碑……。当时创立考古人类学系的是主持与发掘河南安阳殷墟的我国考古学先进李济之博士，担任专兼任教授者则有董作宾、凌纯声、芮逸夫、卫惠林、陈绍馨、高去寻、石璋如、董同龢、李伯玄、陈奇禄等，都是学有专长且经验丰富的学者……，由于这群师生的共同努力，人类学的研究在台湾遂发展成为蓬勃的学科，不但有自成一研究学派的态势，而且与国际人类学界也

[1] 本章所论台湾的人类学家，主要包括了台湾人类学研究以及具有台湾人类学训练背景的台湾学者。

颇有交流沟通。[1]

在这里,李先生明确提出了“学派”的想法。并在文中从学术史的脉络到当代的台湾人类学研究成果,论述了台湾人类学的发展。应该说,台湾学者的杰出中国研究有很多成果不为大陆学者所了解,甚至不为世界人类学界所了解。“台湾学派”并非一个炫耀的概念,而是凝聚了差不多三代到四代台湾学者的人类学积累和智慧。最重要的是,“台湾学派”给我们带来了一个继承近代中国人类学的学术传统、同时立足于人类学本土化的示范,他们还创作了许多优秀的学术成果,形成了人类学中国研究的本土范式。我想,这些应该伴随着李先生等老一辈学者载入史册。

本章并非对人类学“台湾学派”的系统论述,无论以笔者的学术能力,还是台湾人类学研究的丰厚积累,对“台湾学派”的理论归纳,都是笔者难以完成的。本章只是希望从李先生的“学派”期望和他的人类学经历,思考“台湾学派”之所以可以成立的原由,探讨对“台湾学派”进行梳理的可能框架,寄望学界同仁有进一步的探讨。

第一节　台湾人类学的中国学脉

台湾人类学在1949年之后发展起来,培养了一大批杰出的人类学家,并形成了人类学本土化研究的辉煌时期。台湾人类学比较完整地传承了近代中国人类学和民族学的传统,并一直发扬光大,形成了可以称之为世界人类学研究领域的“台湾学派”。其深厚的学术积累依然在传承之中。

一、人类学南派和北派的学术传承

晚清到民国是中国人类学学术界的发轫期,西学的影响或通过日本,或通过欧美,几乎都是由中国留学和访学的学师、学子们带回。所谓民国时期南派和北派的学术传统,其实并不限于社会学、人类学、民族学等学科,而是大陆学界当时比较普遍的情况,这与不同地域大学创办的学术传统和地域性研究特点有关。

[1] 李亦园.民族志学与社会人类学:台湾人类学研究与发展的若干趋势//乔健.新亚学术集刊(第十六期):社会学、人类学在中国的发展.香港:香港中文大学新亚书院,1998:55-56.

李亦园先生曾回顾了人类学“南派”和“北派”的人类学传统，认为“北派”以燕京大学、清华大学、南开大学、辅仁大学为中心，主要受到芝加哥学派和英国功能学派的影响，注重社区调查；“南派”以中央研究院为中心，首任院长蔡元培以及陶云逵、凌纯声、芮逸夫等，理论偏向于历史学派，研究对象注重少数民族，他们带有较强的学院派理想色彩，后来成为台湾人类学、民族学初期的主导力量。[1]

上述学术传统包括几个重要的方面：首先，资深学者云集，如李济先生领导的考古学。李济于1949年在台湾大学创立了考古人类学系，中国考古学中由中国学者自己组织领导的考古研究，李先生是第一人。在这个意义上，他无疑是“中国现代考古学之父”。同时，李济也是民族研究的早期学者，他在博士论文的基础上完成了《中国民族的形成》(1928)，提出汉人群、通古斯群、藏缅群、孟高棉语群、掸语群五大族系，其中包含多民族国家的思想。[2] 虽然台湾考古学后来的发展受到区域的限制，但是社会和文化人类学研究很快便成为台湾人类学的主流。

从学术发展来看，在近代民族主义的背景下，形成了本土化的民族学和少数民族研究、地域比较的研究、历史方面的研究等。南派的民族学以中央研究院和中山大学、云南大学等研究机构为主。在民族主义立国的背景下，人类学最初以“民族学(ethnology)”的概念进入中国。蔡元培是较早辨识“民族学”的学者，他曾经在《说民族学》中认为：“民族学是一种考察各民族的文化而从事记录或比较的学问。”[3]蔡元培一直重视民族学研究，1928年中央研究院成立之初，作为院长的蔡元培就在社会科学研究所成立了民族学组，亲自担任主任。后来邀请师从法国人类学家莫斯(M.Mauss)的凌纯声担任研究员。凌纯声后来对台湾人类学的发展起到了重要作用。

在中央研究院史语所民族组，还有一位后来没有去台湾，但是对李先生影响很大的林惠祥先生。林先生曾经在台湾日据时期的1929年两次回台湾调查当时的高山族，出版了《台湾番族之原始文化》，是中国人研究台湾高山族之始。林先生早就观察到台湾“番族”并非原来就居住在高山之上，而是几百年来汉族不断进入而逼迫的结果。这一说法推翻了高山族世居中央山脉的常识。李先生评价说，

---

[1] 李亦园.民族志学与社会人类学：台湾人类学研究与发展的若干趋势//乔健.新亚学术集刊(第十六期)：社会学、人类学在中国的发展.香港：香港中文大学新亚书院.1998：57.

[2] 李济.中国民族的形成——一次人类学的探索.上海：上海出版社，2008.

[3] 蔡元培.说民族学.一般.第一卷，1926(12).

若没有广阔的文化视野和考古学知识，不可能有此体认。他还总结了与林先生的“六同”：同为福建晋江祖籍；母亲曾在林先生家乡蚶江镇的蚶江小学当过校长，自己也曾在这里短期任教；都有菲律宾的缘分：林先生曾经就读于菲律宾大学，李先生的父亲则旅居菲律宾40多年；他们都曾研究台湾高山族；又都进行过家乡一带的研究等。[1] 从这样的巧合中，可以看到两岸人类学研究千丝万缕的联系。

二、早期人类学家的台湾创学

从台大人类学的早期学者李济、董作宾、凌纯声、芮逸夫、卫惠林、陈绍馨、高去寻、石璋如、董同龢、李伯玄、陈奇禄来看，他们都是少数民族或族群、地域、历史等方面的杰出研究者。他们将大陆的人类学和民族学研究传统带到台湾，直接奠定了台湾人类学的发展。

李亦园先生在《过温州街十八巷》一文中，回忆了李济先生的学问与师德。提到他晚年很喜欢谈在清华国学院与四大国学导师为同事的往事。李济先生曾任清华大学国学院导师，历史学系教授，后来任过中央研究院史语所所长、代院长，是中国人类学的主要奠基者之一。

另一位早期在台湾人类学创学的是考古学家，甲骨文学家和古史学家董作宾(1895—1963)先生，他曾于1923—1924年在北京大学研究所国学门读研究生，1928—1946年在中央研究院历史语言研究所工作，1948年当选中央研究院院士。他的早期发表有《一首歌谣整理研究的尝试》(1924)、《卜辞中所见之殷历》(1931)、《甲骨文断代研究例》(1933)、《殷墟文字甲编》(1937)、《殷历谱》(1943年)、《西周年历谱》和《殷墟文字乙编》(1951)等。董作宾于1956—1958年任香港大学、崇基书院、新亚书院研究员或教授。新亚书院1963年并入香港中文大学。20世纪90年代，笔者就读的人类学系就在新亚书院，可见其中早就浸染的人类学之风。

还有凌纯声先生，李亦园先生称他的《松花江下游的赫哲族》(1930)是中国第一次科学的民族田野调查。凌纯声(1902—1981)早年就学于中央大学，后留学法国巴黎大学，师从人类学大师莫斯(M.Mauss)等研习人类学和民族学，获博士学位归国后，历任中央研究院历史语言研究所民族学组主任，国立边疆教育馆馆长，

---

[1] 李亦园.林惠祥先生的人类学贡献//纪念林惠祥文集.厦门：厦门大学出版社，2001.

教育部边疆教育司司长。早期著作还有《湘西苗族调查报告》(1947)、《中国边政制度》《边疆文化论集》等。李先生特别赞赏凌先生在《松花江下游的赫哲族》中的批判精神,凌纯声曾说:“现代中国研究民族学的学者,大都是上了欧洲汉学家的老当,毫不质疑地相信今之通古斯即为古代的东胡。”[1]人类学进入历史,面对中国,勇于质疑的学风,无疑是老一辈学者留给我们的宝贵治学财富。

李亦园先生在谈到芮逸夫先生时,提到他曾经于1929—1931年在清华大学图书馆任职,并师从赵元任学习语言学。他应是在1930年9月接受中央研究院聘书,跟随凌纯声先生进行松花江下游赫哲族之民族学调查,并就近在清华研究院师从赵元任先生学习语言学与记音以及国际音标,以便整理资料。芮逸夫早年从东南大学毕业,后赴美国柏克莱加州大学、耶鲁大学研修人类学。曾任职中央研究院社会科学研究所及历史语言研究所研究员、主任兼中央大学教授。1964年赴美任教,历任西雅图华盛顿大学人类学系及印第安纳大学人类学系客座教授。早期发表有《中国民族及其文化论稿》《九族制与尔雅释亲》(1946)、《湘西苗族调查报告》(1947)、《苗蛮图集》等。作为留美的人类学家,芮先生的人类学研究十分接本土地气。

总之,台湾人类学的发展与大陆人类学的历史有着直接的血脉传承,经过台湾几代学者的本土化努力,成就了中国人类学的“台湾学派”,真正奠定了中国人类学的学科基础。

第二节 台湾人类学的本土化

人类学的本土化是一个历史性的问题,近代以来西学东渐,人类学、社会学、民族学(ethnology)、政治学等西方学科进入中国,产生了巨大的影响。本土化的问题成为近代学术界的普遍性问题。台湾人类学很好地解决了人类学本土化的问题,形成了有本土特色的中国研究。在20世纪80年代以后,这一研究传统也被逐渐带到大陆。

[1] 李亦园.凌纯声先生的民族学//李亦园.李亦园自选集.上海:上海教育出版社,2002:430-434.

一、人类学的本土化和中国化

李亦园先生曾经提到跨学科综合研究的“中国化”趋势，特别提到20世纪70年代的人类学、心理学和社会学的科际合作。并引用杨国枢和文崇一先生主编的《社会及行为科学研究的中国化》序言中的话，认为中国人的研究几乎都是西方式的，日常生活中我们是中国人，却成了西方人，我们有意无意地抑制自己的思想观念与哲学取向，在早期跨过学习和模仿西方的阶段后，现在“就是要使社会及行为科学的研究都能中国化”。[1]在徐杰舜先生主编的《人类学研究本土化在中国》一书的序言中，李先生举例说中国的宗教和民间信仰难以用西方明确的宗教概念来表述，中国传统的宗教信仰是一种混合体，许多融合了儒释道和民间信仰。[2] 他认为，根据多年的研究经验，西方的模式不适合中国社会，很多基础的社会文化概念和理论也格格不入。“一个学科的本土化或中国化，不但应该研究的内容要是本地的、本国的，而且更重要的是也要在研究的方法上、观念上与理论上表现出本国文化的特性，而不是一味追随西方的模式。”[3]

李先生一直坚持汉学研究和台湾土著族群研究的并行。汉学研究对台湾汉人社会的研究十分关注。如中国家庭的汉学研究方面，曾引起一些世界人类学家的辩论，比如，关于中国大家庭存在的原因，以中国家族与宗族研究著称的弗里德曼（M.Freedman）认为，大家庭形态的存在与富人密切相关，但是武雅士（A. Wolf）根据台湾北部海山区11里的历史户籍登记，发现大家庭的形态与士绅或者富有与否并没有必然的联系，而是中国农村家庭本来的文化。[4] 李先生在对台湾家族与宗族的研究中，提到“吃伙头”现象，是一种轮流供养父母的制度。李先生认为这一制度提前把父母作为祖先。[5] 这一现象在家庭结构上，其实也形成

---

[1] 李亦园.民族志学与社会人类学：台湾人类学研究与发展的若干趋势//乔健.新亚学术集刊（第十六期）：社会学、人类学在中国的发展.香港：香港中文大学新亚书院，1998：69-70；杨国枢，文崇一，主编.社会及行为科学研究的中国化//“中央研究院”民族所专刊乙种第十种，1982.

[2] 李亦园.中国人信什么教？//人类的视野.上海：上海文艺出版社，1996：273-275.

[3] 徐杰舜，主编.人类学本土化在中国.广西民族学院出版社，1998.参见：李亦园.李亦园自选集.上海：上海教育出版社，2002.

[4] 李亦园.近代中国家庭的变迁——一个人类学的视角//李亦园自选集.上海：上海教育出版社，2002：167-169.

[5] 李亦园.近代中国家庭的变迁——一个人类学的视角//李亦园自选集.上海：上海教育出版社，2002：161.

了一种特别的家庭形态：与父母同住，是主干家庭，与父母不同住，是核心家庭。这样一种家庭形态呈现出一种弹性家庭的特点。

在土著族群的研究方面，李先生研究过泰雅族、阿美族和雅美族等族群。南澳泰雅人崇信万物有灵，他们没有生灵、鬼魂、神祇或祖灵之分，也没有个别的特有神名，泛称所有的超自然存在为“rutux”。[1]与之不同，兰屿岛雅美族的灵魂信仰中，恶灵 anito 具有特别的功能，特别是心理的功能，包含恐惧、憎恨和作为心理发泄的对象。可能因为雅美族是崇尚共享精神、追求和平，以及憎恶恶行、灾病、杀戮的民族，也是较之其他土著而没有猎头习俗的人群，因而可以看到恶灵在社会秩序中作为人们发泄对象和价值判断的功能。[2] 而阿美族的神灵有一个等级体系，李先生通过举例马太安社创世神话来说明神灵的代际等级，而现实的部落社会内部，等级秩序也比较严密。比较来看，上述泰雅族的神灵体系没有明确等级，社会组织也比较松散。[3] 这样一些有趣发现表明了信仰文化的多元相对论以及在社会秩序中的基础作用。

另一个与本土化有关的例子是关于对台湾山脉上的族群如何学术称谓，是称呼“高山族”或“原住民”抑或“台湾南岛族”？李先生分析了台湾光复后行政当局一直用“高山族”来称呼这群属于南岛语系的少数民族，但是到了 1987 年“解严”后，高山族中一些族群自主意识较浓的人提出了用“原住民”概念来取代“高山族”。不过，李先生认为“原住民”的概念并不妥，因为具有排他性，因为原住民暗示了他们是与后来居民不同的地位，违反了族群相处的平等原则。他举例说比他们更早来台湾的是“长滨人”“左镇人”，应是澳洲土著或者接近“小黑人”(negrito)。小黑人的传说以及台湾塞夏族的“矮人祭”表明了这种文化的遗存。称呼“高山族”或“原住民”的主要是新石器晚期由长江流域以南一带南迁到太平洋岛屿的南岛民族，所以称呼“台湾南岛族”是比较学术的概念。[4] 这令我们看到，对族群做学术概念的界定需要十分慎重，尽可能减少这些概念被不当利用而

[1] 李亦园.祖灵的庇荫——南澳泰雅人超自然信仰研究.“中研院”民族学研究所集刊，1962(14).

[2] 李亦园.Anito 的社会功能——雅美族灵魂信仰的社会心理学研究.“中研院”民族学研究所集刊，1960(10).

[3] 李亦园.台湾土著族的两种社会宗教结构系统//李亦园自选集.上海：上海教育出版社，2002：97.

[4] 李亦园.走上学术研究之途//李亦园先生访问记录(第十二章).黄克武，访问.台北：“中研院”近代史所，2005.

制造族群之间的不平等关系。

李先生曾经谈到台湾发生的“中国化”与“本土化”的争论,他梳理了台湾本土化概念的由来,认为有两个主要的含义,一是基于当地人的本土化运动下的含义,也可以称之为“土著化”,颇有政治意味;二是相对于西方的本土化,偏向于“中国化”,偏向于学术性。李先生则从“文化”的角度来看,认为文化意义上的本土化与地域的本土化不同,与政治的本土化也不同,在文化和学术的意义上,本土化与中国化在意思上相通。[1] 就笔者的理解,将本土化和中国化刻意做政治上的曲解并不利于学术,应该以文化为基础,寻找对中国文化特有的理解,以获得地方性的知识体系和解释的理论框架。在这一基础上,发展出自己的本土概念和理论体系。

二、本土概念的发展

文崇一先生曾经在说到本土化的问题时,提到我们不要永远跟着西方理论去做研究,另外就是要寻找自己的概念。因为我们所用的概念都是西方发展出来的概念,例如,“家庭”和“阶级”的概念。[2] 李亦园先生是这方面的典范,他曾提出“致中和”的整体均衡与和谐,来表达中国文化三层次均衡观念的模型。这一理论最早是在布拉格用英文发表的论文中第一次提出来的,包括自然系统(天)的和谐、有机体系统(人)的和谐以及人际关系(社会)的和谐。[3] 他还用“致中和”的模型讨论了中国传统仪式戏剧的双重展演内涵,并以目连戏为例,细致分析了巫与仪式戏剧、舞乐、身体修炼与认知超越、度脱与入戏等内容,分析了和谐与超越的“致中和”内涵。[4] 由“致中和”的概念,李先生又联系到张光直先生的“气文化”研究计划,不断推动本土概念的研究。[5]

---

[1] 李亦园.中国化 VS.本土化//李亦园先生访问记录(第八章).黄克武,访问.台北:“中研院”近代史所,2005:167-172。

[2] 文崇一.社会学与本土化//乔健.新亚学术集刊(第十六期):社会学、人类学在中国的发展.香港:香港中文大学新亚书院,1998:205.

[3] 李亦园.从民间文化看文化中国//李亦园.李亦园自选集.上海:上海教育出版社,2002.李亦园.和谐与均衡:民间信仰中的宇宙诠释// 林治平.现代人心灵的真空及其补偿.台北:宇宙光出版社,1987(16).

[4] 李亦园.和谐与超越——中国传统仪式戏剧的双重展演内涵//李亦园自选集.上海:上海教育出版社,2002:261-291.

[5] 李亦园.气文化研究计划//李亦园先生访问记录(第八章).黄克武,访问.“中研院”近代史所,2005.

这种自觉的理论和概念的本土化，成为“台湾学派”的风气。如乔健先生在这方面的研究包括“关系”[1]、江湖“赛场”的概念和计策行为模式的理论[2]。此外，乔先生还主编了《中国文化中的计策问题初探》[3]。在1982年的《关系刍议》一文中，乔先生第一个提出本土的“关系”概念进行研究。在他的研究之后，才引起阎云翔、杨美惠等人的陆续研究。

这样的文化自觉也体现在李先生的学生中间，李先生曾回忆在民族所的最大贡献是培植了一些优秀人才，如庄英章先生曾提出“联邦式家庭”——多个核心家庭的联系体。[4] 这一本土的“家庭”形态，不同于一般社会学和人类学关于“家庭”的几种常见分类(如核心家庭、主干家庭、联合家庭等)。在此之前，还有在理论界十分活跃的黄应贵，也是李亦园的学生，其空间理论和历史人类学等领域的研究特别具有本土化的追求。黄应贵曾认为，凌纯声先生的《松花江下游的赫哲族》的“历史学派”特性虽然强调“文化是人类应付生活环境而创造的文物和制度”，但全书描写物质、精神、家庭、社会四个方面的描述却无法让人明确知道是在适应怎样的生活环境下创造出来的。而凌先生只关注如何利用该族数据解决中国上古史的宗教起源问题，这是一“礼失求诸野”的态度与做法。将人类学、民族学所研究的“原始民族”视为上古社会文化的“遗存”，影响了近50年来有关中国西南民族史的研究，使得描述异族的目的，往往是为了界定中原华夏民族自身的认同，而充满了汉人中心主义的观点。李亦园并不太同意“礼失求诸野”的简单批评，觉得有欠公允。[5] 但是对中国社会历史维度的重要性十分强调，只不过希望将人类学的视野用于历史的研究，这也是他当年从历史系转到人类学系的初衷。这些学术辩论发生在师生两代之间，十分有趣，也是台湾人类学的学术风气，十分宝贵。如今，“台湾学派”的精髓正在传给新的一代学者，从他们身上，可以感受到“台湾学派”的生命延续。

---

[1] 乔健.关系刍议//杨国枢，文崇一，主编.社会与行为科学研究的中国化.(台湾)“中央研究院”民族学研究所专刊，1982(10).

[2] 乔健.人在江湖：略说赛场概念在研究中国人计策行为中的功能//乔健、潘乃谷.中国人的观念与行为.天津：天津人民出版社，1995；乔健.建立中国人计策行为模式刍议//乔健.现代化与中国文化研讨会论文集汇编.香港中文大学社会科学院暨社会研究所联合出版，1985.

[3] 乔键，主编.中国文化中的计策问题初探.台北：食货出版社，1981.

[4] 庄英章.家族与婚姻：台湾北部两个闽、客村落之研究.“中研院”民族学研究所专刊，1994.

[5] 李亦园.进出于历史学与人类学之间//李子宁编.鹳雀楼上穷千里——李亦园散文与演讲选集.台北：立绪文化事业有限公司，2007：313-321.

第三节　台湾人类学派的理论贡献

台湾人类学派的学术贡献深入而广泛。就研究领域而言，涵盖了宗族与婚姻家庭、宗教和民间信仰、少数族群、移民与海外华人、华南地域、性别、饮食文化等诸多领域，涉及亲属制度、宗教人类学、族群研究、政治人类学、历史人类学、经济人类学、民俗学、性别研究、心理人类学等诸多分支学科。李先生的研究几乎涵盖了上述各个领域，表现出先生宽广的人类学视野。

一、中国现象与中国文化的研究

李先生曾讨论“文化中国”的概念，提出中国文化三层次均衡“致中和”的概念。[1] 不同于杜维明偏向于精英文化的“大传统”的出发点，他主张从垂直的关注平民百姓的“小传统”的出发点来理解文化中国。这样一种视角，其实是在挑战传统的“中国”观，寻找中国现象的“中国真实”。这也体现出先生在学术上的“文化自觉”，他的“文化中国”的概念有着一种学术情怀，即寻求中国人生活文化特征的根源，思考“中国文化”的精髓，探讨“中国文化”的意义。

李先生曾经谈到张光直先生的中西文明起源差异论。张先生称中国文明的发展具有连续性的形态，西方文明是断裂性的形态。人类文明的研究历来是西方模式，未必适用于中国文明的发展。中国文明的连续性形态来自一种意识形态。[2] 或可以说，这是一种文化形态（包括宇宙观、宗教巫术等，而非制度形态）的连续。李先生多次强调其“致中和”的三层面和谐均衡宇宙观，认为由此可以理解和探讨中国文化内在法则的基本理论模型。两位老同学的理论碰撞，也导致了“气文化研究”，包括传统医学、民俗实践与经典理念研究；“气”的物理测量；气的医学和心理学研究；神通现象研究；禅坐、辟谷与中国食物冷热系统研究；修炼的文化信仰实践；以及“物我合一”的气功修炼与“天人合一”哲学思想的连续性研究。可以看出，其中多学科合作、中西理念和方法的融合，最终立足于对“气文化”的解读。

---

[1] 李亦园.从民间文化看文化中国//李亦园自选集.上海：上海教育出版社，2002：225-226.

[2] 张光直.中国青铜时代(第二集).台北：台北联经出版事业公司，1990.

在马来西亚华人的研究中，李先生提出了中国文化和社会的“藤”的社会范式。他引用华德英(Barbara Ward)的三种范式理论，直接范式(immediate model)、意识形态范式(conscious model)和内在观察者范式(inner observer’s model)，认为华人社会具有一种很强的“中国文化”的意识范式，虽然他所研究的麻坡华人来自潮州、漳泉、广府、海南、客家等不同的方言区，到了海外有着不同文化适应，但是每一个华人心目中都有着一种理想的“中国文化”的意识形态范式存在，这种中国文化的联系表明了“中国人就像藤一样的柔韧、可弯可曲，可以历尽折磨，但是永不易被折断”。[1] 这也蕴含了一个重要的文化逻辑：文化的多元与一体的关系，多元歧异的藤枝文化并不会导致对整体的藤干文化的不认同，反而多元的包容会促进这个文化体系的整合。这就好像自然生态的物种多样性体系具有协调的自足，反而是没有包容的单一物种体系是脆弱的。

对于中国现象，宗教信仰一直令西方学者费解。杨庆堃先生曾经提出两种宗教模式，一是弥散性宗教(diffused religion)；另一个是制度化的宗教(institutional religion)。中国传统的民间宗教信仰属于前者。李先生没有把宗教信仰做制度化的宗教定义，而是回到民间信仰的本来含义，即它们作为人观、神观、宇宙观的思想体系，如何建立起个人、社会与自然的和谐均衡。[2] 在这个意义上，李先生实际上提出了一个重要的方法论，即不应该把中国社会的民间信仰模式化地做成“宗教”，而是应该回到现象的本真，于是，“宗教”的边界被淡化，没有了绝对的无信仰者。祭祀祖先、医疗仪式等等看起来具有宗教性的行为，其实不过是上述三观的和谐均衡之运行，是一个文化秩序建构的过程。

文化中国的特有现象包括很多领域的研究，除了宗教和民间信仰，还有诸如宗族、祖先崇拜、少数民族、家族与伦理、性别、饮食、哲学和宇宙观，等等，都有待于更深入的文化自觉的研究。李先生在学术上的“文化”视角不是一般的理论视角，也不是社会和结构的视角，而是一种文化秩序的感悟力，是一种文化自觉。西方理论家学者之所以难以理解中国社会，就是因为缺少这种文化境界，容易陷入模式化的理解。

---

[1] 李亦园.一个移殖的市镇——马来亚华人市镇的调查研究.(台湾)“中央研究院”民族学研究所专刊乙种第一号，1970：245-248.

[2] 李亦园.个人宗教性变迁的检讨——中国人宗教信仰研究若干假说的提出//文化的图像(下).允晨丛刊38.台北：允晨文化实业股份有限公司，1990：140-141.

二、与世界学术界的理论对话

这方面的对话在“台湾学派”中很多，李先生与彼得·伯格(Peter Berger)的对话便是一个与世界学术界对话的典范。他在与彼得·伯格谈到亚洲现代性的“新儒家假设”时，李先生对新儒家的假设表示怀疑，并认为民俗宗教的小传统与儒家同样重要，这引出他谈到伯格提到的“李氏假设”：

> 让我们暂时称它为“李氏假设”。包括儒家和大乘佛教的所谓“大传统”，无论如何是深深地根植于较不精致的民间宇宙观层面里(包括认知与情绪的层面)。果若如此，是否我们追寻探究的“今世观”，如积极、实用主义的根源，至少在中国，应存在于这民间信仰的底层里，而不在上述的“大传统”里。[1]

李先生认为中国民俗宗教是一种与大传统不同的小传统，却真实地伴随着“亚洲四小龙”的经济腾飞。李先生例举了三点功利主义世俗宗教与现代化契合的地方，一是宗教帮助满足个人的需求；二是神明体系带来的因利而生的包容心态；三是借神明力量满足投机冒险的心态。因此，超自然的世俗宗教揭示了中国文化的复杂形态。

这方面的对话还包括上述“致中和”观点以及诸多学者创造的一系列本土概念，如“关系”“气文化”，等等。理论的对话还包括“文化中国”这样的理论方法论意义上的思考，包括武雅士(A.Wolf)的台湾研究，如“鬼、神、祖先”等，以及施振民的“祭祀圈”理论等。历史人类学方面有庄英章先生的《林圮埔一个台湾市镇的社会经济发展史》(1977)(以及诸多汉人社会、华南地域、亲属制度等的研究)、黄应贵先生的《人类学的视野》等历史人类学方面的诸多研究，黄树民关于口述历史的研究(《林村的故事》)，以及历史学家王明柯的西南研究(《华夏边缘》《羌在汉藏之间》等)。

李先生1958年获得哈佛燕京学社的奖学金赴美留学，开始体会美国的学术规范。其实，学术规范本身就是一个与世界学术界对话的领域，因为学术规范不仅包括对学科理论方法论的理解，还包括研究的规范：如何提出研究问题，如何进行田野研究，如何书写文化志作品、如何坚守学术伦理、如何使用语言等。李先

---

[1] 李亦园.台湾民间宗教的现代化趋势——对彼得·伯格教授东亚发展文化因素论的回应//李亦园自选集.上海：上海教育出版社，2002：210-211.

生自己谈到因为在台大接受李济和芮逸夫先生的美式训练，教科书也使用美式教材，所以虽然课程压力大，但是感觉与在台湾接受的学术教育还是具有延续性的。他曾经回忆几位导师，包括克鲁克罕(Clyde Kluckhohn)、杜宝娅(Cora DuBois)，以及研究日本、琉球和中国，后来担任过燕京学社社长的裴约翰(John Pelzed)。[1] 他提到三个后来对他影响很大的例子，一个是科际研究(多学科研究)，来自当时的科际整合运动，克鲁克罕是这一运动的主要倡导者。台湾在1972年开始的“台湾省濁水溪和大肚溪流域自然史和文化史科际研究计划”(简称“濁大计划”)，由张光直主持，是一个文理六个学科(考古、民族、地质、地形、植物、动物)很多人类学家参与的研究。第二个是博厄斯学派提倡的不同文化如中国文化的研究，杜宝娅是本妮迪克特和米德的师侄，与两位师姑同为博厄斯学派的领军人物，她提出了“众趋人格”，研究的是东南亚，包括爪哇阿罗(Alor)岛的儿童教养与文化特性的研究，她曾经建议李先生应该从事的华侨研究，这也导致李先生对台湾民族研究和科际研究的兴趣与推动。第三个是他关于台湾“二次葬(拾骨葬)”的研究，来自裴约翰在琉球研究的拾骨葬习俗，反映出文化上属于南方文化圈的特征。李先生的这些回顾，说明与世界学术界的对话需要有共同的对话基础，即共同的学术规范(不是研究范式)、共同的跨学科的人类思考、共同的文化研究的主旨。要尊重他人的研究，很基本的就是要与已有的相关研究对话。遵守共同的学术规范意味着一个公正的对话平台，与世界学术界的对话并非关起门来自说自话，不是妄自菲薄的自言自语。

说到学术规范和公平交流，中国学者的一个不公平处境就是学术语言上的弱势，主流学术期刊为英文所控制，这与美元在经济领域的控制类似，有着历史的原因。但是，李先生的主要写作都是中文，并且写作的风格具有讲故事的叙事风格，既不失学术规范，又有本土语言的文字蕴含，这其实也是一种与世界学术对话的翻译方式，即用中文讲好世界学术，用中文升华学术水平。

中国学者直接参加世界研究也是一种重要的与世界学界对话的方式。一方面是海外研究，吴燕和先生关于新几内亚华人的研究和乔健先生关于北美拿瓦侯印第安人的研究等，都开拓了中国学者海外研究的领域。他们作为台湾学派的学者，都将其研究联系到中国文化，乔健曾经比较印第安人文化和西藏文化的联系，

---

[1] 黄克武，访问.潘彦蓉记录.李亦园先生访问记录.台北：“中研院”近代史研究所，2015：76-80.

而吴燕和研究的就是新几内亚海外华人。另一方面，是推动国际汉学的研究，李先生在担任蒋经国基金会主席期间，多次往返欧洲一些汉学研究重镇，竭力推动世界汉学研究的发展与交流。这些都是大陆学术界应该学习的治学境界。

第四节 结　　论

“台湾学派”在人类学上的杰出成果，反映出在学术上中国现象的重要、中国理念的深邃以及他们对人类社会与文化理解的贡献。而在这后面，还有着中国学者对人类命运的关心与爱念。李先生特别重视“文化”对于人类的贡献，因为“文化”具有超越种族、国家等矛盾的特性，蕴含着文化多样性等基本原则：

> 人类学家以其对文化概念的了解与运用，不但能使我们了解自己，帮助自己；了解别人、帮助别人，而且最重要的是使我们懂得与不同文化的人相处之道，这是人类学对全人类的前途所能提供的最大贡献。
>
> 在文化性方面，只有保持各民族不同的文化特性，不只是维持各民族原有的文化特性与风格，而且应该鼓励各民族发展其特有文化模式，这样才能够使全人类在不断变迁的环境中无所不适。[1]

2000年在中正大学的演讲中，李先生认为赋予人文关怀是挽救当今世界局势的可行之道，四种最重要的人文关怀是他人的关怀、民主的关怀、文化的关怀和全人类的关怀。他更希望“从自己文化的宝库里发掘可为新世纪全人类所用的人文思维，藉以促进世界社会的共荣共享”。[2] 这些“关乎人文以化成天下”之嘱托和期望，必将鼓励吾辈之学术进取。

谨以此文纪念中国人类学的学术导师李亦园先生。

---

[1] 李亦园.人类学与现代社会//人类学与现代社会.台北：水牛出版社，1998：47-53.

[2] 李亦园.新世纪的人文关怀//李子宁编.鹳鹊楼上穷千里——李亦园散文与演讲选集.台北：立绪文化事业有限公司，2007：243-265.

第五章　漂泊中的永恒：一个人类学家的理想国

> 人类学家之所以乐于奔走于蛮荒之地，忍受土著的不耐与行政人员的讥讽，原也只是为了一种信念，一种遥远的理想在鞭策着他，就如乔健兄在书中《漂泊中的永恒》一篇所描述瑶族人追寻他们的千家峒一样，人类学家只是在追寻他们对人类永恒本质的信念。……他们用理性与科学，而不用传说或巫术，去追求理想之国，所以其历程虽然寂寞，但是理想之国终会有一天到临的。
>
> ——李亦园：序《漂泊中的永恒》

乔健先生是笔者20世纪90年代初期在香港中文大学攻读硕士学位时的导师，笔者就读的人类学系当时是香港地区唯一的人类学系，1979年由乔先生创办并担任系主任。此外，乔先生还曾于1978年创立了“香港人类学会”并担任创会会长，并在1986年创立了“国际瑶族研究协会”。1994年，乔先生又为家乡的山西大学创建了华北文化研究中心并担任荣誉主任。1994年，他从香港中文大学荣休后，到台湾东华大学创建了“族群关系与文化研究所”并任所长，后在东华大学创建了“原住民民族学院”并担任首任主任，还曾任台湾世新大学讲座教授，中国人类学高级论坛主席等职。乔健先生在学术上造诣深厚、论著丰硕，对中国人类学的发展贡献卓著。在几十年的学术研究和教学生涯中，乔先生的学术情怀可以归结为三个核心概念或者说三个研究视野：人类、中国、民众。

第一节　人类的理想国

对“人类”的关怀，或许应该是人类学家的“天性”。早在大学时代，乔先生就从对大自然的感受和领悟中开始孕育着自己未来的人类学之路。在描写他心路历程的学术随笔《漂泊中的永恒》中，他曾这样说道：

> 我并不曾将自己永远关在冷门里，也常常和冷门外的同学接触，但反而感到寂寞。我曾独自奔波于山地，却与万物同有欣欣向荣之感。然而在大学

里却觉得单调与沉闷。虽然大自然依然有声有色，大学生却已经缄默了，似一片无风的沙漠，无声无息。[1]

乔先生在二年级从历史系转入人类学系时，恰逢人类学的低谷，同届8个人类学的学生全部转出他系，使得当时入系的乔先生成为那个年级唯一的一名学生。不过，系里有着诸多大师级教授，如著名考古学家和人类学家李济、凌纯声、卫惠林以及芮逸夫等先生。这使得他有机会跟随先生们做了岛内当时9个族群的大量调查，并得到了先生们的真传。在台大人类学的学习，培养了他对少数族群的深厚情感，也影响到他在美国选择印第安人研究，到拿瓦侯保留地做田野研究近一年，通过不懈努力，最终完成了他的博士毕业论文《传统的延续：拿瓦侯与中国模式》。乔先生在当时是对印第安人做田野调查时间最长的一位中国学者，对印第安人文化有非常深入的理解和同情。这样一种对少数族群的情怀一直保留着，有一次谈及在法国与红头瑶的同胞聚会时，他深情地说：

我一面陶醉于他们歌舞的优雅，一面却想象这支民族如何于千余年中，自华中而华南而东南亚，由亚洲而欧洲，辗转迁徙数千里。然而他们却能始终保持民族、语言与文化的特色，终于将这些特色在一个遥远而陌生的国度里植根生长，这是多么动人的一篇史诗啊。[2]

在此，乔先生抒发出人类学家的特有情怀——一种对人类传统文化的尊重、感动和珍惜。然而对比如今，生活在中国土地上的许多国人，对自己的文化十分冷漠，甚至将自己民族的语言和文化特色鄙之弃之。一个民族倘若丢失了自己的文化灵魂，将是多么悲哀的一幅场景啊。

亚（洲）美（洲）的文化关联，是乔先生长期的学术关注之一，这是一个十分“人类”的话题。乔先生在美洲的拿瓦侯、祖尼和玛雅研究并非简单的猎奇，而是有着人类的视角，因此他十分注重与中国社会直接比较的研究。《拿瓦侯沙画与藏族曼陀罗之初步比较》的论文是关于美洲印第安人和西藏早期社会的比较研究，另一篇是《藏族〈格萨尔〉史诗诵唱者与拿瓦侯族祭祀诵唱者的比较研究》。这样的研究背后，有着乔先生自己曾经述说的心底的一个咒语，即他在赴美留学前一位

[1] 乔健.漂泊中的永恒：人类学田野调查笔记.济南：山东画报出版社，1999：153.
[2] 乔健.漂泊中的永恒：人类学田野调查笔记.济南：山东画报出版社，1999：113.

前辈关于“Indians”的话。这位前辈认为印第安人的祖先来自中国，是殷商灭亡之后向北迁徙的殷人后裔，哥伦布1492年到巴哈马群岛误以为到了印度（由此有Indian）的说法，其实是当地人说我们是“殷的”（谐音Indian）。前辈嘱托他研究印第安人的“咒语”，不想影响到他对族群的研究和上面亚美关联性的研究。对此，他特别提到著名语言人类学大师萨皮尔（E.Sapir）的一个夙愿是论证北美的拿德内（Na-dene）人的语族与汉藏语族可能同源，而萨皮尔的高足中有一位中国学生，就是曾在清华学校读书，后来受聘清华大学语言人类学系（未到校）的李方桂先生，李方桂的博士论文是关于拿德内语言的。萨皮尔的推论十分大胆，不论这个推论是否正确，在这样一种将亚洲和美洲关联起来的跨越的想象中，包含着两个十分有深度的视野：一是超越国家的全球视野；二是超越种族民族的人类视野。这两点对于今天的人类颇为重要，因为当今国家和种族之类的争斗，正是现代社会战争、不平等与贫困的伴生物。人类学家是有国界的，但是人类学的学术视野和贡献应该是跨国家的。

对于亚美关联的研究，后面的关心是世界文化的形态及其变化。例如，两种文化之间是共通还是分割？是破裂还是连续？是一般还是特殊？无论哪一种观点，都是超越“国家”的，是以“文化”来考察的。一个有趣的观点是，中国文化或说文明相较于美欧文化是更加连续的，而欧美文化则是破裂出来的。乔先生在《印第安人的颂歌》中引述张光直先生的观点：连续的文明即“人类与动物之间的连续、地与天之间的连续、文化与自然之间的连续”[1]。张先生认为这种连续的文明更加体现在亚洲。扩展来看，所谓美、亚文化或者西方与东方谁更连续的问题，是一个整个人类的问题：谁更近自然，谁更近文明？今天，与自然更加连续的文明被斥为落后，而那些以掠夺自然为特征的断裂的文明却成为人类的主流。这不能不引起人类的反思。

第二节 中国的黄土地

中国的人类学研究是华裔人类学家的共同关心。乔先生自幼离开大陆，但是家乡的情结十分深厚。他从美国回到中国的香港、台湾任教，相信也与这种情怀

[1] 张光直.连续与破裂：一个文明起源新说的草稿//印第安人的颂歌.南宁：广西师范大学出版社，2004.

有关。乔先生的中国研究涉及多个研究领域，如大陆少数民族和族群的研究（《瑶族研究论文集》《惠东人研究》《中国的族群关系与族群》《瑶族及瑶族研究近况》《惠东的常住娘家婚俗：解释与再解释》等）、台湾少数族群的研究（《文化变迁的基本形式：以卑南族吕家社百年经验为例》等）、中国家庭等领域的研究（《中国家庭及其伦理》《中国人的观念与行为》《中国家庭及其变迁》等）、底边社会的研究（《乐户》《华南婚姻制度与妇女地位》等）、香港文化的研究（《香港地区的“打小人”仪式》等）、探讨中国本土概念的研究（《关系刍议》《人在江湖；略说赛场概念在研究中国人计策行为中的功能》），以及人类学在中国的发展（《二十一世纪的中国社会学与人类学》《社会科学的应用与中国现代化》）领域的论著和论文。2014 年 11 月上旬，受麻国庆教授之邀，有机会到 20 世纪 80 年代乔先生研究的粤北连南排瑶村寨考察，在三排镇的南岗村和油岭村，看到了两个村寨完全不同的对比景象：南岗被公司圈寨，重新修复的房屋景观很美，但是村寨文化已经空壳化；油岭村坐落在老瑶山顶，人口 700 多人，房屋已经破损严重，却顽强地生存着淳朴的瑶民。如何能够把两者结合起来，既保住他们的文化，又改善他们的居住和生活条件，似乎是对人类学者永远的挑战。远眺喀斯特起伏的山峦，令人感到一种山地民族的沧桑和人类学责任的凝重。

乔先生一直关注人类学在中国的发展。在《中国人类学发展的困境与前景》一文中[1]，乔先生指出了四点困境，其中之一是功利主义的压力，很多学生会问人类学是干什么的，也就是说有什么用处？他认为人类学是一门基础学科，也有可以应用于现实问题的一面，他列举了潘光旦先生关于土家族研究的例子，也提到“民族学”这个概念在中国的变异，说蔡元培先生在 1926 年的《一般》杂志上发表了颇有影响的《说民族学》一文，清楚地说明了“民族学”主要关心的是文化。可惜这个译名一直影响着中国人类学的发展，尽管近年来中国社会科学院民族学研究所已改为“民族学与人类学研究所”，但是它带给学科的误解依然存在。这其中，作为一门西方发展起来的学科，传到中国之后，的确有一个所谓“中国化”或者本土化的问题。

人类学的本土化可以说是几代学者的追求和困惑。在乔先生看来，所谓本土

[1] 乔健.中国人类学发展的困境与前景//社会学、人类学在中国的发展.新亚学术集刊16期.香港中文大学，1998.

化，并非另搞一套封闭的学科体系，中国学者要对世界学术有理论贡献，就要有立足于本土的深入研究，由本土概念、本土案例去建立理论。乔先生在这方面的研究包括“关系”的概念[1]、江湖“赛场”的概念和计策行为模式的理论[2]。此外，乔先生还主编了《中国文化中的计策问题初探》[3]。他认为：

在现代对中国社会及文化的研究中，不断有人尝试以概括性的概念来捕捉中国社会与文化的全貌。比较早期的如费孝通(1947)以“差序格局”为中国社会的特征，胡先晋对于面子问题(1944)、杨联陞对于“报”(1957)、芮逸夫对五伦及礼(1972)以及许烺光对于父子轴(1965、1968、1971)的讨论都是著名的例子。从事这种研究方式的络续有人，譬如对于“面子”以及“报”的研究一直没有断过，比较新的则有对于“人情”(金耀基，1981)、“关系”(乔健，1982)以及“缘”(杨国枢，1983；李沛良，1982)等的研究。

概念在科学研究中是一种工具。对于事实的描述，用什么概念描述得到的认知是不一样的。在1982年的《关系刍议》一文中，乔先生是第一个提出本土的“关系”概念进行研究的学者，“关系”“人情”等概念，都是对中国文化事实提炼出来的概念，对于研究具有重要的基础意义。

尽管中国研究具有地域和国家的特征，但是并不意味着人类学的“民族主义”，在《漂泊中的永恒》前言中有如下一段话：

大部分的瑶族一方面固然是漂泊无定，但另一却对他们历史上或传统中的远祖居地有着永恒的思恋。于是笔者写了本集中的第八篇——《漂泊中的永恒》。人类学者虽不断改变他们的研究题目，却也在始终不懈地追求一种永恒长久的东西—— 人类思想与行为的基本规律与结构——这种东西要比瑶族的远祖居地更为古老。

乔先生借由瑶族对自己祖居地的永恒思恋，想到人类学家的永恒追求。无论

[1] 乔健.关系刍议//杨国枢，文崇一，主编.社会与行为科学研究的中国化.(台湾)“中央研究院”民族学研究所专刊10，1982.

[2] 乔健.人在江湖：略说赛场概念在研究中国人计策行为中的功能//乔健、潘乃谷，主编，中国人的观念与行为.李沛良，金耀基，马戎，编辑.天津：天津人民出版社，1995；乔健.建立中国人计策行为模式刍议//乔健，主编，现代化与中国文化研讨会论文集汇编.李沛良，等编辑，香港：香港中文大学社会科学院暨社会研究所联合出版，1985.

[3] 乔建，主编.中国文化中的计策问题初探.台北：食货出版社，1981.

是中国研究还是他者或者异文化的研究，永恒的追求并非只是一国、一族、一乡、一地的研究，而是探索人类思想与行为的基本规律与结构，这才是真正的人类学视野——理解人类之永恒。

第三节 民众的底边情

人类学家常常关注底层人群的研究，《底边阶级与边缘社会》是乔先生主持多个研究项目的结晶。包括乐户、北京与河北底层艺人、剃头匠等的研究，台湾底层社会的研究，以及大陆城乡新底层人群的研究。乔先生使用“底边阶级”来表述这一历史和当代社会的现象，并使用特纳的“阈界”概念来进行理论点分析。在《底边阶级与边缘社会》[1]中，他谈到自己在乐户研究中的“文化震撼”(cultural shock)。这种文化震撼既是来自对庞大的底边社会过去的疏于理解，也是来自一种深深的人类学关怀。这样的情怀在乔先生的家乡研究大作《乐户：田野调查与历史追踪》的序言中有所表达：

> 贱民是生活于传统中国社会最底层的阶级，笔者称之为底边阶级，过去对他们的研究极为少见。但他们毕竟是传统中国社会的一部分而且是基础部分。不了解他们，何能了解传统中国社会与文化的全貌？[2]

乐户研究是抢救性的研究，也可以算做历史人类学的研究。作为一个有着长久历史传统的群体，在乐户身上浸透着“国家”的血液。他们本来是国家仪式的一部分，曾经享有着“乐籍制度”。曾几何时，在礼崩乐坏的年代，乐户从国家的舞台上逐渐消失，并在后来逐渐跌入社会的底层，但他们却以民间的方式，继续吹奏着国家的曲调。如今，当这样一个人群被纳入人类学的研究视野中时，让我们看到的不只是他们的底边生存，还有着他们在历史长河中的文化流淌。

说到“文化”这个文化人类学的核心概念，乔先生在《异文化与多元媒体》中有一个发展，即在本土研究中“异文化”(alter-culture)概念的提出。从英文来看，alter这个词具有改变、变化等含义，直译当是“(变)异文化”——变体、变形、变态或异体、异形、异态等，乔先生在书中论及的异文化包括“次文化”(subculture)和

[1] 乔健，主编.底边阶级与边缘社会：传统与现代.台北：立绪文化公司，2007.

[2] 乔健，刘贯文，李天生.乐户：田野调查与历史追踪.南昌：江西人民出版社，2001.

“他文化”(other culture),十分贴切。在异文化的研究后面,是对相对于主流文化或自体文化的次文化和他文化的关注,因为深层是文化权力的问题。特别是在阶级文化之下,可以看到文化权力的差异。

对于次文化,女性文化或可以算作一种。在乔先生参与主编的《华南婚姻制度与妇女地位》中,他写了一篇小文——《性别不平等的内衍与革命:中国的经验》,文中他使用内衍(involution)和革命(revolution)这对概念,从历史的视角来解析性别的不平等。认为性别不平等的原因并非像很多人认为的来自父系社会,而是在于中国的政治文化:“权力集中的程度和政治一体化是女性不平等观念内衍的主要原因。”[1]另外一篇相关的小文章发表在《瑶族研究论文集》中,题目是《广东连南排瑶的男女平等与父系继嗣》。[2] 从这些小论文中,可以体会先生对社会平等的理想期待。

随着社会的巨变,人类学家也需要不断地适应和调整自己的研究方向。在近两年的研究中,乔先生开始关心家乡文化遗产保护的工作,而这在先生早期台湾的研究中就已经开始了有深度的思考:

> 在急剧的变化中,台湾土著不论在深山里还是平地上的,都已经全部或局部地扬弃了规律的、保守的、稳定的与特殊的固有文化形式。而呈现出一种失调、复杂与纷乱的现象。这种现象既非借老头目、老巫师的追述与解释可以了解,亦非我所学到的那套机械的、形式的、单纯的理论与方法能够圆满地加以研讨与表达。我开始觉得,现代的社会科学家,除非甘心为陈旧的名词做填充与解释,否则便需进一步探索一种更细微、更贴切、更活泼、包容更多的方法与观念,来处理这繁复多变的现代的社会,不管是原始的还是文明的。[3]

这样一种理解,充满了挑战既存理论概念的勇气。如何理解传统文化、保护传统文化,是一个世界性的难题。

最近两年,乔先生在自己的家乡介休积极推动文化保护的实践,也体现出先

---

[1] 乔健.性别不平等的内衍与革命:中国的经验//马建钊,乔健,杜瑞乐编.华南婚姻制度与妇女地位.南宁:广西民族出版社,1994.

[2] 乔健.广东连南排瑶的男女平等与父系继嗣//乔健,谢剑,胡起望编.瑶族研究论文集.北京:民族出版社,1988.

[3] 乔健.漂泊中的永恒:人类学田野调查笔记.济南:山东画报出版社,1999(154).

生对家乡的浓浓乡情。10多年前，笔者曾参加法国远东学院的水利研究项目并来到介休市，研究洪山泉和源神庙碑刻，碰巧来到了乔先生的家乡洪山村，在对洪山泉和源神庙的研究中，体会到山西民间社会中深厚的文化土壤。洪山泉（古称鸑鷟泉）的水利灌溉体系，就是一个难得的文化典范，围绕源神庙的民间水利管理，凝结了洪山人的古老智慧。我曾经发表过研究论文，但仍难以表达这片土地中深厚的文化思想。[1] 在这样一片文化沃土之上，从先生一腔人类情怀之中，吾辈更加体会到身上的传承责任。

值先生甲午年八十寿辰之际，笔者谨冒昧代表师门弟子，祝愿先生健康长寿！也祝愿大家共同的人类学事业兴旺发达！[2]

---

[1] 张小军.庙宇·水权·国家——山西介休源神庙的个案研究//大河上下——十世纪以来的北方城乡与民众生活.太原：山西人民出版社，2011；张小军.复合产权：一个实质论和资本体系的视角——山西介休洪山泉的历史水权个案研究.社会学研究，2007(4).

[2] 本章原发表于2014年《广西民族大学学报》，是为纪念乔健先生八十寿辰。乔先生于2018年10月辞世，本章的再次刊发寄托了学生对老师的永久怀念。

第六章 《银翅》现象学的人类学?

——兼论人类学的本土化

这是一幅当年《金翅》黄村在经过半个世纪之后的《银翅》景象[1]:

> 眼望橄榄状的山谷,看到黄村农家门前、道边晾着白木耳的竹席还未收起,上面密布的白木耳层和月光相交映照,狭长的一片又一片,像无数舒展的银色翅膀。的确,黄村内外农人试验成功并推广的食用菌技术改变了地方农人的生计活动。1986 年福建省银耳产量已达 2 500 吨,现在的黄村乃至玉田的农人都靠食用菌富裕起来。昔日的金翅消失了,幸运的银翅又降落在这同一块土地上。[2]

上面这段话,出自庄孔韶的《银翅》。这样掺和了作者感受甚至文学语言的描述,在《银翅》中还有很多:

> 我也去村人家过春节、参加婚礼,我毫无特殊地坐在他们中间,随份子,吃鱼丸,喝老酒。当我离开他们的时候,我发现与我最初几个月的不同在于我已理解了他们在不同场合的谈吐、动作乃至眼神。一些信息是可以直观得到的,一些须跨越暗喻或娴熟地使用直觉才能洞悉。对于受传统文化熏陶的村人,必须通晓其集体拥有的民俗哲学与行为方式,于是他们的内心世界才能在参与观察者的思想中呈现。这是至关重要的。[3]

关于"眼神",格尔茨(C.Geertz)曾经在《文化的解释》[4](1973)中有过对"眨眼"的类似描述,透过"眨眼",可以理解它后面的"意义",理解意义的过程便是一个解释过程。在上面的"眼神"处理中,作者不是使用"解释",而是强调了"直觉"

---

[1] 《金翅》(*The Golden Wing*,1947)为林耀华先生研究福建黄村的著作,他的学生庄孔韶于半个世纪之后仍以黄村为研究对象,出版了《银翅》一书。

[2] 庄孔韶.银翅:中国的地方社会与文化变迁.台北:桂冠图书公司,1996:192.

[3] 庄孔韶.银翅:中国的地方社会与文化变迁.台北:桂冠图书公司,1996:18.

[4] Clifford Geertz.*The Interpretation of Cultures*.New York:Basic Books,1973.

的洞悉。如果引申开来,面对中国社会这个"大眼神",对其意义的理解,究竟怎样去"直觉"呢?

《银翅》的作者提出了"中国文化的直觉主义(cultural intuitionism)",作为其重要的方法论基础。他说:"这是在逻辑的、功能的、经验的、分析的、文献的及统计的等研究之外,容易忽略但十分重要的直觉观察与直觉理解的方法论。"[1]说白了,这样的直觉,其实是对至今仍然主导中国大陆人类学研究的传统功能主义方法,以及简单的因果分析、经验实证传统、缺乏田野研究的单纯文献和统计方法之局限的批评和反思。我以为,这正是《银翅》的学术魅力所在,作为一本重访《金翅》(《金翼》)之乡、以福建地方社会和文化变迁为主题的当代文化志,这也是其最值得评述的理论贡献之一。

第一节　直觉与现象人类学

20世纪70年代发展起来的现象学的人类学(phenomenological anthropology)或说现象人类学,是一种将现象学引入人类学研究的理论方法。按照《人类学百科全书》的定义:"现象学的人类学是一种涉及做文化志和文化人类学的方法,它强调意识的研究。""……现象学的人类学是这样一种方法,它可以被用于在田野研究中去'进入当地人的头脑',并理解当地人正在经历的事情。""现象学在人类学中的影响可知只是相当现代的事。尽管如此,它用于恢复文本的意义,确定在产生意识的改变状态中习惯实践的效果,发现社会互动下的一般结构;它也揭开了产生经验的精神心理学的结构,明白说出了现象学在人类学中的影响。或许,当前现象学之所以引人的理由是意识的问题,它长期被大量的自然科学话语所排除,现在被再度引进文化志的田野研究和文化人类学理论的领域。"[2]

相对于现象学进入心理学和社会学的现象心理学(phenomenological psychology)和常人方法学(ethnomethodology),现象人类学尚不成形。不过,也

[1] 庄孔韶.银翅:中国的地方社会与文化变迁.台北:桂冠图书公司,1996.

[2] Charles D. Laughlin. Phenomenological Anthropology//David Levinson, Melvin Ember eds. *Encyclopedia of Cultural Anthropology*.New York: Henry Holt and Company, 1996(3): 924-926.

有一些探索性的研究，如兰辛(S. *Lansing*)的《世界晨魔》(1974)[1]和拉比诺(P. Rabinow)的《摩洛哥田野研究反省》(1977)[2]，就是使用现象学方法于文化志中，拉比诺称自己为修正的现象学方法(modified phenomenological method)。

庄孔韶的《银翅》，并没有在现象人类学的脉络中提出他的问题。它所定义的直觉，虽然英文以 intuition 作注，其实与两个概念有关，一个是直觉 perception(常译知觉)，一个是直觉 intuition(也译直观)，它们有共通的一面，都可以在中文中译为“直觉”。不过，这里需要简单提及两者的区别：perception 是直觉或直觉的认识，偏重于强调感官身体的感知结果，以及反映事物综合与整体联系的特性。在现象学中，perception 是一个十分重要的概念，远不是上面的定义可以说清楚的。现象学中的“现象”就是一种直觉的感知结果。梅洛-庞蒂(Maurice Merleau-Ponty)的《知觉现象学》(1970)[3]和胡塞尔(Edmund G. A. Husserl)的《纯粹现象学通论》(1992)[4]等都对此有大量的讨论。Perception 可以做不同分类，如超验的知觉等。intuition 的直觉(观)，强调未经推理而得出直接认识或确切知识的行为或过程，无理性思考的直接认识，偏重于直觉的行为过程。“……现象学关乎意识研究的所有方法，它以直觉(intuition)作为洞悉的首要来源，以由此得到的关于意识的知识为基础……。”[5]Intuition 也可以做不同的分类，如感性直观和范畴直观、充分直观与不充分直观等。前者的直觉主义(perceptionism)认为知识在感性直觉面前都是相对的，即直(知)觉结果的相对“真理性”；后者的直觉主义(intuitionism)认为从直觉得来的自明真理是人类知识的基础，即直觉(观)过程的绝对“真理性”。经过上述区别，可以看到《银翅》中的直觉倾向兼顾了两者中的某些方面，但又不是完全在现象学的脉络之中。作者从直觉概念入手，又不将自己完全纳入现象学抑或现象人类学的理论脉络，而是强调中国哲学和中国民众生

[1] J. Stephen Lansing. *Evil in the Morning of the World: Phenomenological Approaches to a Balinese Community*. Ann Arbor: University of Michigan, 1996.

[2] Paul Rabinow. *Reflections on Fieldwork in Morocco*. Berkeley, Los Angeles, London: University of California Press, 1977.

[3] Maurice Merleau-Ponty. *Phenomenology of Perception*. London, Routledge, NewYork: The Humanities Press, 1970.

[4] [德]胡塞尔. 纯粹现象学通论：纯粹现象学和现象学哲学的观念. 李幼蒸，译. 北京：商务印书馆，1992.

[5] Charles D. Laughlin. Phenomenological Anthropology//David Levinson, Melvin Ember eds. *Encyclopedia of Cultural Anthropology*. New York: Henry Holt and Company, 1996(3): 924.

活中的直觉思维，使用直觉的洞悉来体验中国社会的本土事实，对此，笔者姑且把其称之为时下的“中国的现象人类学”。

其实，现象人类学从来没有在人类学中成为主流理论，这方面的作品也屈指可数。[1] 在中国大陆的人类学中，就笔者所知，这方面的文化志研究在《银翅》之前尚未出现。这一方面是因为现象学本身十分晦涩难懂，移植它到人类学中并非易事；另一方面，中国大陆的人类学尚处于一个较“瘦”的水平，包括近年来的多数文化志研究，尚未脱离传统功能主义的理论方法，这样来看，《银翅》在方法论上的尝试之勇，是难能可贵的。

作者倡导的中国文化的直觉主义，笔者以为有两点值得特别讨论，不太准确地说是两种直觉性：一个是中国社会本身的直觉性；一个是作者本身的直觉性。关于前一个方面，作者在该书的第十八章列举了“智与仁的直觉”“道德的直觉”“人伦相对性直觉”“知识分子之先觉”“隐喻与直觉”等，作者特别着意从中国哲学中理解中国文化中的直觉性，例如，他引用梁漱溟关于仁与直觉关系的话说：“人类所有的一切诸德，本无不出自此直觉，即无不出自孔子所谓仁，”“礼乐不是别的，是专门作用于感情的，它从直觉作用于我们的真生命。”[2]这种“仁的直觉”和牟宗三先生的“智的直觉”，是作者所说的“中国文化的直觉主义”的重要内容，与现象学的直觉概念不尽相同。作者还通过一些有趣的事例来说明中国文化本身的直觉性，例如，一次渔政会议的记录，内容是荷洋镇一条渔政船的下水仪式，参与者包括省、县、镇的干部，大家的发言表面上都在谈渔政，实际上却是一场利益的算计和官场的协调：“有了渔政船，毛蟹、鱼的捕捞容易管理，到八九年库区水位提高，我们镇的渔业前景更好。即使我们有更多的收益也请省里能有财政和物质支持，让渔政船发挥更大作用。是否能让我们的渔政管理范围扩大一些，比如让我们的权限扩大到杉口呢？此外，税收是否也能减少些？”镇长吴承玉说。

“自从荷洋公社改成建制镇以后，经济活跃，今年会有多少渔产？”县里来的官员林开渠把话题转了。

“五十至六十年代这里鱼产量二十万斤，后来下降，现在可达一百万斤，

[1] Thomas Barfield. *The Dictionary of Anthropology*. Oxford: Blackwell Publishers, 1997；[日]绫部恒雄.文化人类学的十五种理论.周星，译.贵阳：贵州人民出版社，1988.

[2] 梁漱溟.东西文化及其哲学.香港：太平洋图书公司，1922.

前景不错。”

“那很好，县里今年却有一百万赤字。”

“但我们仍有困难，省里县里各方支持才有一万多元，虽说我们镇的银耳很赚钱，但民富国穷。”

“县里无论如何应找些钱来发展我们的渔业，比如近年省里下来贴息贷款三万，我们镇却没份，所以有人说，现在贷款经常是越有钱越能贷，穷反而贷不上啊！”

……

“昨天省府召开会议讨论渔政工作，从1979年建渔政站已有六十个岸上干部，差不多一县两个人员编制。虽说有发展，但经费不足，比如1984年有180万，今年只有160万，仍要挤出一些给内陆的县。然而仅大小船只修理费就得六十万，所以保养船只经费来源十分困难。……仅靠上级弄点钱有时可以，有时的确困难，所以地方上应规划一下，争取自立承担渔政业务，今后再造更大的船。”省渔政负责人尚荣芳原则而谨慎地回答了地方上的请求，一些问题他避开了，但他给了地方以政策原则。[1]

作者说，这是由一系列场景对话、意识与直觉之理解、人际协调之过程组成的。“镇上的人无一不明了省里来人讲话的含义，所有与会的人都有这种贯通隐喻与直觉的能力，主要还得从渔政检查中搞一些钱养自己，发展自己，这本身就是一个可以接受的原则。同时，镇和省的初次对话基础良好，省里大体对镇的困难有所了解，何况县里也被将了一军呀！”[2]

“场景”是一个重要的概念，它并不是一个简单的客观环境，而是一个需要不断习得的动态过程。但是否中国人或者中国学者因为有对自己文化的长期的社会化，所以在场景的习得过程中就比较得心应手？这就涉及作者本身的直觉性问题。庄孔韶在论及写作与阅读的直觉与逻辑时，这样批评过往的研究：

如果中国人呈现文化的直觉及其伴随的行为未被人类学家所意识和体认，其单纯行为的“逻辑性”分析，表面上看起来环环相扣，实为偏离思维的轨迹，常见的现象是强拉文化现象与要素试图构筑逻辑论证的大厦，看起来宏

[1] 庄孔韶.银翅：中国的地方社会与文化变迁.台北：桂冠图书公司，1996：452-454.

[2] 庄孔韶.银翅：中国的地方社会与文化变迁.台北：桂冠图书公司，1996：454.

伟却是使人真伪难辨的海市蜃楼。……笔者有兴趣于西方人和中国人撰写中国社会与文化的人类学作品产生观察差别的文化思维的原因，也有兴趣于向作者和读者提出文化直觉的问题。如很流行的《陈村》中的访谈对答，你是否发现了农人和市民运用敏锐的场合性文化直觉(依群体特征、访问地点和时间等)？[1]

这里，庄孔韶特别提到“西方人”和“中国人”在中国研究上的差异，涉及了一个方法论上的要害，就是直觉与本土的关系。如果说中国学者在认识中国社会上具有优越的“场景性”，他们在对中国社会的直觉上一定强于西方学者吗？

第二节　直觉与本土

人类学的本土化是近年来在中国人类学界再度热起来的话题。我想借《银翅》引出一点讨论。本土是相对于“西土”“外土”而言的，本土化联系到中国化，简单来说，就是一个如何面对外土学科知识的问题。本土化的基本内涵之一是反对在理论(概念)和方法上一味追求西方的模型。学者们在强调本土化时，也有另外一面的强调。李亦园先生曾经说本土化的最终目的并非只是本土化而已，其最终目的仍是在建构可以适合全人类不同文化、不同民族的行为与文化理论。[2] 费孝通的《江村经济》(1986)[3]，林耀华的《金翼》(1947)[4]和庄孔韶的《银翅》(1996)[5]，可以说都是人类学本土化的杰作，费先生主张：

我们写文章，千万不要想这是什么学派，要放眼世界，放眼宇宙，自己跳出来找点路子。从人本身来找到人在这个世界里应该怎么活下去的路子。这么大的课题放在这里，一个人的脑筋不行，我们不妨来 dialogue(对话)，使人的知识多积累一点，使人更现代化一点，能接得上世界上的先进水平。但不要好高骛远，搞大跃进式的“赶英超美”，这都是骗人骗己的。我们还是扎

[1] 庄孔韶.银翅：中国的地方社会与文化变迁.台北：桂冠图书公司，1996：497-498.

[2] 李亦园.序//荣仕星，徐杰舜，主编.人类学本土化在中国.南宁：广西人民出版社，1998.

[3] 费孝通.江村经济.南京：江苏人民出版社，1986.

[4] 林耀华.金翼——中国家族制度的社会学研究.庄孔韶，林宗成，译.北京：生活·读书·新知三联书店，1989.

[5] 庄孔韶.银翅：中国的地方社会与文化变迁.台北：桂冠图书公司，1996.

扎实实地，承认自己现在还“瘦”，努力长“胖”一点，做基础工作，学习的方法不要走错路子。[1]

既然有“适应全人类不同文化、不同民族的行为与文化理论”，有“世界上的先进水平”需要我们赶超，我们还“瘦”，还要努力长“胖”一点。这就意味着人类学有一个超越中国本土的基本层面和世界的（实际上目前是以西方为代表的）水平指示。

明白了这一层，便可以说出对目前本土化热的几点忧虑：其一，“本土化”就做学问而言，本来是一件安静的、无须张扬的事情。像翻译一本洋书，本来就是一种本土化的功夫，但是它在当今过热，是否已经成为某种标签，其中渗透了狭隘的“中国主义”和“民族主义”？其二，人类学本来就是诞生于外土的，而中国人类学所面临的困境之一是对这种外土性的乏知。不知外土，何谈本土？其实骨子里，我们仍能觉出周围某些因乏知外土的“英雄气短”。其三，食洋不化，搬弄些国外的理论概念却不求甚解，形成对国外研究的浮躁炒作，这也是一种乏知外土的结果。其四，食土不化，热衷于套用国外理论，却不真正了解本土的情况，亦何谈本土化?!

用直觉的观点来看，本土化的命题变得更加复杂，甚至是一个伪命题。试想，一个西方学者进入中国做田野研究，例如，华琛夫妇(J.Watson & R.Watson)在香港新界的研究，时间先后长达数年，而许多中国学者并没有到过那里。究竟谁对那里的社会更具有直觉的体证？难道中国学者仅仅因为是“中国人”，就对那里更具有发言权吗？推而广之，一个从未到过广东的中国学者，就比在广东做过田野研究的外国学者更具有对广东地方社会的直觉洞悉吗？这些外国学者难道不是更加具有那里的本土化吗？

问题的要害是本土的界限。当我们把本土化等同于中国化，上述问题便显现出来。如果本土可以是“村本土”“乡本土”“县本土”，那么一个北京学者到福建地方做田野，同样面临一个类似外国学者到中国来的本土化问题。我自己就曾经有这样一个“阳村（本土）化”的过程。好像某些西方的理论不一定适应中国一样，从东北得到的理论也不一定适合东南。假如我与一个外国学者到福建同一个地方，

[1] 费孝通.继往开来，发展中国人类学//荣仕星，徐杰舜，主编.人类学本土化在中国.南宁：广西人民出版社，1998：12-14.

我的中国社会生活体验可能对直觉的洞悉有所帮助，但是我不一定比一个外国学者更了解他(她)去“蹲”过而我没有去过的地方。从现象人类学的观点，我们理解的也许是“黄村文化”“李乡文化”“王县文化”，未见得是“中国文化”，虽然它们属于中国文化。如果能直觉“中国文化”，那也会有诸多不同的“中国文化”被不同的直觉者直觉出来，并没有一个唯一的“中国文化”，多义性正是现象人类学的观点。

《银翅》的作者笔下是有一个“中国文化”的，他在评价了雷德菲尔德(R. Redfield)的大传统和小传统的二分模式之后说：

> 那么回过头来说，遵循什么理论架构解析中国文化呢？雷氏理论与欧洲大众文化理论都是基于一个或一类区域文化样本为基础的。因此中国文化研究的方法论应借助和发展一种适合于该文化的方法论，而不是盲目地追随某一时代某一地区流行的特定的理论。中国的文化实况是：其思想与制度体系的稳定性和长期性，以及该文化体系是世界上少有的不曾被大规模的其他文化冲击并打乱的族群文化实例，并不排除汉族地区的地方文化特点，但你总可以其变化的形式是在一个总的原则之下，整合了地方的文化要素。这是与欧洲大陆文化相当不同的历史背景。[1]

这样的类似观点，其实并非仅仅出自中国学者。换句话说，“老外”也有类似的“直觉”。例如，弗里德曼(M.Freedman)在对历史上中国宗教的研究中，认为中国的宗教应作为一个整体来研究，因为国家的扩展和政治的粘合可以论证人们中间的宗教一致性。但是他不甚同意杨庆堃的儒家一统说，而是将中国社会看成一个充满差异又充分契合的整体。宗教也参与了这种差异与契合，因此也表现为一个整体。[2] 如果西方学者也能与中国学者有同样的感受和看法，甚至他们的观点会令中国学者有茅塞顿开的启发，仅仅“中国学者”闭门讨论人类学本土化还有意义吗？世界上的“大腕”人类学者，其实多数是跨本土和跨国家的。笔者仍然坚持如下观点：本土的界限不应只是以“国家”“民族”或者“中国学者”来划分。如果那样，苏联的解体，是否意味着一个本土化突然变成了十几个本土化呢？本土化一旦只是中国化的同义语，便容易令我们自以为有某种“本土特权”。当我们明

[1] 庄孔韶.银翅：中国的地方社会与文化变迁.台北：桂冠图书公司，1996：474-475.

[2] Maurice Freedman.On the Sociological Study of Chinese Religion// Arthur Wolf ed.*Religion and Ritual in Chinese Society*.Stanford：Stanford University Press，1974：19-42.

白我们其实也是某个“村本土”“乡本土”的“老外”时，我们便会明白“本土化”“中国化”其实是一个造出来的、在某些时空中被刻意强调的命题。这也是为什么并非所有国家的人类学家都在热衷于讨论本土化或者“某国化”的原因。并不是因为那些国家的文化都与西方接近，而是中国学者有他们自己特别的学术环境和创造罢了。

从现象学的直觉观点来看，主观和客观是融为一体的东西，因此学者们并不能像韦伯(M.Weber)所说的价值无涉那样中立，他的生活经历和学术训练必然会进入直觉当中。有中国社会的生活经验会比较容易了解中国社会，但这只是相对而言，即使同为中国学者，到同一个中国村落去做田野，得到的结果也不可能完全一样。绝对而言，应该是“本土化面前人人平等”。关键不在于是否是“中国学者”，而是看他在那个本土是否“扎”得足够深。即使许多中国学者在中国的民族志研究，当地人是看不懂的，在当地人眼中，他们也是外土之人。庄孔韶在《银翅》之乡对当地人眼神的理解，不是也经过了几个月的“本土化”吗？我们并无特权。

第三节 直觉与田野研究的文化志

田野研究的文化志是人类学的看家本领。马林诺斯基(B.Malinowski)和维娜(A.Weiner)先后在太平洋的楚布兰德(Trobriand)做田野；米德(M.Mead)和弗瑞曼(D.Freeman)先后曾在萨摩亚做田野，前者后来都招致后者的批评，而从上述的现象学的观点来看，这是十分正常的。原因之一，乃因为学者其实摆脱不了自己的生活经历(因此常常产生某些偏见)和需要不断习得的场景(如学习看眼神、听出说话的道道儿和理解他人)，他们(她们)不可能使用完全相同的观看规则和分析逻辑。人类学家好像作家一样，也需要在田野中“找感觉”，需要进入当地人的文化。他们避免不了直觉。

20世纪70年代以来，传统田野研究的文化志开始不断受到人类学家的检讨，特别是面对所谓的后现代理论。现象人类学也常常被视为后现代人类学中的一支。What is real? What is truth? What is right? 成为常见的发问。拉比诺(P.Rabinow)在摩洛哥的田野中，发现他与受访者之间处于一种“互主体(inter-subjectivity)”中，他们之间不乏友谊，也相互信任，却彼此不认同对方的文化，“我们根深蒂固地是彼此的他人”。[1] 理解他们却不能像他们那样去对待现实,算是真正的明白吗?我对他的理解仅仅能达到他能理解我的程度,即是说都是部分的。不同的文化意义之网分离了我们。[2] 正如庄孔韶在一天的田野归来时抒发的如下感受:

> 万家灯火之时,我们返回荷洋。疍民小船的一端燃起了炊烟,年轻的母亲揭开了锅盖,有闽江的造物在其内,清风徐来,已知鱼之鲜美了。每逢夜间,船中央作渔人的床铺,这就是当年被贬称的“疍民”之家。[3]

闽江上的疍民,在过去是社会地位低下的受歧视人群,不能上岸居住,被称为“裸蹄”。如今他们多已经上岸定居,歧视已经成为历史。在这个晚上,当他们载着人类学家进行田野研究的时候,他们不可能去以庄孔韶的心情来直觉闽江边的万家灯火、船上的炊烟、“闽江的造物”、随风而来的鱼之美味,以及被视为“疍民”的自己。如果说人类学家的田野都有理解上的“水分”(在排除了那些不认真和粗制滥造的田野研究的意义上),人类学家怎样去写他们的文化志,人们又怎样去读文化志?还有文化志的文学化,学问和诗意之间的障碍正在文化志文学化中消除吗?

庄孔韶在《银翅》中的文化志写作手法是夹叙夹议的。有趣的是林耀华先生的《金翅》虽然属于功能分析,却以小说的体裁开启了中国文化志“文学化”的先河,其中包含直觉的手法。因为小说的语言本身不是理性的逻辑的分析论证,而是以讲故事的方式将事情用直觉的语言表达出来,中间没有直接说理,读者却可以产生直觉的共鸣,训练有素的人类学家,则可以梳理出其中的道理。英国人类学家弗思(Raymond Firth)在为《金翅》写的英文版导言中这样说道:

> 一般认为,中国妇女受到压迫,服从自己的男人和婆婆,以至于使她们几乎变成了奴隶。书中举出了相反的例子:一个自己有钱的妇女在商业中投资;妯娌们不受其丈夫的叔伯的管制,彼此斗争;由于护着儿媳妇,一个男人

[1] Paul Rabinow. *Reflections on Fieldwork in Morocco*. Berkeley, Los Angeles, London: University of California Press, 1977: 161.

[2] Paul Rabinow. *Reflections on Fieldwork in Morocco*. Berkeley, Los Angeles, London: University of California Press, 1977: 162.

[3] 庄孔韶.银翅:中国的地方社会与文化变迁.台北:桂冠图书公司,1996:17.

被他的老婆一再数落;一位儿媳竟如此凶悍,拿着刀满屋追赶自己的丈夫,并砍伤了一位前来干预的、上了年纪的亲戚的手腕。作者通过兄弟之间、叔侄之间关系的类似的描述,穿插提到违背宗族内不准通婚的原则和几乎违背同辈通婚原则的行为,表明这类违背孝道的事例决非是仅存的。[1]

一串简单的日常家庭纷争的故事,蕴含着一个对中国文化的父系和夫权原则的挑战,使我们看到了妇女在家庭中是有地位的另类“中国文化”。这是非本土的学者读出来的“料”:一个男权社会中还有很“女权”的一面。我们的本土学者对此未必都能读得出来。就感性直觉来说,我们可能比“老外”容易直感女性在家庭中的权力地位,但是就范畴直觉而言,我们未见得更有特权。

人类学家的田野研究,因为生活经历和训练不同,其实往往是用多种方法同时进行的。《金翅》用小说的体裁进行功能的分析,在最后一章“把种子埋入土里”,林先生用竹竿和橡皮的比喻,使用均衡和非均衡的概念,并以人体作比。比起刻意用一套晦涩的术语的“写”,给人们以更多“读”的空间。《银翅》的作者也是一位人类学诗人,已经用中英文出版过人类学诗集。[2] 他在《银翅》中掺入了不少诗情画意:

喜遂还乡志,优游不计程;只柑及斗酒,远处听鹂声。

这是我在车上想起的我最喜欢的一首诗,作者是五代南唐的玉田人余仁春。古人以出游远行,携酒听鹂作为暂别尘嚣、排除狭隘意识、捕捉作诗灵气和真义的好办法。人类学的田野工作绝无这般悠闲,但他们同是在寻找一个新鲜的别一番世界,去发现自己的灵气和真义。[3]

融入了文学语言和作者感情甚至道德的民族志,在现象人类学中,是建立在“文化是解释的”基础上的。拉比诺在摩洛哥的田野中,继承他的导师格尔兹(C. Geertz)的观点,认为人类学的“事实”和人类学家的田野资料总是他们自己的解释。事实是被人类学家在解释中创造和再创造出来的,它对人类学家和当地人是

[1] [英]弗思(Raymond Firth).英文版导言//林耀华.金翼——中国家族制度的社会学研究.庄孔韶,林宗成,译.北京:生活·读书·新知三联书店,1989.

[2] 庄孔韶.中美文化背景下的人类学诗.民族艺术,1998(4):159-162.

[3] 庄孔韶.银翅:中国的地方社会与文化变迁.台北:桂冠图书公司,1996:5-6.

两样的事实。[1]《银翅》中的直觉，也可以说是一种解释性的直觉。

如果细细品读《银翅》，发现很多分析还是运用了传统的、逻辑的、经验实证的方法，换句话说，作者并不是一个“彻底的”现象人类学家。其实，人类学家无须顾及或宣称自己的理论标签，作者运用多种方法于文化志中，恰恰说明了人们日常思维的多面性。一个人不可能仅仅靠直觉或者仅仅靠思辨的逻辑去生活，人类学家写文化志也可以不拘于某种定式，这正是现象学的精神。何况，作者主要是从中国哲学中汲取“直觉”的养分，并非一定要削其“足”适现象学之“履”。

《银翅》的另一个“不足”是“问题意识”不明显。不过现象学倒是多少要消抹这类问题意识的。因为现象人类学家的解释既然不“真”，不唯一，事实包含了他们解释的创造和再创造，他们回答的问题自然也是不“真”的，是比较不可以去强求问题的唯一和固定答案的。不过，庄孔韶作为一个不太“彻底”的现象人类学家，是很想回答真问题，发现田野中的“真义”的。在这个意义上，《银翅》其实有问题意识，那就是理解《金翅》黄村从 20 年代到 90 年代的社会文化变迁。只是对这个问题，作者讲了许多故事，除了他自己的解释，诸多回答已经留给“多义性”的读者们去品读了。

无论如何，《银翅》是一本十分值得推荐给读者的人类学文化志研究，特别是当你慢慢细读时，本章几乎没有提及的丰富内容会给我们身临其境的感受和启发。需要说明的是，这些丰富内容已经有文章做过评述，[2]避免了我在这里重复。其中如“准—组合家庭”“反观法”“不浪费的人类学”[3]等新的观点以及融入了历史维度和大中国观看视野的资料“交响”，是该书的精彩所在；而现象人类学还有许多值得借《银翅》提及的问题，因为篇幅这里只能搁笔。不过，《银翅》的确为当代的中国人类学研究写下了浓重的一笔，可以令我们有信心去扎扎实实地努力长“胖”一点，使中国的人类学尽快接近“世界水平”。

---

[1] Paul Rabinow. *Reflections on Fieldwork in Morocco*. Berkeley, Los Angeles, London: University of California Press, 1977: 150-151.

[2] 胡鸿保.读解《银翅》.民族艺术，1999(4)：177-184.周泓.银翅：人类学方法论新探.广西民族学院学报(哲学社会科学版)，2000(1).

[3] 庄孔韶.今日人类学的思路与实践——《银翅》简体字版序.民族艺术，1999(2).

第三部分 “文”言宗族

中国的宗族(lineage，也包括家族 family、氏族 clan)制度，是中国社会中十分有特色的“亲属制度(kinship)”，它不同于非洲的世系制度。[1] 西方的世系理论(Lineage Theory)自普利查德(E.Evans-Pritchard)的《努尔人》(*The Nuer*，1940) [2] 和福特斯(M.Fortes)的《塔伦西人氏族的动力学》(*The Dynamics of Clanship among the Tallensi*，1945) [3]开始，盛行于 20 世纪 40—60 年代。西方世系理论多研究非洲和太平洋岛屿等部族社会，不完全适合于对中国社会的理解。

在中国几千年的社会文化演变中，宗族的形态并不是连续的，甚至有着十分不同的含义。这是因为中国社会中的“宗族”一直具有强烈的社会嵌入性，因而在不同的社会文化结构中扮演着不同的角色，具有不同的功能，被赋予不同的文化意义。

就人类学亲属制度的一般理论而言，宗族是一种亲属制度中的继嗣群体(descent group，宗祧群体)。这种从亲属制度角度的界定其实只是对宗族表面或者形式的理解，可以称之为宗族的“形式论”。形式论的宗族观点局限于在亲属制度和亲属关系的结构中理解宗族，虽然有广泛的要素和功能方面的分析，却摆脱

---

[1] “宗族”和“世系”的英文均为 lineage，但中国的宗族与非洲的世系制度不能等同。若仅用“世系”一词指中国本土的现象，如王室的“世系表”，则其与宗族概念类同。家族的英文通常为 family，显然不能区分出中文家庭与家族的区别，这是其用词的局限。氏族译 clan 一般无异议，有人将 clan 翻译回中文时译为宗族，似不妥。

[2] [英] 埃文思-普里查德.努尔人——对尼罗河畔一个人群的生活方式和政治制度的描述.褚建芳，阎书昌，赵旭东，译.北京：华夏出版社，2002.

[3] Fortes，Meyer.*The Dynamics of Clanship among the Tallensi—Being the first part of an analysis of the social structure of a Trans-Volta tribe*.London：Oxford University Press，1945.

不了基于亲属制度的实体思维。宗族的“实质论”与之不同，认为宗族的发生、存在和演变是一个嵌入社会文化生活实践的过程。即把宗族放在活生生的、具有历史文化脉络的文化实践中，理解其发生、存在和演变的逻辑。其中，最具有代表性的宗族“实质论”观点来自华南研究，如理解“宗族作为文化的创造”。实质论的观点强调：①社会嵌入性。即宗族是社会和文化的产物，而不是简单的亲属制度和亲属关系。亲属关系常常是为其他社会关系“服务”的。②文化实践的观点。认为宗族是一种文化的创造，依据不同的时空和权力，宗族作为文化手段，会有不同的文化创造，被赋予不同的文化意义，产生不同的形态。自然血脉的深层是文化的血脉。

由此，可以理解宗族的亲属关系基础只是表面的、形式的，理解为什么历史上的宗族是形态各异的，为什么人们可以虚构族谱和编造祖先，为什么宗族曾经长期不在基层社会，为什么有时候不遵守继嗣原则，不同姓氏的人为什么可以共同建立祠堂，为什么有国家意识形态和儒家文化渗透于宗族，为什么宗族在历史上不是一个连续的过程，为什么宗族在近代会成为革命的对象被人们抛弃，等等。同理，我们才会理解宗族在 20 世纪 80 年代以来的“复兴”，之所以发生在没有土地、族产甚至祠堂的情况下，发生在妇女地位提高、家庭核心化等不利于传统宗族规范的情况下，并不是因为改革开放的功能需求，而是一种文化实践的结果：宗族作为一种文化手段和文化资本，作为一种权力资源，作为一个改变人们空间位置的舞台，作为一种集体记忆和文化象征的建制，在国家、地方和个人的文化实践中生产出来。

本部分的三章是笔者华南宗族研究的一点心得，主要从宗族研究的本土化视角，围绕华南宗族研究展开三个理论对话。

第一个对话是关于中国社会结构中的“水波差序格局”，这一理论虽然部分地表达了中国社会结构的某种一般性，但是从华南宗族的研究中发现，围绕从家（家庭/家族）到族（宗族/氏族）再到国族的水波展开的差序格局，并非是中国历史中的恒常结构，而是明清以后华南宗族文化创造的结果。事实上，华南宗族既非家庭自然的血缘延伸，也非处于稳定的差序格局之中。例如，宗族在晚清就开始衰落，却未对这一差序格局链条的两端——家庭和国族产生任何负面影响，反而是在家庭革命和民族国家的呼声中，宗族成为革命的对象。由此，本书提出了不同于“水波差序格局”的“驻波差序格局”之理论思考。

第二个对话是从宗族研究的“国家范式”——即“革命范式”“边陲范式”和“文化范式”，与弗里德曼(M.Freedman)关于华南宗族“边陲说”的理论展开对话，检讨了这一理论由于缺少文化视角和历史视角，误将中心理解为边陲，进而提出了“中心说”的理论观点。

第三个对话是检讨和思考“韦伯命题”，即认为中国的宗族等亲属纽带阻碍了中国资本主义的发展。从华南宗族的历史研究中，可见家族和宗族经济一直是中国社会重要的经济形态，既具有“亲缘资本主义”的一面，又具有“亲缘社会主义”的一面，它带来了中国直到18世纪之前的经济繁荣。事实上，这些经济成就并非是中国历史上并不存在的“资本主义”或“社会主义”所为之，而是一种可以称之为“家宗文化经济”的经济形态起着重要的作用。

上面三个理论对话，也是通过中国宗族研究与国内外学界的一种回到“宗族本土”的学术本土化对话。换句话说，即便是中国学者，也可能因为不了解中国宗族的不同地域历史和文化，而产生对中国宗族的误解。

下面是具体各章的主要内容：

第七章，“宗族与差序格局”。本章主要探讨宗族的“差序格局”这一理论模式的局限性，指出宗族的差序格局只是一个在明清围绕宗族建构起来的图像，并非中国社会历史上的恒常现象。第一，早期的宗族以《尔雅》为蓝本，有所谓“父之党为宗族”，它并不是家庭以血缘自然延伸的结果，只是以父亲为中心的一个血缘亲属群体。第二，历史上如南北朝的世家大族、唐代的皇家世系、北宋的义族，都不是家庭或家族的自然扩展，而是围绕身份、地位、功名、产业(义庄土地)等建立起来的。第三，明清华南的宗族文化创造，也不是个人和家庭或家族的自然扩展，而是把宗族作为文化资源的文化创造。所谓宗族的“差序格局”，是由这个时期依据“文化血缘”的宗族建构，并非是依据血缘关系的自然扩展。由此，笔者提出了相对于“水波差序格局”的“驻波差序格局”观点，通过这一对话希望指出，宗族作为一种血缘群体，之所以在中国社会中经久不衰，而不是像世界上一些地区的血缘群体早就让位于业缘群体的状况，主要原因在于中国宗族的“文化血缘”及其与国家、地方社会、士大夫、百姓的共主体的文化实践。

第八章，“宗族研究的‘国家范式’”。本章主要分为三个阶段：①晚清到民国反对宗法社会的“革命范式”；②弗里德曼在“国家与社会”的二分模式下提出的“边陲说”及“边陲范式”；③以华南研究为代表的“文化范式”。即今天在华南地域看到的宗族，与明清时期华南地区的宗族文化创造有着直接的关系，其渊源可以上溯至宋代的“文治复兴”。由此，一方面，反思了以革命、现代化等标准界定的宗族研究范式及其危机；另一方面，笔者对弗里德曼的“边陲说”提出了批评，该观点认为闽粤地区之所以有大宗族，是因为远离国家的缘故。笔者提出相反的“中心说”认为，闽粤及华南地区之所以有大宗族，主要原因恰恰是华南在宋代及以后成为国家的政治和文化中心。也因此，才有了明代大规模的宗族创造。换句话说，这一造宗族的运动一方面来自南宋以后国家政治和文化中心的南移；另一方面更为重要的是，来自宋代的“文治复兴”。这是一场儒家士大夫“得君行道”，企图推行他们的“道统”于社会治理的运动。而围绕宗族和祠堂的礼制变革，正是这场运动的主要特点之一。由此，这场造宗族的运动不是发生在远离中央的地方，而恰恰是发生在国家的文化中心。

第九章，“‘韦伯命题’与‘家宗文化经济’”。本章讨论的是“韦伯命题”与宗族研究的范式危机。著名社会学家韦伯(M.Weber)是与涂尔干和马克思齐名的三大古典社会学导师，尤其注重“文化”的作用，这也是他著名的《新教伦理与资本主义精神》的方法论精髓。韦伯并不精通中国社会，但是以上述的同样思维模式，在《儒教与道教》一书中提出中国没有发展出来资本主义的反证：中国之所以没有发展为资本主义，是因为中国没有新教伦理，只有与国家政治密切相关的儒教与道教。其实，韦伯是最早提出中国早有“资本主义萌芽”的学者之一，但是在他看来，中国却没有发展出资本主义，原因之一来自如下的“韦伯命题”——即宗族纽带阻碍了中国资本主义的发展。对此，笔者提出了不同的看法，指出在中国社会中，宗族并非简单的传统亲属制度。作为一种动态的不断适应社会演变的组织形态，它可以跨越不同的社会。简单以文化进化论的观点来指涉中国社会历史上的宗族为封建落后的表征，以此判断中国社会落后的原因，乃是韦伯的一种文化误解。现实中，“亚洲四小龙”的现代化之路，恰恰是在家族企业的基础上得到长足发展的，葛希芝(Hill Gates)论证了这一“千年小资本主义”的经济社会形态。为此，笔者提出了不同于西方“业缘资本主义”的亚洲“亲缘资本主义”发展形态，并以“家宗文化经济”来理解中国家族和宗族经济与市场经济的高度吻合。

第七章 宗族与差序格局

本章主要通过宗族的历史形态和在明清时期华南的宗族创造，指出以华南宗族为代表的基层社会的宗族现象并非中国社会历史上的恒常现象，由家到族的差序格局也只是一个明清围绕宗族建构起来的“家-族”图像。历史早期的宗族以《尔雅·释亲》为蓝本，有所谓“父之党为宗族”。并不是个人以血缘自然延伸的结果，只是以己身之父亲为中心的一个血缘亲属群体，并行的还有四个婚姻亲属群体，即母党、妻党、婚党和姻党。也就是说，以己身为中心，周围是五个亲属群体，宗族只是亲属群体之一，并不是个人或者家族的扩展。

历史上如南北朝的世家大族、唐代的皇家世系、北宋的义族，都不是家庭或家族的自然扩展，而是围绕身份、地位、功名、产业(义庄土地)等建立起来的。明清华南的宗族文化创造，也不是个人和家庭或家族的自然扩展，而是把宗族作为文化资源的文化创造。由此，可以思考“宗族”于中国社会的存在意义，思考“宗族与国家”的论题，指出表面上宗族作为一种血缘群体，之所以在中国社会中经久不衰，而不是像世界上一些地区的血缘群体早就让位于业缘群体的状况，主要原因在于中国宗族的“文化血缘”及其与国家、地方社会、士大夫、百姓的共主体的文化实践。

第一节 宗族的早期历史形态[1]

宗族的早期形态与近代很不相同。“宗族”概念最早的系统解释出自《尔雅·释亲》，对于《尔雅》成书的年代，说法不一，一般认为大约是在战国至西汉，由一批儒生陆续汇集编纂，是我国最早的解释词义的专著，反映了当时和以前的社会和语言。《尔雅·释亲》中说“父之党为宗族”，并详细列举了43类宗族成员，包括己身的下七代孙，高曾祖祢的上四代男女祖先，相应的高曾祖祢上四代王姑，伯父伯

[1] 参见张小军.家与宗族结构关系的再思考，中国家庭及其伦理.台湾：汉学研究，1999.

母、叔父叔母、姐妹、从祖姑、族祖姑和族祖王母、族昆弟等。石磊先生曾经围绕父党、母党、妻党这些以父亲、母亲和妻子为中心的亲属群体进行过分析。[1]

按照《尔雅·释亲》的界定,宗族(父党)相对于己身,与母党、妻党和婚党、姻党同为己身的近亲群体。《尔雅·释亲》解释了宗族、母党、妻党和婚党、姻党五种“亲”,其中“父之党为宗族”,“妇之父为婚”,“婿之父为姻”,“妇之党为婚兄弟”,“婿之党为姻兄弟”,“母与妻之党为兄弟”。从现在的亲属关系观点来看,当时的家庭有两个层面:己身和子女是核心的家庭成员,他们只能通过父、母、妻、妇(媳妇)、婿来建立亲属关系;父、母、妻、妇、婿是携带了其他亲属关系的家庭成员,他们各有其党。其中父党是血亲,称宗族。其他四个分别是父亲、己身和子、女的姻亲,即母党、妻党、婚党和姻党,均称“兄弟”。特别值得注意的是,按照《尔雅注疏校勘记》,在唐石经单疏本中,说宗族“此题同在昆弟也”。昆为兄,说明宗族也有当“兄弟”看待,上述原来是五个可称“兄弟”的近亲群体,宗族相对己身,不是宗祧或者继嗣群体,这是与近代宗族的基本区别。早在西周,兄弟的兄统关系在宗统关系中就十分重要,甚至皇帝的身份也常常有先传兄,后传子的情形。

按照《尔雅·释亲》复原的宗族的范围,是一个环绕己身“家庭”的亲属体系(见图 7-1 和图 7-2)。所谓不对称,是相对于人们常说的五服关系。这一宗族体系有几个特点:

<table>
<tr><td></td><td>父党(宗族)</td><td>母党(兄弟)</td><td></td></tr>
<tr><td rowspan="2">(婚兄弟)
婚党</td><td>己身</td><td>妻党(兄弟)</td><td rowspan="2">(姻兄弟)
姻党</td></tr>
<tr><td>子</td><td>女</td></tr>
</table>

图 7-1 《尔雅·释亲》中的五个近亲群体

第一,以父为核心。这里与近世宗族的重要不同是,近世宗族的核心不是父亲,通常是一个得到公认的一世肇基祖,并且包括了己身在内。因此,中国历史上的宗族,并不是一个连续的制度和形态;甚至在某些形态下,不符合宗族应该遵守的继嗣原则。例如,早期的宗族曾经是一个近亲群体,有血缘但是非继嗣(宗祧)。

[1] 石磊.从尔雅到礼记——试论我国古代亲属制度的演变.“中央研究院”第二届国际汉学会议论文集(民俗与文化组),1989:128.

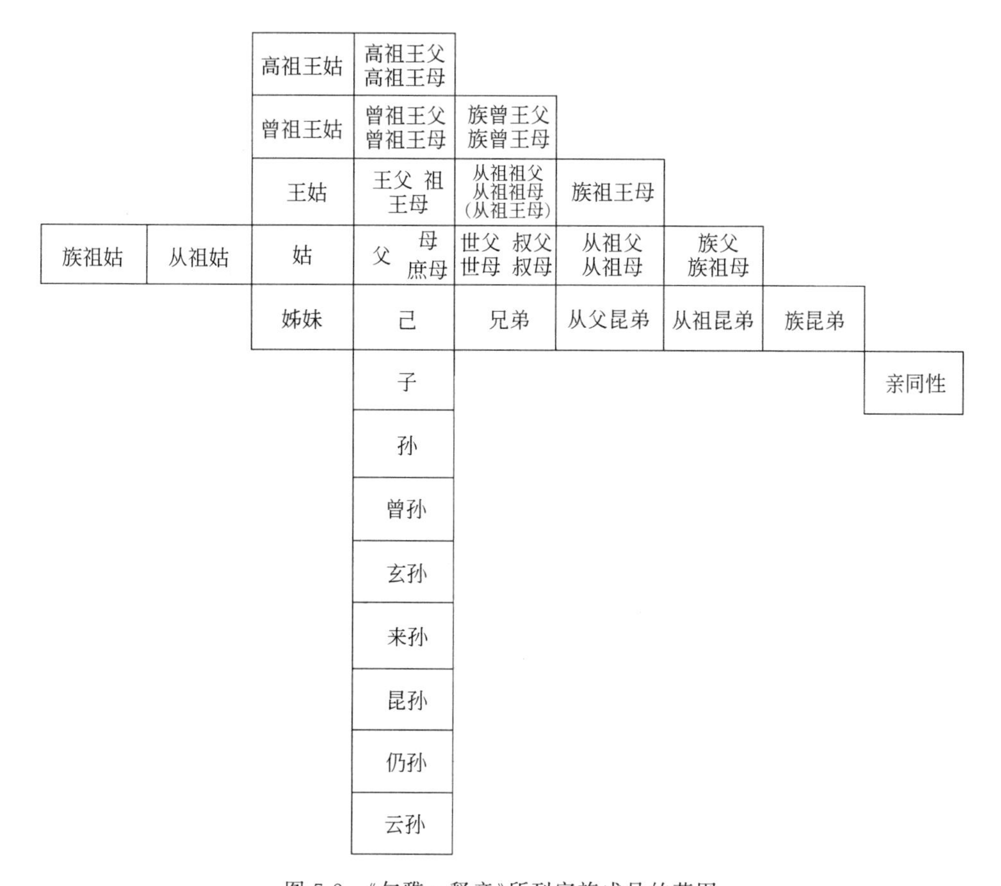

图 7-2 《尔雅·释亲》所列宗族成员的范围

第二,宗族不包括己身和子女,是家的近亲而不是家的扩展。《尔雅注疏》说宗族“此别同宗亲族”。宗族是己身的近亲群体,核心是父亲,所以有“父之党为宗族”;而同宗亲族是己身的族亲,核心不是父亲。这样的宗族,还不是一个继嗣群体。

第三,从姐妹、姑、王姑、曾祖王姑到高祖王姑,以及从祖姑、族祖姑和族祖王母的单列,说明妇女也可独立作为宗族成员,而近代宗族的规范是妇女一般不能独立上谱,必须随其夫进入宗族。其中从祖王母和族祖王母当是异姓女性,也入宗族,与后来的宗族观念大相径庭。

第四,由己身上溯四代的祖先不仅有男性的由父至高祖,还并列有女性的四代祖先,包括王母和王姑两个系列,即由母(还包括庶母)到高祖王母,以及从姑到高祖王姑。在宗族这个血缘的近亲群体中，姑姑系列（也是一种姐妹系列）代表的女性之作用是相当重要的。

第五，“宗族”可以通称于母党和妻党等。芮逸夫在论及《尔雅·释亲》的九族观时也提到母、妻、妇有其宗族。[1]《后汉书·光武十二》说：“十一月丁丑，汉护军将军高午刺述洞胸，其夜死。明日，汉入屠蜀城，诛述大将公孙晃、延岑等，所杀数万人，夷灭述妻宗族万余人以上。”正因为早期的宗族是近亲群体，因此，在战争中，常常成为战争群体。夷宗灭族，是当时流行的行为。《汉书》中颜师古注曰：“夷者，平也，谓尽平其家室宗族。”这里的家室不属于宗族，宗族只是家的近亲，所以两者分开称呼。

第六，一个人可以同时成为多个宗族之成员，因为宗族虽然不包括己身，却包含父亲之下的兄弟关系，即己身的兄弟、从兄弟、族兄弟都是宗族成员，己身也是其兄弟的宗族成员，他们互为对方的宗族成员。如此的关系在有权力的大族中加以扩展，形成了彼此的兄弟宗族。宗族的扩展当时主要是国家之大族借同宗近亲（甚至不一定有血缘关系）聚合的兄弟宗族，是近亲兄弟间横向的扩展。

汉代是宗族形态的一个转变时期，当时的平民家庭与宗族并没有整合。与国家关系密切的世家大族和平民小家庭是在两个不同的层面运作的。许倬云曾经论及汉代家庭的大小：“由于秦人遗风及秦律遗留的限制，西汉大约以小家庭，即核心家庭为多……逮及东汉，因为汉世风俗的渐以儒家思想为依据，逐渐有奉父母同居为主干家庭。曹魏以户为课税对象，又无‘异子之科’，家庭自然又更大了。”[2]

国家对宗族的制度化可见于北魏的宗主督护制，主要在北方河北和山西等地实行“立宗主，主督护”，即以宗主同时行使督护（方镇属官）。后来宗族势力增强，怕其冲击国家，又改变以地缘的三长制代替血缘的宗主督护制，即五家为邻，五邻为里，五里为党，邻、里、党各置一长[3]。有趣之处在于，取代宗主督护制的三长制，仍像《周礼》所述，是以家为单位的。反映出家在不同制度整合之下的灵活性。

自魏、晋、南北朝以降，小家庭几乎成为趋势。张国刚曾从唐代 5 000 多方墓

---

[1] 芮逸夫.九族制与尔雅释亲.“中央研究院”历史语言研究所集刊，1950(22)：209-231.

[2] 许倬云.汉代家庭的大小：庆祝李济先生七十岁论文集(下册).台湾：清华学报社印行.1967：805.

[3] 冯尔康.中国宗族社会.杭州：浙江人民出版社，1994.

志中，找到661户家庭生育资料进行分析，发现唐代家庭子女生育数平均不足5个。认为唐代各时期户均人口数的整体趋势维持在5.5～6.9人之间。[1] 芮逸夫认为，近世的父、子、兄弟同居共财的中国家族模式始于唐律，而“自魏、晋、南北朝至隋，除少数士、大夫之家，尚保持父、子、兄、弟传统的大家庭制外，大多数的家不但是兄弟异居，父、子也多殊产，世风所趋，显然是以小家庭为归的”。宋代以后多采用唐律规定的“诸祖父母、父母在，而子、孙别籍异财者，徒三年”等鼓励“同籍共居，以敦风俗”的律令，“形成了千余年来父、子、兄弟同居共财的中国家族模式”。[2] 律令规定之严格，正说明当时兄弟异居的普遍。顾炎武在《日知录》中引述说：“宋孝建中(454—456)，中军府录事参军周殷启曰：今士大夫，父母在而兄弟异居，累十家而七；庶人父子殊产，八家而五……魏书裴植传云：……各别资财，同居异灶，一门数灶，盖亦染江南之俗也。”

《中国人口史》整理出从汉至明的户均人口资料如下：西汉元始二年4.87人，西晋太康元年6.57人，隋大业二年5.17人，唐天宝十四年5.94人，宋大观三年2.24人，元至元廿七年4.46人，明永乐元年5.83人。北宋徽宗时，户均人口只有2.24人，远非大家族规模。虽然户不等于家，但是如此低的户均人口仍然是个悬念。王育民认为主要和当时的赋税制度有关，因为当时的赋税政策是“先富后贫”，越上等户田税越重。虽然政府沿用唐律限制析户，但是大户常常“诡名子户”，即一上等户析成多个子户，将田分散，以逃避赋税，结果户数虚增。另一种是“诡名挟佃”，即主户中一些非品官的地主假佃户之名，寄托于减免徭役的官户，以避徭役，致使漏户漏口，加上许多客户的游移，也使户口登记有大量漏口。[3] 这些说明了赋税制度对家庭规模之影响。苏基朗曾经详细评述论证了“丁口税”，认为当时的口为丁口，即只是男丁的数字，实际的户均人口还是在5人上下。[4] 此外，宋代的战乱和人口迁移也是家庭不稳定和破碎的重要原因。

宋代一批士大夫提倡重建宗族，目的是为了重建国家秩序。张载曾说：“造宅一区，及其所有，既死则众子分裂，未几荡尽，则家遂不存；如此则家且不能保，又安能保国家?”他因此主张“立宗子法”，“以管摄天下人心，收宗族，厚风俗”。

[1] 张国刚.唐代家庭与社会.中华书局，2014：3-5.

[2] 芮逸夫.中国家制的演变.中国民族及其文化论稿.台北：艺文印书馆，1972.

[3] 王育民.中国人口史.南京：江苏人民出版社，1995：277-297.

[4] 苏基朗.宋代一户两口之谜——十年来有关研究的回顾.新史学，1995.6(2)：163-188.

“严宗庙，合族属。”上述说法，明显主张用宗族整合家，以防家的分裂。国家是无数小家组成的大家，以宗族的方式整合起来才能保国家。程颐则从伦理整合的角度认为，“若宗子立法，则人知尊祖重本，人既重本，则朝廷之势自尊”。这些士大夫都把宗族、宗法之事与国家联系起来，没有这样一个宗族“前结构”的发生过程，后来的所谓“中国家制模式”不可能建立起来。

第二节　家庭、家族与宗族关系

家庭、家族和宗族的关系，在不同的地区，因为不同的历史文化原因而有所不同。在实际中，“家族”具有某种双依的特点：有时与家庭混称，有时与宗族混称。但是有一点是共同的，即大部分的宗族都不是家庭的自然扩展。

20 世纪 20—40 年代是中国宗族研究的早期阶段，主要偏重于对继嗣性亲属宗族的研究；方法上主要受拉德克里夫-布朗(A.Radcliffe-Brown)的结构功能分析之影响，并重视单线宗祧群体(descent group，也译为继嗣群体)。林耀华[1]、葛学溥(D.Kulp)[2]、胡先缙[3]等人的研究侧重于亲属制度及其继嗣原理和亲属称谓等方面，并开始注意到宗族的多元社会功能。到了 60 年代，晚近的宗族理论开始跳出单纯的宗祧群体研究范式，正如利奇(E.Leach)所说：“亲属群体不是一件东西。宗祧与姻亲是财产关系的表达。”[4]

形式论的宗族分析主要体现为要素的功能观点，强调某一要素对于宗族的重要性。比如，土地、族产、边陲社会、自保[5]，地区的富有[6]，祭祀公业系谱[7]，

[1] 林耀华.金翼.庄孔韶，林宗成，译.北京：生活・读书・新知三联书店，1989/1947；林耀华.义序的宗族研究.北京：生活・读书・新知三联书店，2000/1935.

[2] Kulp，Daniel.*Country Life in South China*.New York：Columbia University Press，1925.

[3] Hu，Hsien-chin. *The Common Descent Group in China and Its Function*.New York：The Viking Fund，Inc，1948.

[4] Leach，Edmund R.*Pul Eliya：a Village in Ceylon*.Cambridge：Cambridge University Press，1961：9.

[5] Freedman，Maurice.*Lineage Organization in Southeastern China*.London：Athlone Press，1958.

[6] Potter，S.& Potter，J.Land and Lineage in Traditional China//*Family and Kinship in Chinese Society*. M.Freedman(ed.).Stanford：Stanford University Press，1970.

[7] 庄英章.台湾汉人宗族发展的若干问题.“中央研究院”民族研究所集刊，1974(36)；庄英章.台湾宗族组织的形成及其特性//香港中文大学社会科学院.现代化与中国文化研讨会论文汇编，1985.

祖先崇拜[1],系谱[2],地缘[3],亲属团体的扩大[4],族产[5]等,均成为宗族立论的重要依据。许烺光讨论过宗族的十几个要素,包括族产、土地、系谱、祭祖、祠堂,等等,他认为中国的宗族(使用“clan”一词)十分符合默达克(G.Murdock)的定义,即符合单系继嗣法则、有统一的居住方式和显示出实际上的社会结合。[6] 华琛(James Watson)认为宗族是“以共财而非仅仅土地为基础紧密联结的宗祧群体。一个宗族就是一个社会会团体(corporation)”。[7]

弗里德曼强调宗族组织及其中心社会功能,主张研究不同时空下“从 A 到 Z”排列的不同宗族模式,其研究传统影响至今。宗族的实体要素功能分析是一种不可少的研究方法,并无可厚非,但是在解释上确实有其局限性,例如,在如何看待20 世纪 80 年代大陆的宗族“复兴”上,其分析就显得无力了。因为就复兴的宗族而言,传统宗族的土地、族产、自保、边陲社会、地缘等等因素,都不是其复兴的缘由与契机,过去于宗族十分重要的族田现在也根本不存在。然而的确出现了一个宗族复兴热潮,其原因何在?

陈其南曾强调系谱观念于宗族的重要性,借此批评弗里德曼过于功能化的宗族观点。[8] 李亦园先生动态地指出了家族及其仪式中的亲子、世系和权力关系,而祭祖仪式的变迁,其实是根据上述基本构成的原则在做弹性的运用。[9] 对于宗族的形成,吴燕和强调了文化价值的传承和社会化,同时指出亲族群体是一个具

---

[1][9] 李亦园.中国家族与其仪式.“中央研究院”民族学研究所集刊,1985.

[2] Morton Fried.Clan and Lineage: How to Tell Them Apart and Why-with Special Reference to Chinese Society.*Bulletin of the Institute of Ethnology, Academia Sinica*.1970(29):11-36.陈其南.家族与社会——台湾与中国社会研究的基础理念.台北:联经出版事业有限公司,1990;陈其南.汉人宗族制度的研究.台湾大学考古人类学刊(第 47 期),1991.

[3] 王崧兴.汉人的家族制试论——“有关系,无组织”的社会//“中央研究院”编印:“中央研究院”第二届汉学会议论文集,1989:271-272.

[4] 芮逸夫.中国家制的演变.中国民族及其文化论稿.台北:艺文印书馆,1972.

[5] [日]清水盛光.中国祖产制度考.台北:中华文化出版事业委员会,1949.

[6] [美]许烺光.宗族、种族、俱乐部.北京:华夏出版社,1990.原文见:Hsu, Francis L.K.(许烺光).*Clan, Caste, and Club*.Princeton, N.J.: D.Van Nostrand Company, Inc.,1963.

[7] Watson, James. Anthropological Overview: The Development of Chinese Descent Groups// Kinship Organization in Late Imperial China 1000-1940.(eds.)by P. Ebrey & J. Watson. London: University California Press, 1986: 5.

[8] 陈其南.汉人宗族制度的研究.台湾大学考古人类学刊(第 47 期),1991.

有伸缩性的概念。[1] 黄树民则强调社会文化习俗的沿袭。[2] 这些理论注意到文化的“象征体系”对于宗族的重要性，并因此看到了宗族具有某些弹性原则和伸缩性的结构。

象征人类学家施奈德(D.Schneider)对形式论的亲属制度观点曾经批评道，涂尔干(E.Durkheim)认为亲属制度、经济、政治都具有客观真实的基础，是社会……这是不对的。象征意义是渗透于整个社会之中的，包括亲属制度。[3] 同一制度安排可能使用不同的符号象征(如宗族在不同地方可能有不同的象征秩序)，相同的象征意义又可能出现在不同的制度安排中(如祖先崇拜在宗族、宗教和家庭教育中的出现)。像“父亲”这一文化单元，包括了亲属关系、性角色、宗教等不同的文化成分，是个混合物(conglomerate)。[4] 他甚至认为从文化分析的角度来看，亲属关系(kinship，也译为亲属制度)不是恰当的研究单位，文化的亲属关系不能简单还原为实体的亲属组织。萨林斯(M.Sahlins)在其《亲属关系是什么，不是什么》中，也曾强调以“文化秩序”的实践视角来理解亲属制度。[5] 简单来说，有关亲属制度的诸多要素，包括血缘、婚姻、家庭、亲属分类、亲属称谓，等等，在不同年代、不同地域和不同人群的文化中，会以不同的文化方式组织起来，也会因为文化的原因而兴衰与生消。

上面的宗族文化和象征视角对于理解中国的亲属制度十分重要。国学大师陈寅恪先生在《唐代政治史述论稿》中讨论李唐世系时，早就指出其攀附、伪托之实：“据可信之材料，依常识之判断，李唐先世若非赵郡李氏之‘破落户’，即是赵郡李氏之‘假冒牌’。”他从《朱子语类》中“唐源流出于夷狄，故闺门失礼之事不以为异”开始拷问，针对唐代武则天(太宗才女，高宗妻)和杨贵妃(李亨妻，玄宗隆基妃)的父子同妻的乱伦现象，指出唐高祖李渊之母独孤氏、唐太宗李世民之母窦氏(李渊妻)、唐高宗李治之母长孙氏(李世民妻)均为胡人。“故李唐皇室之女系母

---

[1] [美]吴燕和.中国宗族之发展与其兴衰的条件.“中央研究院”民族研究所集刊，1985.

[2] 黄树民.从早期大甲地区的开拓看台湾汉人社会组织的发展.中国的民族、社会与文化.台北：食货出版社，1981.

[3] Schneider，D.*Notes Toward a Theory of Culture*.//Meaning in Anthropology，K.Basso & H. Selby (eds.).Albuquerque：University of New Mexico Press，1976：207-208.

[4] D.Schneider.*Notes Toward a Theory of Culture*.//Meaning in Anthropology，K.Basso & H. Selby (eds.).Albuquerque：University of New Mexico Press，1976：216.

[5] [美]马歇尔·萨林斯.亲属关系是什么，不是什么.陈波，译.北京：商务印书馆，2018.

统杂有胡族血胤，世所共知。”唐代的中央政权格局是，洛阳周围汉化深，周边六镇胡化深，以政治形成族群格局。“在北朝时代文化较血统尤为重要。凡汉化之人即为汉人，胡化之人即为胡人，其血统如何，在所不论。”李唐改姓改籍早在隋代，宇文泰割据关、陇鲜卑六镇地区，为求精神统一，改易氏族。李氏先祖为有功汉将，赐胡姓大野，凡李唐改其赵郡郡望为陇西，伪托西凉李暠之嫡裔及称家于武川。[1] 陈先生“文化较血统尤为重要”的说法，正是宗族实质论和文化论的先驱观点。

综上所述，不同的观点和方法论，可以引出不同的“宗族”理解。而不同的宗族理解，直接影响我们对中国社会的分析结论。过往的宗族理论，无论采用何种方法论，即无论是功能的、结构的、象征的、认知的，还是要素的和过程的分析，等等，也无论是形式论还是实质论，都有其长处，它们是不同的观察角度，可相互取长补短。但是，从上面的宗族生成的观点中，几乎看不到有关宗族是由家庭或者“家”依血缘自然生成的论述。那么，家与宗族究竟有何关系呢？

家与宗族的结构关系，在中国的人类学和社会学研究中多有论及，两者不仅对中国社会本身十分重要，更表征了中国社会在亲属制度上不同于其他社会的某些特点。然而，家（常常指代家庭、家户或家族）与宗族之间不断变化和难以理清的结构关系，并非简单的亲属关系或者亲属制度中的结构关系。其实，只要稍微考察一下历史，就知道宗族在中国并不是一个恒常和连续的现象，但是家庭却延绵不断。这一现象提出了一个问题：家庭是否宗族的单位？如果是，家庭何以能脱离宗族而存在？如果不是，宗族为何又联系到家庭？

在中国，特别是华南社会，自宋以后，才有了比较普遍的基层宗族或说家族制度，它结合了婚姻和血缘。过往的研究很少问其产生的条件和原因，家为何自宋代以后在基层社会凝聚成族？为什么宋代以后家会伸展为家族或者宗族，而不是缩小为家庭？回顾过往的研究，对于家与宗族的结构关系，至少有四类不同的观点。

第一类，相当多数的研究者都同意将家作为宗族的单位。芮逸夫认为：“家是基于婚姻构成的一种社会单位或亲属团体。”“由亲属团体的概念来说，无论是

[1] 陈寅恪.唐代政治史述论稿.上海：上海古籍出版社，1997/1942：14.

家族或亲族，宗族或氏族，都是由这种团体扩大而成的。”[1]王崧兴同意费孝通的“差序格局”说，指出了家的树大分枝特性：“分裂的特性造成了生活单位之‘家庭’，而结合的特性则形成了‘家’。”“一个大范围的家族群体，即宗族，其成员之间有很清楚的父系继嗣系谱来加予界定。”[2]也有学者以为“家族乃是宗族的最小单位，合若干家族而为房派，合若干房派而为宗族”。[3] 冯尔康亦有类似看法，认为“宗族是由男系血缘的各个家庭，在宗法观念的规范下组成的社会群体”。[4]

受水波差序格局观念的影响，“宗族”常被视为家的扩展。李弘祺认为“一般言之，大家都同意‘宗族’乃源于范仲淹的义庄”。他又指出“北宋以降，隋唐的‘地望’观念及其社会意义已经解体，新的家族组织形式正在形成。它形成的过程受到了考试制度的影响，而到了南宋中叶以后，开始发展出有族产的‘宗族团体’。这个过程十分重要，而‘家’则是这个发展过程中的根本‘原型’”[5]。

这类观点很有代表性，但只是看到明代以后已经“成熟”的宗族形态。所谓“成熟”，是说以华南宗族为代表的明清宗族的成熟形态，它无法说明华南宗族在明清的文化创造与家庭并无直接关系，也不能解释为什么晚清开始的宗族衰落也与家庭没有关系。换句话说，宗族的生灭兴衰与家庭无关。

第二类学者将宗族和家族混称。高达观认为，近代中国的家族制度是从宋代起。宋代虽然宗法传统的精神发生动摇，但反而在民间普遍发展了家族制度。这种新的家族制度，即为宗族的组织[6]。冯尔康认为上面的宗族定义“大约用在先秦典型宗法制时代最为合适，汉至清间也基本上适用，惟在宗法具体内容上颇多改变，宗法制规定有某些削弱，因此可以把宗族称为家族”。[7] 因宗法衰而宗族变家族的逻辑，其实与高达观的观点有某些相似。谢继昌在讨论中国家族的定义时，理解费孝通关于家之“差序格局”的伸展情形，指出，“中国家族的结构原则是与宗族相同的。另外，中国的家好似宗族和部落一样，兼具政治、经济、宗教等复

[1] 芮逸夫.中国家制的演变//中国民族及其文化论稿.台北：艺文印书馆，1972：747.

[2] 王崧兴.汉人的家族制试论——“有关系，无组织”的社会//(台湾)“中央研究院”编印：中央研究院第二届汉学会议论文集，1989：271-272.

[3] 陈礼颂.1949年前潮州宗族村落社区的研究.上海：上海古籍出版社，1995：25.

[4][7] 冯尔康.中国宗族社会.杭州：浙江人民出版社，1994：10.

[5] 李弘祺.宋代社会与家庭：评三本最近出版的宋史著作.宋史研究集，1991(22)：400-401.

[6] 高达观.中国家族社会之演变.上海：上海书局，1946：72-73.[7]

杂功能，是一种事业团体”。[1]

第三类学者从结构的伸缩关系上提出解释。费孝通的“差序格局”说认为，中国的“家并没有严格的团体界限，这社群里的分子可以依需要，沿亲属差序向外扩大”。“中国乡土社会采取了差序格局，利用亲属的伦常去组织社群，经营各种事业，使这基本的家，变成氏族性了……于是家的性质变成了族”。[2] 吴燕和认为中国家、族观念具有多变性和伸缩性，他引述孔迈隆（M.Cohen）和弗里德（M.Fried）关于中国家的成员关系具有伸缩性的观点，并指出人类学家要用结构的原则找出绝对的宗族组织是困难的。[3]

第四类观点认为家与宗或宗族是分离的。许烺光因此指出“宗族与基于婚姻组织起来的家庭是不相同的”。[4] 伊佩霞（P.Ebrey）在讨论宋代的家庭观念时，将早期家的概念追溯到“国家”，认为家在早期的亲属关系原则中几乎不扮演什么角色，家是一个政治经济的单位，而宗则涉及共同的父系祖先，家与宗在早期是不同的，在汉代，两者十分清楚是分开的。[5] 陈奕麟由土著观点探讨汉人的亲属关系指出，亲属关系并不一定按照结构性规则来运作。“宗”“家”“亲”等概念，我们只能确定其意义和作用不同，甚至它们是各自独立自主的。“宗族”“家族”“家庭”等亲属组织，可以受到不同原则的支配影响。[6]

基于上述四类观点，可知家（家庭/家族）和宗族是两回事。从人类学的早期观点来看，家庭便是与世系宗族不同的社会单元。如麦恩（M.Maine）强调“家庭是人们由真实或虚构的血缘关系而联合成的群体”，[7]偏向于家庭的自然结合。默达克（G.Murdock）定义“家庭是一个社会团体，其内包括两个或多个彼此结婚之不同性别的成人，并且包括已婚双亲之亲生或收养的一个或多个孩子”，[8]偏向于家庭的社会结合，意味着“家庭”可以在不同的文化中有不同的社会组合。如

---

[1] 谢继昌.中国家族的定义：从一个台湾乡村谈起.中国的民族、社会与文化.台北：食货出版社，1981：57-58.

[2] 费孝通.乡土中国.香港：三联书店，1991：43-45.

[3] [美]吴燕和.中国宗族之发展与其兴衰的条件.“中央研究院”民族研究所集刊，1985：132、138.

[4] Hsu，Francis Clan，Caste，and Club Princeton，N.J.：D.Van NBostrand Company，Inc.1963：61.

[5] Ebrey，Patricia.Conceptions of the Family in the Sung Dynasty.*Journal of Asian Studies*，1984.43(2)：222.

[6] 陈奕麟.由“土著观点”探讨汉人亲属关系和组织.“中央研究院”民族研究所集刊，1992(81)：14.

[7] Maine，H.*Ancient Law*.London：Oxford University Press，1931：178.

[8] Murdock，George.*Social Structure*.New York：The Macmillan Company，1960：1.

在宋代以后，特别是在华南社会，伴随着基层家族制度的形成过程，宗族以其整合扩展了家，给以婚姻为基础的家注入了血缘意义。这一整合使得两个本来不同的东西，即家和宗族，相结合并产生了两个结果：一是家被宗族整合、延展和拉伸，这使得家族与宗族看起来好像是重合的；二是当家被宗族以及户籍、赋役和法律制度等整合时，家又好像是宗族的单位。如此形成了近代的家族（相对宗族）、家户（相对户籍、赋役制度）、家庭（基于婚姻的生活单位）、家（有不同的认同范围和标准）等多义性的家系列。

第三节 理论对话："水波差序"与"驻波差序"

宗族的“差序格局”是一种对于宗族在中国社会结构中的位置理论。1924年，孙中山在其三民主义理论中说道：

> 中国国民和国家结构的关系，先有家族，再推到宗族，再然后才是国族。这种组织，一级一级的放大，有条不紊，大小结构的关系当中是很实在的。如果用宗族为单位，改良当中的组织，再联合成国族，比较外国用个人为单位，当然容易联络的多。……用宗族的小基础，来做扩充国族的工夫。譬如中国现有四百族，好像对于四百人做工夫一样，在每一姓中，用其原来宗族的组织，拿同宗的名义，先从一乡一县联络起，再扩充到一省一国，各姓便可以成一个很大的团体。……更令各姓的团体都知道大祸临头，死期将至，都结合起来，便可以成一个极大的中华民国的国族团体。有了国族团体，还怕什么外患，还怕不能兴邦吗？[1]

孙中山的这一从家族到宗族再到国族的模式，是最早建立起“三族”联系的理论。而“差序格局”的说法，则来自费孝通。他认为中国社会像水波纹一样，是以亲属伦常沿差序格局向外扩展的。中国的“家并没有严格的团体界限，这社群里的分子可以依需要，沿亲属差序向外扩大”。“中国乡土社会采取了差序格局，利用亲属的伦常去组织社群，经营各种事业，使这基本的家，变成氏族性了……于是家的性质变成了族。”[2]这样一个由“家”到“族”（包括宗族和氏族）的“差序格

---

[1] 孙中山.孙中山选集，香港：中华书局香港分局，1978：644-646.

[2] 费孝通.乡土中国，香港：三联书店，1991：43-45.

局”,以及孙中山由家族到宗族再到国族的社会差序扩展,都涉及对中国社会结构的理解。中国社会真的是以这样的方式构造起来的吗?

这一著名的“水波差序格局”在理解中国以血缘和亲缘展开的社会结构上,区别于西方以业缘群体捆绑的社会结构,因而也成为理解宗族的一般观点。但是,这一亲属伦常的基础何在?是来自亲属制度本身,还是来自国家、宗族或家庭等其他因素?如果这一亲属伦常是中国社会中长期的传统,为什么宋代以前没有明显由此组织起来的“差序格局”?借用芮逸夫所言,那时大多数的家为什么“世风所趋,显然是以小家庭为归的”,而不是沿亲属伦常波传开去?任何社会都有所谓的亲属伦常,但是这种亲属伦常能够在社会中起多大的作用,并不简单取决于亲属伦常本身。宗族的文化创造反映了国家和宗族是亲属伦常后来能够发挥作用的“潜在结构”。正因为如此,当这种潜结构一旦改变,亲属伦常的作用便明显减弱,好像晚清到民国时期的社会文化变迁引起的对家族制度和宗法国家的批评,使家庭有如脱离了拉力的橡皮筋,产生张力收缩,返回小家庭。

宋以后华南宗族的形成不是以家庭或家为源点或者原型的自然扩展,而主要是一个自上而下然后双向互动的过程:先由士大夫在象征层面重新创造(例如,范仲淹的义庄、朱子的家礼),然后由国家政治推动(例如,明嘉靖十五年允许臣民祭祀始祖的诏令,导致民间纷纷建立宗祠祭祀),继而是乡民的接受、模仿和再造(例如,大量的虚构祖先和族谱)。从范仲淹“赡养宗族”的义庄到朱子家礼,对宗族和宗祠的设计基本上是根据过往宗族和周礼延续下来的旧习。朱子的祠堂之制,多是周以来家庙制度的延伸,只不过“今庶人之贱亦有所不得为者,故特以祠堂名之”。宋代,华南地方社会的诸多因素形成了宗族整合普通百姓家庭的可能。家不是宗族的原型,至少不是根本“原型”,而更多的是作为宗族建构的“材料”。宋代以后的宗族原型是一个多因素的复合物。它来自国家整合之下的家庙和宗庙制度、义庄和义门、氏族和亲族、世系和宗族、宗和族观念的演变,以及郡望、分房和家(家族)的伦理及其基层社会制度,阳村宗族甚至还受到佛教寺院禅规等的影响。因此,宗族在国家和乡民的整合实践中变异颇多。早期的家族、宗族、氏族和世系并不是一个自然生成的宗祧群体系列,反而在宋代以后华南的宗族实践中,人们才开始重新梳理上述的文化遗产,形成了近代的宗族现象。

明代华南的宗族文化创造,给后来的中国社会带来了深刻影响。从社会结构上来看,明代华南宗族的发生不符合“水波差序格局”的观点。从华南的情形来看，家不是自然扩展成宗族，而是宋代开始的宗族庶民化，促进了家向宗族的整合，形成了南宋以后至明清逐渐成熟的宗族和家族形态。宗族与家整合的动因是相当复杂的，有国家政治的推动、士大夫的鼓吹、地方历史的遗存、象征层面的建构，等等。从形象的角度来看，可用另一个比喻模式：“驻波差序格局”，它形成的是多极的“干涉—共振格局”。体验过鱼洗（一种寺观盥洗用的铜盆）的人都知道，摩擦鱼洗两边的手柄时，盆中会有水花喷涌而起。这一现象的物理原因是摩擦产生的振动，通过两个手柄与盆体相连的四个点，向水和盆体传出振动波。四个点源的波从龙盆外缘向内传递，加上盆体铜质的振动，形成了多角度和多方向的振动波，波与波之间形成波的干涉。在多方向的波峰与波峰相遇时，形成波的叠加，并产生驻波现象，涌起水花。可以假定鱼洗的不同振源为国家、宗族、家等因素，各点的波动与盆体本身及其反射波之间“整合”得越好，越易形成匹配共振的驻波水花。

本章不否定“水波差序格局”在社会历史时空中的存在，但是从发生的动力角度来看，这一模式对中国社会结构的描述尚欠全面和深入。例如，前述家与宗族之关系，在《尔雅》反映的时期，宗族是一个不包含家庭的以父为中心的近亲兄弟群体，家不是宗族的单位。后来在国家的整合制度中，家在宗族内外游移，有时属于宗族单位，有时属于“五家为比”或“五比为邻”的基本行政单位。宋代以后，家被宗族、户籍、赋役、法律和里甲保甲制度等做不同向度的整合，家被拉伸成家族。这并不是好像石头入水后激起的波纹，因为其动力的源点不是水波纹中心的石头，而是来自国家和宗族等从外部、旁侧的推波助澜和吸引拉伸。国家和宗族是家庭建构中重要的“前结构”和“潜结构”。

宗族和家的契合本来就是一个双向互动的、随地点和时间不断变化的实践过程，有了国家支持和具有合法性权力的宗族蓝本，家庭会有追逐权力、向宗族扩展和调适的一面。如果简单认为这只是小家庭依亲属伦常的自然扩展，则忽略了宋代以后华南社会的这一扩展不过是国家政治（还包括赋役、法律、科举和户籍制度等）和宗族整合家庭的次生现象。当宗族失去国家的支持和合法性时，家庭便难以或不再向家族或宗族扩展。

就家而言，以婚姻为基础的或者同居共灶的家庭是一回事，在宗族以及土地、户籍、赋役、法律、里（保）甲等制度下形成新的权利义务的家庭是另一回事。家庭被宗族等制度整合时，人们通过祠堂、祭祖、族产、土地等等与宗族建立了权利和义务的联系，从修族谱、分猪肉直到分配祖产和解决纠纷，这些才是超越了家庭的家族化的内容。宋代以后宗族和家的整合，使得近世中国的家具有内核和功能扩展的二重结构。其中，家庭的内核没有因宗族化而丧失，倒是扩展出来的大家族的权利义务及其表征，随着自晚清直到土改的家庭革命、对宗法国家的批评和对宗族土地的没收等而减弱。

如前所述，从家到宗族的“差序格局”之扩展观点，只能部分地解释家与宗族的关系，并且局限于某些静态的描述。从明代华南宗族的发生来看，宗族并不是家的扩展；相反，是先有宗族的文化创造，再反过来整合家。换句话说，这样一个宗族发生的模式，不是水波纹的自然扩展，而是一种在国家、士大夫和百姓共同作用下形成的多种波干涉共振而产生的驻波效应，即“驻波差序格局”。在这一“驻波差序”中，宗族的发生并不是来自家的伸展。只有依据这一模式，才可以较好地说明为什么明代华南基层社会会有一个广泛的宗族创造，原因并不是那个年代家庭有了扩展成宗族的需要；也可以较好地解释为什么晚清到民国人们会批评宗法社会进而抛弃宗族；以及理解 20 世纪 80 年代的宗族“复兴”可以脱离家庭而存在，家庭并没有成为宗族的继嗣和财产单位，宗族正在趋向社团化。

历史上，不但由家庭依照血缘自然延伸成宗族的情况鲜见，国家和宗族作为家庭及其伦理的“前结构”和“潜结构”，反而对家庭有拉伸和扩大的作用。在这一整合中，功能的系谱性逐渐重要于血缘的系谱性；家被拉伸成家族，抑制了家庭在分工社会中的核心化倾向；家为宗族的存在提供了实体化的基础和意识形态空间；宗族的生产方式和与土地的紧密联系，对家庭的生产行为和维系于土地的生产方式有重要的影响；最终家整合进国家的体系，成为国家的影子、控制的工具、生存的土壤，削弱了家本身的私人空间性。正因为如此，晚清到民国的国家革命，重要的内容之一是对宗法国家的批判和所谓的家庭革命。这一批判和革命的延伸，影响到在 20 世纪 50 年代初的土改中对宗族土地的没收和对宗族的取缔态度。国家试图用阶级取代宗族、用政治父系取代血缘父系，格定出了“家庭出身”“家庭成分”和“社会关系”等概念，家庭再次陷入国家政治和阶级的整合之中。同时，20 世纪 50 年代开始的合作社、人民公社制度，以及相应的集体生产方式甚至集体食堂的“大锅饭”，对家庭的生产方式和生活方式也是一个政治性的重整。

20 世纪 90 年代，笔者在福建阳村的田野中，曾进行了近百对同姓婚家庭的访问，其中也调查了他们的“大家庭”和“小家庭”观念。调查用分别写有 25 个生活元素的家庭成员卡片，让受访者分别按照“大家庭”和“小家庭”归类，结果显示小家庭的选择有两个明显范围：一是夫妻加上自己的儿女；二是再加上自己的父母。小家庭人口规模（不包括夫妻）1～2 人最多（对应儿女），3～4 人次多（加上父母）。大家庭的选择由近及远可以分为四个范围：儿女和父母；兄弟姐妹及其子女（其中兄弟及其子女较近）；上辈亲属（舅姑叔姨）；祖辈（爷爷、奶奶等）和婚姻父母（公公、婆婆、丈人、丈母娘）。大家庭的人口规模比较明显的区段是 6～15 人，结合选择人次的次序，大家庭主要是从主干家庭到包括舅、姑、叔、姨等近亲的范围。十分明显，大家庭在选取意向上并没有成为血缘宗族的倾向。

总之，宗族的确是个嵌入社会的实践的混合物：有实体功能的一面（土地、族产、组织等），也有象征文化的一面（仪式、谱系、宗法观念等）；有政治、经济、宗教的一面，也有血缘、地缘、历史的一面；有实体的一面，也有表征的（presentative）一面。宗族在不同时空可能有不同的选择和组合。结构过程的理论使我们看到不同社会、不同地方、不同时期、不同文化的宗族过程。宗族因其所处的不同社会嵌入性和不同生活实践性，导致其发生、存在和演变的形态、意义和原则各不相同。只有在此逻辑中，方可理解宗族的实质，才可以回答何为“宗族”。

第八章　宗族研究的“国家范式”

本章讨论宗族的“国家范式”，包括三个基于历史和研究阶段形成的不同范式：①晚清到民国的“革命范式”，以严复等人对宗法社会的批评为代表。宗族作为现代国家的反面，成为革命的对象。②“国家与社会”二分模式下的“边陲范式”，以20世纪50—60年代弗里德曼的宗族研究为代表。认为宗族是国家与社会结合的产物，并提出了闽粤宗族发生的“边陲说”。③宗族作为文化创造的“文化范式”，以20世纪80—90年代的华南研究为代表。认为宗族是一种文化创造，国家并非简单地通过权力自上而下地进入基层社会，而是由百姓作为能动者，通过宗族、民间信仰和赋税制度等等的文化实践，把国家做到他们自己身边。

第一节　晚清到民国：“革命范式”

晚清到民国时期，恰恰是建立新国家和接受西方思潮的时期，一位署名蛤笑的人在《东方杂志》(1908)上发表“论地方自治之亟”说：“吾国素为宗法之社会，而非市制之社会(civil society)，故族制自治极发达，而市邑自治极微弱。论者遂谓宗法为初民集合之源体，而大有障碍人群之进化。此其说，证以欧西历史，则固然矣。”在一片西化的逻辑下，革命和所谓的现代化成为国家文化的生产产品，它们并非中国乡土社会自然的生长。晚清建立新国家的目标就是要“现代化”，手段则是“革命”。这一深层逻辑一直延续到民国、社会主义革命和今天的改革。在这个意义上，革命和现代化其实是中国社会中的一对孪生兄弟。当宗族代表的传统亲属制度被拉上革命范式的“断头台”，一种扭曲的现代化思维定式便产生了。

宗族的衰落伴随着“家庭革命”，主要特点之一就是学习西方小家庭。芮逸夫曾言：“自清季海通以还，西风东渐，工业文明及自由平等的政治思想传入中国，欧、美式的小家庭也随之而来。我国传统的大家庭制逐渐趋没落……”据李景汉、言心哲等的调查，都证明了当时小家庭实占十之七八。[1] 笔者在福建阳村曾经搜集到一份1944年兆顺老人兄弟四房的分房阄书，其“序”写道：

> 吾国旧时以大家庭相处者，难免有互相依赖之陋习。近多学习欧美小家庭之组织，似觉有自立自强之精意。堂弟肇福昆仲因慕而为之，且便于向外发展之举而省内顾之繁，遂改组为小家庭。将祖遗各业延请族人以忠孝仁爱四房平均分配之举，凡所分配者，均得四房同意。

在乡村的语言中出现抛舍大家族、学习欧美小家庭的说法，是很有趣的。民国时期，伴随着新文化运动，新的家庭观念随着新学校等的影响达及了乡村社会。这些新语言在阄书中能够直接写出来，对兆顺老人这样的乡绅之家，更具有不平常的意义。西方的家庭观念，在家庭伦理和群体意义上，都与中国的宗族相抵。将大家族的互相依赖称之为“陋习”，主张自立自强，学习欧美小家庭的伦理。这样学习来的小家庭，很难成为宗族的单位。相反，这样的家庭越强，传统的宗族越难生存。

大家族制度式微的一个重要原因是，它依赖的国家和宗族潜结构受到了挑战。在20世纪初，曾经有过一场激烈的“家庭革命”。这一革命的目的与宋代士大夫的主张部分类似，试图通过对家庭的革命，达到改造国家之目的，仍是所谓“欲造国，先造家”。康有为的《大同书》，主张“去家界为天民”。丁初我在1904年4月在《妇女界》上发表了《女子家庭革命说》，主张“政治之革命，以争国民全体之自由，家庭之革命，以争国民个人之自由，其目的同”。他们的观点落脚于个人的空间和自由，希望通过家庭革命进而建构新式的国家，这些新观念也促进了小家庭的观念。

晚清到民国是建立新国家和大量接受西方文化的时期，逻辑上，革命和所谓的公共领域都是其产物。这些公共领域不是西方意义上的，而是国家文化的生产产品，它们不是中国乡土社会自然的生长。将宗法社会与市民社会对立起来，意味着封建传统和现代化的对立。晚清至民国，现代化和革命都是同一历史时空的产物，晚清建立新国家的目标就是要“现代化”，手段则是“革命”。这一深层逻辑，一直延续到民国和社会主义革命时期。

---

[1] 芮逸夫.中国家制的演变//中国民族及其文化论稿.台北：艺文印书馆，1972.

宗族一旦被认为是落后文化或者封建主义，其土地便成为土地革命的对象。如1931年中华工农兵苏维埃共和国第一次代表大会通过的《土地法》就规定：“一切祠堂庙宇及其他公共土地，苏维埃政府必须力求无条件的交给农民。”这一做法延续到新中国成立后及其土改中。1947年12月18日颁布的《土地法大纲》在宣判了既往土地制度死刑的同时，也否定了庙宇祠堂等传统意义上的公共空间。其第三条规定：“废除一切祠堂、庙宇、寺院、学校、机关及团体的土地所有权。”1950年8月4日，政务院通过的《中央人民政府政务院关于划分农村阶级成分的决定》中说：“在农村中，有着各种祠、庙、会、社的组织，这些祠、庙、会、社大都占有不少的土地财产，管理这种祠、庙、会、社的土地财产，在福建、江西、湖南一带，就叫做管公堂。”“管公堂是一种剥削行为，但应分别地主、富农、资本家管公堂与工、农、贫民管公堂的不同。”可见，在这样的革命语境中，宗族的衰落几成必然。

从文化的视角来看，宗族衰落始于民国。原因并非简单来自土地和族产的丧失，而是对现世的文化解释变了。“五四”以后的新观念，民国政治基层化，使得用宗族重建地方秩序的文化解释改变了，人们开始用新的象征体系去适应社会，产生了新的文化意义，逐渐淡漠了宗族的文化意义和功能。乡绅在这种转变中扮演了重要的角色。笔者曾指出：文化是一个有意义的系统，变迁是解释旧意义失败的结果，是旧意义失败后的秩序再生产。民国时的宗族衰落，是清末以来受西方文化冲击，用“新意义”重新解释社会的结果。[1] 它为土改中从实体组织层面将宗族消灭做了文化铺垫。

杜赞奇(P.Duara)的“权力的文化网络”概念产生于对施坚雅(W.Skinner)“市场网络”的批评，其中的“文化”是根植于组织中，为组织成员所认同的象征和规范。他认为：“是文化网络，而不是地理区域或其他特别的等级组织，构成了乡村社会及其政治的参照坐标和活动范围。”[2]宗族在规章、仪式和组织方面的特征使它成为权力文化网络中的一个典型结构。只有乡民共享的价值观念，共同参与的社会组织，以及共同遵循的行为规范，才能作为界定地方政治社会结构的基本单位。

德利克(A.Dirlik)认为历经20世纪六七十年代，革命一直是美国汉学界历史

[1] 张小军.象征资本的再生产——从阳村宗族论民国基层社会.社会学研究，2001(3).

[2] Duara，Prasenjit. *Culture，Power，and the State Rural North China*，1900—1942.Standford：Standford University Press，1988：13.

解释的范式。当时革命被正面理解为引起新的政治和国家，摆脱了传统和帝国主义。到80年代，革命的解释范式受到挑战。[1] “革命失败论”其实是一种世界性的思潮，好像有人质疑法国大革命，认为如果没有革命，法国可能更快更有效地实现现代化。对于中国，史景迁(J.Spence)在《寻求现代中国》中认为，革命不仅未使中国现代化，反而强化了其前现代的状态。[2] 德利克则认为革命断送了清代正在形成的市民社会和公共领域，清代随地方乡绅日益卷入公共事务，已经有了针对国家而求自主权力的迹象。民初，从工会到商会的各种商会组织在公共领域日益体现其成员的利益。革命的胜利则阻断了这种发展。[3] 周锡瑞(J. Esherick)甚至认为：“中国国家和社会的大尺度结构并没有产生革命的必然性，而是被强加上了革命力量和反革命力量的意义。”[4]在《中国的乡村，社会主义的国家》中，弗依德曼(E.Friedman)等人用文化检讨国家与革命。他们说：“文化，在其所有演进的多样性中，被渗透和灌注了意义和目的。本书则试图理解较深层的文化连续性是如何联系到另一个领域中发生的急剧变迁。”“文化规范虽然充满农民生活(包括统治方式)，但是却没有使得村落成为田园诗般和谐的地方。”[5] 杜赞齐(P.Duara)也从“文化权力网络”讨论了类似的看法，他认为民国基层社会的“文化权力网络”——以宗族和民间信仰为代表——被打碎了，但是没有新的替代，导致盈利性经纪和社会腐败的发生。形成了“国家政权内卷化”。[6] 笔者则以为，“民国的失败主要是因为人们对新文化、新制度、新国家在象征资本再生产中理解的失败，也是‘意义’生产的失败”。[7]

范式的危机并非德利克所言，仅仅是革命和现代化范式的解释力不足和缺乏挑战的状态。危机还在于“革命”和“现代化”本来就不是中国的本土语言，它们是晚清以后一批士大夫和知识分子的“西语东说”，结果他们的话语实践和创造在很大程度上误解了中国社会，掩盖了中国社会的本来面目。就好像上述那些二分的

---

[1] [美]德利克.革命之后的史学：中国近代史研究中的当代危机，中国社会科学季刊，1995(总第10期).

[2] [美]史景迁.追寻现代中国.上海：远东出版社，2005.

[3] [美]德利克.当代中国的市民社会与公共领域.中国社会科学季刊，1993(总第4期).

[4] Esherick, Josephy W.Ten Theses on the Chinese Revolution.*Modern China*.1995, 21(1): 44-76.

[5] Friedman, Edward; Paul G.Pickowicz & Mark Selden.*Chinese Village, Socialist State*.New Haven & London: Yale University Press,1991.

[6] [美]杜赞奇.文化、权力和国家.王福明，译.南京：江苏人民出版社，1994.

[7] 张小军.象征资本的再生产——从阳村宗族论民国基层社会.社会学研究，2001(3).

言说一样。有学者甚至认为，五四以来的中国知识分子过分专致于“民主”“解放”“平等”。“他们将许多不同的事情视为与他们十分偏爱的民主价值相一致，结果却减少了对自己国家的历史、制度或其它民主方面的敏感性。”[1]知识分子（特别是中国知识分子）如果不了解自己的国家，盲目跟随西方理念，用文化象征的方式在中国制造“革命”和“现代化”，后果则可能是革命的失败和现代化的幻影。

在革命和现代化的范式中，有一个“宗族引起革命”“宗族用于革命”和“革命引起宗族”的过程。之所以会出现如此矛盾的宗族与革命和现代化的关系，简单从功能上是解释不通的。原因在于宗族、革命和现代化都具有作为象征产品的深层一致性。它们都不是中国社会中的“自然”发展现象，而主要是作为国家、知识分子的象征工具和作为文化资本的象征产品。在象征生产的过程中，它们被赋予不同的重新解释，甚至成为谋取私利的工具。人们也借此改变它们在社会空间的位置。在象征的创造中，“宗族”与“革命”和“现代化”的契合是不奇怪的。就好像传统文化曾经在 1949 年以后被抛弃，又在 20 世纪 80 年代被重新提倡一样。

宗族尽管常常被标以儒家文化的标签，实际上宗族并非是儒家文化的简单契合形态。陈其南曾认为：“东亚地区经济发展的文化价值和社会制度基础乃在于家族意理，而非暧昧的儒家伦理。”[2]换句话说，是家族意理而非儒家伦理，促进了 20 世纪 60 年代“亚洲四小龙”的资本主义发展。笔者也曾经批评以“儒家文化中心”来理解中国社会，因为所谓的儒家文化并没有标准的伦理形态，在社会中也是一种文化实践。[3] 无论如何，以“儒家文化”来对宗族污名化或者美名化都是片面的。重要的是，儒家士大夫是国家与宗族联结的重要方面，对此，华琛、[4]库珀（A.Kuper）[5]和科大卫（D.Faure）[6]等都曾讨论过士大夫文化和国家权力结合中的宗族发生。

无论如何，宗族在中国历史上经历了坎坷的道路：它曾经是宋代理学家的倡

---

[1] Ip，Hung-Yok. *The Origins of Chinese Communism*. Modern China，1994.20(1)：34-63.

[2] 陈其南.家族与社会——台湾与中国社会研究的基础理念.台北：联经出版事业有限公司，1990.

[3] 张小军.儒家何在？——华南人类学田野考察.香港：二十一世纪，1995 年 6 月号（总第 29 期）。

[4] Watson，James. Chinese Kinship Reconsidered：Anthropological Perspectives on Historical Research. *Chinese Quarterly* 92(Dec.，1982)：589-627.

[5] Kuper，Adam. *Lineage Theory：A Critical Retrospect*. Annual Review of Anthropology 11，1982.

[6] Faure，David. *The Lineage as a Culture Invention*. Modern China，1989.15(1).

导，曾经在明代中期的华南被大规模地创造，曾经被指责为现代化的反动，曾经在1949年的革命中被消灭，曾经伴随着改革开放而“复兴”。宗族何以能扮演如此多的角色？它与现代化能够契合吗？如果契合，为什么历史上的宗族不能带来现代化？如果不契合，它为什么在今天“复兴”，在改革这一新的“革命”中“重现”？“宗族复兴”难道也是现代化的选择？对此，“革命”和“现代化”等范式都难以解释。“宗族复兴”问题的本身，其实已经在挑战上述范式，佐证上述范式的危机。宗族研究的“革命范式”危机，亦反映出中国研究的范式危机，因为简单地与西方表面社会形态和制度的比照，忽视了对社会深层文化编码的理解。

第二节　20世纪50—60年代：边陲范式[1]

在人类学中，里程碑的研究范式之转折发生在20世纪50—70年代，弗里德曼系统地将结构功能分析用于中国宗族研究，开创了华琛（J.Watson）称之为宗族范式（lineage-paradigm）的研究[2]。他受普利查德（E.Evans-Pritchard）影响，注重在社会和政治制度的脉络中模式化地考察宗族，把宗族视为社会的构造物，特别注重宗族与国家的关系，认为闽粤宗族发生于国家的边陲地区。可以说，弗里德曼第一次将宗族研究放到国家与社会的大视角中，他所建立的“宗族范式”也是一种“国家范式（the state paradigm）”，这导致后来的宗族研究都必须面对“国家”并与之对话。弗里德曼的兴趣在于中国社会中国家与社会两者结合的特点，中国是上层的国家和下层的宗族的直接结合。[3] 其中，弗里德曼关于国家与宗族的一个重要观点就是著名的“边陲说”，这个学说被很多学者纳入国家与社会或国家与地方的二分模式中。

弗里德曼曾经论及闽粤地区的灌溉和稻作农业对宗族形成的重要贡献。由此出发，他认为共财、自保、稻作农业和边陲社会是宗族发展的原因[4]。其他学者的补充研究在因果逻辑上没有改变，仍以宗族为“果”，求其发生的原因。例如，

[1] 参见张小军.宗族与家族，社会学与中国社会。李培林，主编，北京：社会科学文献出版社，2011.

[2] Watson, James.Introduction: Class and Class Formation in Chinese Society// *Class and Social Stratification in Post-Revolution China*. (ed.)by J.Watson.London: Cambridge University Press,1984: 274.

[3] Freedman, Maurice. *Lineage Organization in Southeastern China*.London: Athlone Press,1958.

[4] Freedman, Maurice. *Chinese Lineage and Society: Fukien and Kuwangtung*. London: The Athlone Press,1966.

孔迈隆(M.Cohen)曾就台湾美浓地区的情形,指出异姓冲突导致同姓不同祖的群体融合为宗族。[1] 但是,灌溉和水稻农业在华南许多地方和东南亚国家都存在,为什么没有普遍的“闽粤式”宗族?弗里德曼认为,闽粤地区宗族的发达是其远离中央的结果。在他看来,宗族是华南乡村社会中的组织,是国家控制地方的中介,并成为与中央权力相对的一种地方权力。他认为,国家通过土地控制乡村,而宗族是地方土地的操纵者。这产生了两方面的情形:一方面,国家对地方的控制要通过宗族,与宗族结合;另一方面,宗族也成为一种对国家的抗衡力量,因此在明清国家控制较弱的边陲的闽粤地区,有大宗族的产生。即是说:“国家偏爱亲属制度。因为家庭和宗族在道德上是有益的,政治上是有用的。它们是正统社会态度的基础所在,并减轻了国家很大部分的社会控制负担。但是,对父系亲属群体过强地表现为地方权力中心,国家一直保持警惕,因为人们与政府之间的微妙平衡会受到威胁。”[2]

弗里德曼关于明清闽粤产生大宗族是因为其为边陲社会等说法,[3]产生了两个明显的疑问:第一,当时的边陲社会不只是闽粤两地,为何没有普遍的大宗族发生于其他边陲社会?第二,明以来的闽粤基层社会的宗族规范发生于宋代,如范仲淹的义庄和义田制度和朱熹的家礼家制。而宋代(特别是南宋)士大夫尝试用宗族重建地方秩序,这一伴随着国家政权和文化重心的南移过程是如何发生的?

实际上,对于“边陲说”,弗里德曼自己也曾经说过:“这一假设必须更广泛地置于中国汉人社会整体的架构中,只有这个模式也适用于解释其他边陲(西部和西南)社会,它才适用。然而,这并不动摇单一大宗族总会发生的观点。真正重要的是宗族有组织的发展和内部分割,被赋予共同的财产,有能力一起自保,在需要的情况下,抵抗国家和非宗族的邻里。”[4]弗里德曼在谨慎提出“边陲说”时,虽然考虑到其他的边陲地区(这些地区事实上并没有普遍的类似华南的宗族发生),但

[1] Cohen, Myron. *Agnatic Kinship in South Taiwan*. Ethnology, 1969(8).

[2] Freedman, Maurice. *Chinese Lineage and Society*: *Fukien and Kuwangtung*. London: The Athlone Press, 1966: 29.

[3] Freedman, Maurice. *Chinese Lineage and Society*: *Fukien and Kuwangtung*. London: The Athlone Press, 1966: 29, 125, 164.

[4] Freedman, Maurice. *Chinese Lineage and Society*: *Fukien and Kuwangtung*. London: The Athlone Press, 1966.

是坚信“大宗族总会发生”，原因是可以抵抗国家和非宗族的邻里。

“边陲说”是弗里德曼运用功能分析方法，跳出传统的宗族研究之亲属制度视角，他从一个更为广泛的国家层面讨论宗族，也因此开创了一个新的宗族研究范式。不过，因为弗里德曼没有到过闽粤田野，主要是以族谱等资料来进行的研究，因此并不知道华南历史上的宗族创造，亦缺乏南宋以后华南成为中国政治和文化中心及重心的历史事实，他所看到的闽粤宗族的资料都是明代以后的。因为缺少历史感和文化感，致使其功能分析陷入机械的观点，没有看到历史上的宗族发生之逻辑，导致其宗族研究只是停留在带有虚构的族谱之中，因而提出华南之所以有大宗族，乃是因为其远离中央的结果。

宋代“文治复兴”特别是南宋朱熹理学和新儒家的主要形成影响地区是闽赣粤浙皖等地区，上述弗里德曼关于闽粤宗族的发达是其远离中央的结果的说法，不足以解释为何没有普遍的大宗族发生于其他边陲社会。边陲说忽略了南宋闽浙赣等地曾经反居天下之中。我们可以反问中国有许多边陲于东西南北，于不同年代，为什么没有普遍的宗族创造？实际的情形是：南宋国家政权南迁浙江临安，引起了国家文化中心的南移，南宋闽浙曾一度居天下之中。福建是对中国社会的后来发展影响甚大的宋代理学和新儒家的主要发源地，二程以后的儒家四代传人杨时、罗从彦、李侗和朱熹都是闽北（古南剑州）人，且一生多数时间在福建活动。按照“中心说”，正是在国家的文化中心孕育了宗族的土壤，经过南宋到明代早期的宗族士大夫化，以及之后的宗族庶民化的过程，最终在明代中期导致了影响后来华南社会的宗族庶民化的发生。如果割断历史，闽粤的宗族发生可以说在边陲；但有了历史的和文化创造的视角，就不难理解华南宗族是一种国家中心文化的延展。在这里，“宗族”是后果，更是前因。正因为南宋福建成为理学中心和国家权力与文化的中心，形成了宗族文化的土壤，才使得后来在这一地区的宗族化成为可能。因此，当地宗族发达，不是因为地处“边陲”，而恰恰是因为地处“中心”。

元代以后国家扶持儒教，朱熹的地位抬升，儒家开始振兴。明代的抑佛兴儒也与国家的政策有直接的关系。从阳村功德寺到宗祠的变化过程，正是在这一“中心说”的背景下发生的。[1] 华南宗族在明清的大规模文化创造，正是因为南

[1] 参见：张小军.宗族化中的功德寺院.台湾宗教研究，2002(1).

宋以来华南地区成为国家“中心”的结果。华南宗族非但不抵抗国家,反而通过攀附国家来获得更多的社会资源,并由此带来了彼此的双向认同。同时,宗族的建立也不是为了对抗非宗族的邻里,而是寻求在当地的“居住权”(科大卫语)等权力,建构宗族通常也是“非宗族的邻里”们所追求的。这些宗族的文化创造所带来的,不是宗族与国家的分离和对抗,而是两者的结合,是基层社会通过宗族把国家做到了他们身边。

继续上文的讨论,要使得“中心说”能够成立,重要的是需要回答:闽粤地区何时成为中心?闽粤的近世宗族虽是在明清广泛发生的,但是其孕育过程开始于宋代,特别是南宋。有关这一研究,笔者在《“文治复兴”与礼制变革》一文中追溯到宋代的“文治复兴”,它是指11－13世纪宋代儒家士大夫企图恢复尧、舜、禹三王之治、推行其道统教化民众,以达到修身齐家治国平天下的运动。按照余英时先生的观点可分为四个阶段:北宋初期的古文运动、范仲淹庆历新政、王安石熙宁变法,以及南宋朱熹的理学。在文治复兴中,士大夫直接参与到国家治理之中,先是在思想意识上,进而在制度层面,开始了实现自己理想和抱负的社会礼法变革的实践。它具有两个相向的过程:一是国家礼仪的庶民化,主要表现为国家关于祠堂礼制的变革。《朱子家礼》主张“祠堂的士庶化”和“制度俗礼化”,认为“古之庙制不见于经,且今士庶人之贱亦有所不得为者,故特以祠堂名之,而其制度亦多用俗礼云”。二是民间礼仪的国家化,主要表现为祖先之礼的变革。即是将基层社会的庶民动员到帝士共治和文化复兴运动之中,其核心是用“祖先”格定社会的礼仪秩序。“祖先之礼”上承宋代士大夫的祠堂之制,下启明代中期的宗族创造,其建构“仪式国家”的意义十分深远。该文指出:

> 从宋元到明清,中国社会步步形成士大夫、国家与庶民共谋的“共主体性”的政治文化。“祠堂之制”(伴随着国家礼仪的士庶化)和“祖先之礼”(伴随着民间礼仪的国家化),则是宋代儒家士大夫企图恢复尧、舜、禹三王之治的运动——“文治复兴”中开始的士大夫重要的“制世定俗”的礼制变革和文化实践。“文治复兴”的积极贡献之一是客观上将民众动员和调动起来,并参与到国家的治理和政治事务之中。虽然民众并不简单屈从帝士共治的“修齐治平”,却因此“激活”了他们的多元发展空间,特别是在被“文治复兴”激活和政治启蒙的江南地域,经济和文化有了空前广泛的发展。华南庶民宗族丰富

的文化创造、民间宗教信仰的广泛发展，亦都是这一过程的伴随结果。[1]

近千年创造了“江南经济奇迹”的江南地域，与“文治复兴”发生较大影响的主要地域十分吻合，说明其间有着某些深刻的联系，华南宗族研究对此做出了重要的贡献。笔者主张通过比较“文治复兴”和欧洲的“文艺复兴”，来理解文治复兴给后人留下的政治文化遗产。尤其联系到近年来一直热度不降的中国中心论和欧洲中心论之争，人们总想寻找两者“大分流”的历史渊源，文治复兴或可以对此给出破解。

真正重要的是，如何从中国社会历史本身的文化逻辑来理解历史。无论是“边陲说”还是“中心说”，都把我们的宗族视角带入了“国家范式”的思考。这促使人们可以通过宗族更好地理解历史上的“国家”以及华南社会，理解百姓在与国家的共谋或者共主体中，如何将国家做到他们身边，做到他们的心里。这是中国历史中政治文化的重要存在。

第三节　20 世纪 80—90 年代：“文化范式”

宗族的文化创造主要发生在南宋以后的华南地区，先是南宋开始的宗族士大夫化，继而是明代大规模的宗族庶民化。将宗族作为一种文化创造，等于将“宗族”的理解推到了一个实质论的极端。

南宋，朱熹曾设计家礼，主张恢复宗族，宋淳熙六年(1179)，朱熹知南康军，发现庐山白鹿洞书院荒废，感叹“老佛之居以百十计，其费坏无不兴葺”，而儒者之地却“一费累年不复振起”。同年，陆九龄访朱熹，请教如何做小学规矩，朱熹答曰：“只做禅院清规样，亦自好。”[2]朱熹总结当时的佛寺之持久兴旺有两条：一是有田养寺；二是勤行持操，有一套规矩。这使得他按照佛寺来设计书院和祠堂，形成了集教育、祭祀之功能并能自养和有规矩的书院和宗祠模式。李弘琪在对宋元建阳书院教育的研究中，指出了当地修祠以祀地方儒者的风气，“地方政府授祠田以

[1] 张小军.文治复兴与礼法变革——祠堂之制和祖先之礼的个案研究.清华大学学报，2012(2).也参见：张小军.让历史有“实践”——历史人类学思想之旅.北京：清华大学出版社，2019.

[2] [宋]朱熹，等.朱子语类. 卷十三.北京：崇文书局，2018.

让儒者家族奉祀，这更成为后代宗族组织的典范”。[1] 笔者在福建阳村的研究中，通过功德佛寺转变为宗祠的历史个案，也讨论了宗族士大夫化的过程。这些研究片段地反映了南宋开始的宗族士大夫化过程，有助于思考在南宋以降儒家渐兴和佛教渐衰的表象下，佛教和儒家是怎样融合生长的；“国家”又是怎样在其中扮演角色并被百姓再创造的[2]。

宋代以来，华南地区基层社会的宗族发生是一种文化的创造。这一宗族观点认为：第一，宋代以来的宗族主要是文化象征的创造和实践，它不是自然发生的宗祧群体，因此无法从宗祧和亲属制度的角度来简单定义；第二，宗族作为文化象征的产品，具有文化产品的一般特性，如象征意义、文化手段、文化资源、话语性、伸缩性等；第三，宗族不是模式化的文化产品，而是日常实践中的文化创造。

在中国社会，“宗族”早已超出了血缘系谱的含义，它也不是完全来自血缘系谱或为其而生。它作为创造秩序的文化手段和工具，作为文化价值承传的载体，作为权力文化网络的部分，作为文化的创造，都是应文化造序而生。

早期弗里德曼的闽粤宗族研究虽然已经关注到明清时期国家与宗族的功能关系，但是缺少历史的演变脉络，缺少文化的分析。科大卫[3]、萧凤霞[4]、刘志伟[5]、郑振满[6]等先后在广东和福建的研究，特别指出了华南基层社会在明代中期前后有一个宗族的文化创造过程，这一“宗族”，“并不是中国历史上从来就有的制度，也不是所有中国人的社会共有的制度……明清华南宗族的发展，是明代以后国家政治变化和经济发展的一种表现，是国家礼仪改变并向地方社会渗透过程在时间和空间上的扩展”[7]。它涉及户籍、宗教信仰、田赋、沙田开发、水利和

---

[1] 李弘祺.建阳的教育(1000—1400)：书院、社会与地方文化的发展.国际朱子学会议论文集(抽印本).(台湾)“中央研究院”中国文哲研究所印行，1993.

[2] 张小军.宗族化中的功德寺院.台湾宗教研究，2002(1).

[3] Faure, David 1986, *The Structure of Chinese Rural Society*. HK: Oxford University Press; Faure, David. The Lineage as a Culture Invention. *Modern China*, 1989.15(1).

[4] Siu, Helen. Recycling Rituals: Politics and Popular Culture in Contemporary Rural China.// Link, Perry, Madsen, Richard, Pickowicz, Paul (eds.), *Unofficial China: Popular Culture and Thought in the People's Republic*. Boulder: Westview Press, 1989.

[5] 刘志伟.宗族与沙田开发.中国农史，1992(4).

[6] 郑振满.明清福建家族组织与社会变迁.长沙：湖南教育出版社，1992.

[7] 科大卫，刘志伟.宗族与地方社会的国家认同——明清华南地区宗族发展的意识形态基础.历史研究，2000(3).

农事、移民、新儒家的伦理、国家权力和正统、国家与基层社会的关系等许多方面。例如上述学者曾经论及明清珠江三角洲的宗族创造，随着三角洲沙田的开发，一些靠开发沙田而得益的地方豪强开始修族谱、造宗族，他们虚构自己的历史，攀附国家的正统政治，如通过虚构的祖先把自己与北方的皇帝拉上关系等，使宗族成为他们扩大自己地方权力的文化手段。土地的开发，表面上是宗族发生的原因，实际上只是宗族发生的可能条件。重要的是通过土地凝聚和转移出来的权力可以通过宗族得到维持和扩展，国家和士大夫的宗族意识形态为发达后的地方精度提供了一个如何维持权力、合法控制地方社会和继续牟利的方式。

珠玑巷的传说是上面宗族文化创造的一个有趣的例证。珠玑巷一直是珠江三角洲大宗族自认的祖先迁居地，传说之一大致情节如下：

> 珠江三角洲的许多大宗族都认为他们的祖先在更早的时候从中原南迁，翻越大庾岭后，定居粤北南雄的珠玑巷，宋代因所谓的“胡妃之乱”(《宋史》记南宋度宗的胡贵嫔，因父事牵连而被度宗泣逐出宫为尼。传说却变成了胡妃潜逃出宫至南雄)，南雄居民被迫南迁，拿着官府的“路引”(通行证)，沿北江迁到珠江三角洲定居。

按科大卫和刘志伟的看法，珠玑巷的故事在明代前中期形成，它并非如日本学者牧野巽所认为的是珠江三角洲大宗族在缔结地域联盟中想证明自己来自中原的结果，甚至不是一个关于宗族的传说，因为在这个传说形成的时候，珠江三角洲地区还没有所谓的“宗族”。明初，国家的编制里甲户籍是地方秩序纳入王朝统治的最重要举措，当时除了把地方军事豪强控制的人口收编为军户，还搜罗无籍之人编入军队屯田，这主要是一些被他称而非自称为“户”的本地土著。伴随着广设屯田和编制里甲户籍，人们在他们垦殖的沙田附近定居下来，形成了三角洲上的村落，并引出了两个重要的“划”身份，一是能否入籍而享有入住权；二是民籍与地位相对低下的军籍之差别。要想从“划外”到“划内”，就要洗脱军籍，证明自己来自中原，并在明代以前已经是编户齐民。珠玑巷的传说，很可能是为了说明自己的中原身份而非原居民“户”的一种编造。至于明中期以后的“宗族”建构，不过是人们继续借用这个传说增权自身，将自己与国家、中心、正统联系在一起罢了。

无论从时间上还是空间上，宗族的存在形态在中国社会中都不是恒常不变的。例如，《尔雅》中的宗族作为近亲群体，与后来的作为继嗣群体的宗族不同；宋代范仲淹用义庄和义田做出的义族，与依照血缘系谱自然形成的宗族亦有完全不同的形成机制。近代的华南宗族依据宋代的规范，有一个从南宋开始的“宗族士大夫化”到明代的“宗族庶民化”的过程，它是一种与国家制度和意识形态密切相关的次生现象，不是原生的血缘宗族。20 世纪 80 年代经过 40 年社会主义制度之后所“复兴”的宗族，没有了大量族产和土地，与过往的宗族也不相同。因此，从实质论的宗族观点来看，无论是血缘、系谱、土地、族产还是祭祖、宗法观念，等等，都无法归结为宗族所特有，都不一定是宗族产生的充分必要条件，它们可以不依宗族而发生。所谓的虚构族谱等变异，也不只是近代之事，而是早已有之。宗族的历史和现实都证明了这一点。

明代中期前后，华南基层社会有一个大规模的宗族文化创造过程。令人困惑的是，这一宗族的创造为何发生在远离中央政权的华南？又为何在明代中期前后大规模显现？这后面是否有其特殊的地域背景和历史渊源？结合前述的“中心说”，可知正是南宋以降在当时理学中心地区（闽、浙、赣等）发生的早期“宗族士大夫化”，为明代中期华南大规模的“宗法伦理的庶民化”或说“宗族庶民化”铺垫了历史基础。所谓“宗族士大夫化”，是指在华南基层社会，“宗族”这一形式在南宋至明前期被一些乡村士大夫首先接受和创造的过程。它先于明代中期以后比较普遍的“宗族庶民化”的创造。没有这样一个潜伏期，不可能在明代有一个突然大规模的宗族发生。

科大卫（D.Faure）在上述题为 *Lineage as a cultural invention* 的论文中指出，宗族是一种文化的创造，并认为宗族财产权利合法性的基础不是依血缘和仪式，而是依赖与宗族历史的广泛一致[1]。萧凤霞（H.Siu）重视宗族的文化手段性，例如，宗族常常成为地方士大夫的权力工具和文化认同的标记。宗族应该被视为历史时空中的一种文化创造。[2] 萧凤霞十分强调“结构过程”（structuring）的观点，试图摆脱要素的功能分析和静止的结构模式化，希望从动态、历史和文化等方面来把握宗族，强调能动的文化实践性。

对于弗里德曼“国家/社会”的二分模式以及宗族研究，华南研究进行了精彩的对话。正如刘志伟所总结的：

---

[1] Faure, David.The Lineage as a Culture Invention.*Modern China*,1989.15(1).

[2] Siu, Helen.*Tracing China: A Forty-year Ethnographic Journey*,Hong Kong University Press, 2016.

> 在中国社会史研究的传统中，宗族问题历来是作为宗法制度下血缘组织的历史来讨论的，人类学功能学派的中国宗族研究，对社会史领域的宗族研究有深刻影响。自20世纪80年代中期以来，我与萧凤霞、科大卫一起在珠江三角洲从事乡村研究过程中，深感功能学派对于宗族问题的观点不足以解释明清宗族与地域社会发展中的许多问题。在历史学的视野里，明清宗族一般被视为古老制度的延续和残余，而我们在珠江三角洲遇到的宗族，却是在明清时期兴起和发展出来的新制度，这一事实成为促使我们重新思考珠江三角洲宗族发展与地方社会历史关系的出发点。萧凤霞对于珠江三角洲社会和文化的人类学研究，强调个人总是在特定的权力与文化结构的多层关系网络中，运用这个结构中的文化象征和语言，去确立自己的位置，也就创造了自己所处的社会与文化结构。科大卫通过历史文献的分析，讨论了宗族是明清社会变迁过程的一种创造。他们的研究启发我在研究番禺沙湾宗族的历史时，把着眼点放在宗族在沙田开发过程中的文化意义上。在沙田控制上，宗族的意义其实主要不是一种经营组织，而更多是一种文化资源，这种文化资源我们不妨称之为“祖先的权力”。所谓祖先的权力，是在特定社会结构下文化权力运用的方式。[1]

上述理论对话，除了用文化的“结构过程”对话功能主义方法论之外，还以“共谋”等理论消抹了国家与社会的简单二分。这一“文化范式”，在宗族研究的“国家范式”中，也是一个里程碑式的理论贡献。

刘志伟和孙歌曾经对话“从国家的历史到人的历史”。[2] 这意味着不是把“国家”模式化和固化为一个既成的实体概念，而是要在结构过程中理解运行和操纵“国家”的“人”，这些“人”作为能动者，在文化实践中完成了“国家”的建构。1989年，萧凤霞发表了《能动者与受害人》。在那个年代，“能动者”(agent)这个词对于很多人还比较生疏，所以常被误译为“代理人”。她曾说，

> 我的意思完全不是代理人(指agent)，我要说的是一个有意识、有目的、有历史经验的人，他们一直在参与做什么样的国家结构，同时这个结构又怎

[1] 刘志伟.地域社会与文化的结构过程——珠江三角洲研究的历史学与人类学对话.历史研究，2003(1).

[2] 刘志伟，孙歌.在历史中寻找中国：关于区域史研究认识论的对话.东方出版中心，2016.

么把他约束住。这不是“国家”简单强加什么东西在你身上,而是你自发地接受了、内化了那些国家的语言、国家的权力,是在与国家共谋中做出了这样的结构。[1]

华南的研究表明,历史上的“国家”正是透过复杂的历史文化实践过程,被百姓们做到了基层社会,做到了他们自己身边。“他们既是能动主体,也是受害人,共存于他们所说的革命的变迁过程中。”[2]

华南明代的宗族发生是一种文化的创造,这一历史事实的重要性在于挑战了诸多人类学和史学的传统观点。第一,中国的宗族不是一个历史上连续的形态,从而回归到“实质论”的观点,认为宗族不是简单的血缘亲属制度实体,而是象征的文化创造,因而是一种“意义”的文化宗族。第二,宗族的创造充满了虚构和想象,甚至可以不遵守继嗣原则。这种文化创造包含虚构族谱、异姓收族、攀附名人为祖先,等等,是国家、士大夫、地方精英以及百姓的共谋。第三,这种宗族的文化创造不仅改变了社会结构,改变了国家的治理方式,还改变了土地和经济的结构。明代华南的宗族文化创造,给后来的中国社会带来了深刻影响,从明清、民国、土改直到今天的改革开放。[3]

上述三种宗族“国家范式”的讨论,后面有一个中国宗族研究面对西方范式所带来的“范式危机”之反思。黄宗智曾经提出面对西方中心的观点,中国社会的研究陷入了一种“范式危机”。[4] 主要表现之一是西方话语霸权或西方中心的“范式危机”。“范式危机”的背后是对中国社会理解的危机。在中国社会的研究中,宗族封建论、落后论几乎成为一个不争的论点,后面有传统和现代化的张力,有国家与社会二分模式的框定,有革命与社会进化的逻辑。这样一类研究范式,将宗族及其传统亲属关系置于“反动”之境地,包含很多对宗族的误解。本章希望通过对过往宗族研究范式的检讨,用“国家范式”梳理出宗族研究的“范式”学脉,引起一种改变中国宗族研究范式的可能期待。

---

[1] 萧凤霞在清华大学的讲座录音整理。

[2] Siu, Helen.1989.*Agents and Victims in South China*: *Accomplices in Rural Revolution*.New Haven: Yale University Press, p.301.

[3] 参见:张小军.再造宗族:福建阳村宗族“复兴”的研究(博士论文).香港中文大学,1997.

[4] 黄宗智.中国研究的规范认识危机.香港:牛津大学出版社,1994;[美]德利克.革命之后的史学:中国近代史研究中的当代危机.中国社会科学季刊,1995年总第10期.

第九章 “韦伯命题”与“家宗文化经济”

近代中国西学东渐，传统中国的各类现象如“社会”“政治”“经济”“宗教”等均得到西方学术概念的定义和检视，“宗族”也不例外。严复在其译著《社会通诠》(*A History of Politics*)的译者序中说：

> 夷考进化之阶级，莫不始于图腾，继以宗法，而成于国家。……独至国家，而后兵农工商四者之民备具，而其群相生相养之事乃极盛。……乃还观吾中国之历史，……由唐虞以讫于周，中间两千余年，皆封建时代。而所谓宗法亦于此时最备，其圣人，宗法社会之圣人也。其制度典籍，宗法社会之制度典籍也。……由秦以至于今，又两千余岁矣，……籀其政法，审其风俗，与其秀桀之民所言议思惟者，则犹然一宗法之民而已矣。然则此一期之天演，其延缘不去，存于此土著者，盖四千数百载而有余也。嗟呼。[1]

严复认为，按照西方的进化观，有三个阶段：始有图腾的初民，然后有“宗法”，再有“国家”。反观中国历史，他嗟叹前后四千余年，无论制度典籍还是圣人、风俗，均可用“宗法”一言以蔽之，宗法社会延缘不去，百姓所言所思摆脱不了“宗法之民”，终不能达到“国家”的阶段。严复此处所说的“国家”当然是指“现代国家”，他批评“宗法”之弊，主张走向“现代国家”，认为只有“独至国家，而后兵农工商四者之民备具，而其群相生相养之事乃极盛”。

韦伯(M.Weber)也有类似的看法，可称为“韦伯命题”。他在《儒教与道教》(1920)中就指出，西方是新教伦理促使了资本主义的发展，而中国的儒教是与新教根本对立的世界观，阻碍了中国的发展，其中血缘宗族关系是一弊端：

> 客观化的人事关系至上论的限制倾向于把个人始终同宗族同胞及与他有宗族关系的同胞绑在一起，同“人”而不是同事务性的任务(活动)绑在一起……新教伦理与禁欲教派的伟大业绩就是挣断了宗族纽带，建立了信仰和

[1] 严复.社会通诠.上海：商务印书馆，1931.

伦理的生活方式共同体对于血缘共同体的优势,这在很大程度上是对于家族的优势。[1]

韦伯认为,中国文化具有“人事关系至上论”,宗族是把有宗族关系的人围绕“人”而不是围绕“事”绑在一起的“血缘共同体”;而西方的新教信仰及其伦理的共同体挣断了宗族纽带,是“生活方式共同体”,因而比血缘共同体具有优势。“韦伯命题”由此可以叙述为:中国因为其深厚的宗法伦理和宗族纽带,因而没有产生资本主义精神;而西方社会正是因为挣脱了宗族纽带,以新教伦理摆脱了血缘共同体而建立新的信仰和伦理的生活方式共同体,因而产生了资本主义精神。

严复和韦伯两位大师在痛陈中国宗法社会弊端的时候,都以中国的落后为依据,宗法与宗族社会因而成为中国社会封建落后的代名词。这些带有强烈文化进化论色彩的观点,认为传统的亲属制度必然不能适应新的社会发展。然而,史实并非如此。中国的宗族在表面上是围绕“族人”组织起来的,但是一方面,宗族从来都是因“事”而生,特别是我们今天看到的华南宗族,多是在明代以来的文化创造;另一方面,建立起来的宗族,也从来都是因“事”而为、造“事”而为、顺“事”而为、成“事”而为,包括宗族的互助金融、粮户归宗等经济行为,凝聚各地族人的祭祖仪式行为,以及社会的组织功能(例如,早期的氏族国家、明清以来众多的宗族村落以及今天的各种血缘社团组织)。中国在历史上曾经数度领先于西方,在那些曾经领先或者“世界一流”的历史时段,无论是商周、盛唐还是“白银资本”的明清时期,不同形态的宗法和宗族纽带都伴随其中,并起着重要的作用。就连韦伯自己也说:“亲属制度在西方中世纪实际上已经失去了全部意义。而在中国它却保留有两种重要性:作为地方行政的最小单位和经济联合体的特质。”[2]即使在今天的中国大陆、中国台湾、中国香港以及新加坡等华人社会中,宗族或血缘共同体的宗亲社团传统与资本主义经济和现代政体依然并行不悖。宗族纽带不仅不是中国落后的脚注,反而在某种程度上是中国经济发展时期的伴生现象。

为什么宗族纽带能够与经济发展并行不悖?其原因并非因为宗族直接促进了经济发展,而是因为亲属群体作为一种组织形态,可以具有广泛的适应性,能够

[1] [德]马克斯·韦伯.儒教与道教.王容芬,译.北京:商务印书馆,1995:288.

[2] Weber, Max. *Government*, Kinship and Capitalism in China//*Max Weber Selections in Translation*. W.G.Runciman (ed.) and Eric Matthews (trans.).Camdridge: Cambridge University Press, 1978: 316-317.中译文参见:[德]马克斯·韦伯.儒教与道教.王容芬,译.北京:商务印书馆,1995.

和经济发展与国家意识相契合。表面上看似以血缘纽带建立的宗族，骨子里却可以十分“国缘”“政缘”“事缘”“业缘”“商缘”“社缘”和儒家的“礼缘”，它们并非简单自然的亲属血缘组织的发展结果，而是包含了不断的文化创造和文化实践。

本章将简要讨论近世宗族作为文化制度而非一般血缘亲属制度的两个特点：一是“韦伯命题”与“亲缘资本主义”；二是宗族公社经济与亲缘社会主义。据此理解中国社会中，宗族并非简单的自然生长的亲属制度，而是一种文化的实践，一种动态的不断适应社会演变的组织形态，因而可以跨越不同的社会制度和“主义”，至今依然具有“家宗文化经济”的生命力。简单以文化进化论的观点来指涉宗族为封建落后的表征，以此判断中国社会落后的原因，乃是一种文化的误解。

第一节 “韦伯命题”与亲缘资本主义

在“韦伯命题”之下，传统亲属伦理与资本主义是冲突的，中国亲属关系的伦理被认为与新教伦理不同，不适合于资本主义的发展。韦伯的看法其实十分矛盾，他一方面认为，中国早有资本主义萌芽：“汉朝有过，以铜钱计，拥有数百万家财的大富翁。但是，政治的一统天下在中国也像在统一的罗马大帝国一样，带来了资本主义倒退的后果，这种资本主义本质上扎根于国家及其与别国的竞争。另一方面，以自由交换为方向的纯粹市场的资本主义仅仅停留在萌芽阶段(embryonic Stage)。”[1]韦伯的这一“萌芽说”认为，汉朝已经出现了自由交换的纯粹市场，但是只停留在萌芽阶段，因为政治的一统天下带来了资本主义的倒退。对于资本主义萌芽为何不能发展为资本主义，他又说道：

> 在中国，不存在带有经济上理性物化的持久资本主义企业的合法形式或社会基础。……中国社会中亲属群体和他们成员之间的责任义务早就存在于遥远的过去，并且呈现在向私人信贷发展的最初阶段。然而这样的责任义务仅仅被拘于税收和政治刑法的法律内，没有得到进一步的发展。他们基于家户共生体的商业伙伴关系(准确地说是在财富等级中间)扮演着一个看上去像西方的家户联合体，至少像后来意大利的“公共贸易公司”类似的角色，

[1] [德]马克斯·韦伯.儒教与道教.王容芬，译.北京：商务印书馆，1995：138.

但是其经济意义是不同的。[1]

韦伯的矛盾在于,一方面,他认为中国早就有资本主义萌芽,如自由交换的纯粹市场和私人信贷的最初发展,而这样一种可谓自由市场倾向的发展恰恰出现在传统亲属制度中;另一方面,这样的资本主义萌芽因为家户共生体基于财富等级中的商业伙伴关系不能适应真正的自由市场,因而难于发展为资本主义。

事实上,被称之为“第二现代化之路”的“亚洲四小龙”的发展,已经令世人看到亲属制度与资本主义的并行不悖,或可将此称之为“亲缘资本主义”(kin-capitalism),以此可比照西方现代的“业缘资本主义(enterprise-capitalism)”。资本主义的核心内容诸如(自由)市场能力、资本运用和货币制度,这些在早期的中国并不缺乏,甚至在某些方面超过西方。葛希芝(Hill Gates)在《中国的原动力:1 000年的小资本主义》一书中,将基于亲属合作的资本主义称之为“小资本主义”(petty capitalism),她认为在帝国晚期的一千年中,其原初的结构和动力来自“纳贡的生产模式”(tributary mode of production, 简称 TMP)和“小资本主义的生产方式”(petty capitalism mode of production, 简称 PCMP)之间的相互作用:

> TMP 是国家管理的生产方式,PCMP 是种亲属合作的商品生产。……在一千年的 TMP 中,官僚士大夫阶级从各种生产者(农民、小资产阶级、劳工)手里把剩余转换到他们自己手里,即作为收税者,直接榨取税收、徭役、继承的劳动税等等。在宋代以前曾经兴旺的私人市场中,自由生产者在普通阶级即工薪劳动者和等级制的亲属或两性制度中间转换所有余下的剩余。由于在中国,亲属和性别制度与国家控制精密地整合,产生了典型的 PCMP 情形。
>
> 小资本主义是商品生产,通过的是固定的有组织的亲属家庭。家户生产者依赖血亲、婚姻、入赘、购买的劳力、学徒、和雇工等一类关系范围的劳动。他们依赖一种阶级文化,它保证了可信赖的劳动力、物质、信贷和资本。在普通阶级中间的小资本主义生产关系需要它们继续存在于‘自然经济’的层面,

---

[1] Weber, Max. Government, Kinship and Capitalism in China//*Max Weber Selections in Translation*. W.G.Runciman (ed.) and Eric Matthews (trans.).Cambridge: Cambridge University Press, 1978: 315-316.

保护他们的共生体而反对官僚和资本家的贪婪吸引。与商品一道，小资本主义产生了，并且在表面上和实际上，它的产生伴有一种非常基本和错综有效的对中国统治阶级依附目的之反抗。[1]

TMP 和 PCMP 两种经济形态，分别代表了国家经济和民间经济两种不同的经济形态。按照葛希芝的看法，TMP 和 PCMP 之间的关系，表现为“小资本主义方式仍居次要，被纳入 TMP 中。因为亲属和性别制度对小资本主义的决定性，在原则上是由作为其统治集团控制整个社会形式一个方面的统治阶级所定义和维持的”。[2] 然而，小资本主义面对国家是否真的那样被动？或需认真辩论。无论如何，这样一种“亲属和性别制度与国家控制精密地整合”的“双轨制”的经济形态，依然是今天中国经济运行的文化精髓之一。在对国家的关系上，亲缘资本主义或说小资本主义有着更大的弹性，对国家既依附又反抗。杨美惠曾从“关系”的视角，认为“关系”网络一方面渗透于经济、政治和国家之中；另一方面，民间关系网络也形成了对国家垂直治理的某种阻力。[3]

科大卫(D.Faure)认为：“过往的研究只关注国家和社会的关系，其实真正重要的是影响到中国资本主义制度演进的那些社会关系。”他评论韦伯的观点时指出：“在中国，个人从来不是一个政治的立足点，商人不形成一个特定的社会阶层。宗族作为个人和国家的中介形式，具有集体责任的思想。宗族制度为商业的组织提供了手段，而宗族制度暗示了个人被包括在集体内，除非年长、财富或者权力使得个人得以呈现。”[4]科大卫的看法暗含着一个方法论：若抛开概念之束缚，不论亲属制度还是企业制度，也不论个人还是集体，只要看是否适合资本主义的制度演进和社会关系。按照这样的思考，我们也可以将葛希芝的小资本主义既依附又反抗，最终被纳入国家生产方式的现象，称之为“国家小资本主义”。中国 1 000 年的原动力，是国家和小资本主义两者的结合，这样的“有中国特色的国家

---

[1] Gates，Hill. *China's Motor：A Thousand Years of Petty Capitalism* .Ithaca & London：Cornell University Press，1996：7.

[2] Gates，Hill. *China's Motor：A Thousand Years of Petty Capitalism* .Ithaca & London：Cornell University Press，1996：7-8.

[3] 杨美惠.礼物、关系学与国家——中国人际关系与主体性建构.南京：江苏人民出版社，2009.

[4] Faure，David. China and Capitalism：Business Enterprise in Modern China//*The Annual Workshop in Social History and Cultural Anthropology*（1993），Occasional Paper No. 1. Division of Humanities，Hong Kong University of Science and Technology，1994.

小资本主义”经济形态，已经难于用西方现代资本主义标准之下的“萌芽”来形容，因为它可能有着亲缘资本主义的另类逻辑。

事实上，中国亲属制度的演变具有极大的变通性和适应性。国家与亲属制度的紧密结合也是不争的事实。亲缘群体作为经营体的例子，以范仲淹义庄制度的宗族经营体最为典型。日本的婿养子制度在这一点上也十分典型，因为“传统的日本家庭本不仅是一个亲缘组织，而且首先是一个像企业一样的经营体，能力主义成为最根本的原则。”[1]伊佩霞(P.Ebrey)曾经讨论宋代的家族是一个“政治经济单位”，家族因财产而合，也因分财产而散。[2] 在中国社会中，家庭、家族或宗族承担着社会的政治和经济功能，家族的经济兴旺几乎就是族人奋斗的目标。这一点，以“社会资本”给社会注入了更多的活力和精神。中国开放的亲属制度曾经影响日本，但是自己却在后来因为政治需要而更多回归于血缘的强调。

所谓亲缘，在更广泛的意义上，还可以扩展到地域的亲缘。历史上如南北朝的“坞壁”，唐代的“郡望”，都是一种地缘加亲缘的形态。历史上地缘加血缘的联宗组织十分普遍。[3] 还有后来广泛的会馆制度，依据“老乡”的亲缘编织成广阔的贸易网络，让外出经商的人处处有“家”。这一亲缘经济的形态对促进社会中的贸易流动具有重要的意义。[4] 至明代中期，华南大规模的宗族创造恰恰与宋代“文治复兴”对基层社会的启蒙有关：“‘文治复兴’的积极贡献之一，是在客观上将民众动员和调动起来，并参与到国家的治理和政治事务之中。虽然民众并不简单屈从帝士共治国家下的‘修齐治平’，却因此‘激活’或说政治启蒙了他们自己的多元发展空间，特别是在被‘文治复兴’激活和政治启蒙的江南地域，经济和文化有了空前广泛的发展。”[5]这个“白银资本”的年代伴随着中国经济在全球成为与欧洲比肩的另一个中心，而华南基层社会中亲属制度的兴起无疑对促成这一经济优势不乏贡献。

中国的亲属制度之所以能够长存而没有消亡，乃在于其超越血缘关系的广泛适应性。特别是这样一种象征形态的血缘组织在世界上也是不多见的。从文化

[1] 李国庆.日本社会——结构性与变迁轨迹.北京：高等教育出版社，2001.

[2] Ebrey，Patricia.*Family and Property in Sung China*：*Yuan Ts'ai's Precepts for Social Life*.Princeton：Princeton University Press，1984.

[3] 钱杭.血缘与地缘之间——中国历史上的联宗与联宗组织.上海：上海社会科学院出版社，2001.

[4] 王日根.乡土之链——明清会馆与社会变迁.天津：天津人民出版社，1996.

[5] 张小军.文治复兴与礼制变革.清华大学学报，2012(2).

经济学的视角来看，中国社会有着特殊的“关系”，也是一种特殊的社会资本、特殊的互惠形态。杨美惠曾经认为，应该关注中国的“关系逻辑”与“资本主义逻辑”之间的冲突。她的出发点是认为这种关系逻辑与市场经济的不相融。[1] 实际上，两者可以在“亲缘资本主义”中得到融合。中国不同于业缘资本主义，它有着与国家结合的亲缘资本主义的成熟形态。亲缘资本主义中的“亲缘资本家”不是业缘资本家的企业家，而是一大批基于家族的士大夫、官商和族商。传统组织的共有性和共生性是其优点，即使新教伦理促进了资本主义发展，也不意味着人类的亲缘伦理就不适应新的社会和文化形态，中国的宗族文化未必不是商业的促进因素，亲缘资本主义未必不是一种资本主义的合理类型。当然，对于儒家伦理本身是否具有资本主义精髓，或者传统亲属制度的文化创造带来了新的适应，会有不同的看法。

韦伯称中国的亲属关系中基于信任的信贷是资本主义萌芽，意味着信任也是重要的经济伦理。然而在《信任》一书中，福山一方面步韦伯的后尘，将新教伦理与社团主义的产生联系起来，认为高度信任的美国社会具有社团的权威而不是国家的权威，而社团主义产生高度的信任感，在这类社团组织中，人们以业缘而非血缘结合在一起，为共同的经济目标工作，由此促进资本主义的发展。另一方面，福山又与韦伯相抵，批评中国属于低度信任的国家，缺乏社团主义和相应的信任。[2] 实际上，中国的亲属关系中蕴含着信任，并且亲属群体如宗族也具有部分社团主义的特点，是社会信任的重要载体。

战后世界经济的发展，被所谓的“现代化”所裹挟，西方的资本主义发展，成为发展中国家现代化的榜样，学习西方，成为发展中国家的必由之路。然而，令西方世界没有想到的是，由韩国、中国香港、中国台湾和新加坡所代表的“亚洲四小龙”，开辟出一条不同于西方的“第二现代化之路”。在这其中，中国历史中亲缘资本主义文化下的家族企业起着十分重要的作用，这与其中蕴含的经济伦理、亲缘组织和制度是分不开的。

---

[1] 杨美惠.礼物、关系学与国家——中国人际关系与主体性建构.南京：江苏人民出版社，2009.
[2] 福山.信任——社会美德与创造经济繁荣.彭志华，译.海口：海南出版社，2001.

第二节 宗族公社与亲缘“社会主义”

上面提到，宗族公社经济的典型是北宋范仲淹建立的义庄义族制度，主要是建立宗族的公田来“赡养宗族”，即宗族围绕公地建立起义庄制度，共同遵守《义庄规矩》，达到宗族自养的目的。从历史上来看，宋代是土地私有化的重要转折时期，主要表现为商品经济发展之后的土地买卖交易。[1] 结果因为没有制度的保障，土地被官僚和地方豪强兼并，致使两极分化严重。范仲淹的义庄义族，就是鉴于土地私有化不成功而提出的基层社会土地宗族公有化的举措，它是庆历新政的延续和补充。后来的王安石变法也曾推行“方田均税”，都是为消解土地私有化中因兼并引起的两极分化。显然，范仲淹作为丞相，宗族公社的建立本身已经带有当时国家的话语和立场。

舒尔曼(F.Schurmann)曾经指出：“中国人在宗族观念下的土地观念，使土地无法私有化和自由转让，只有生产价值而没有经济价值，因而与西方不同。”[2]孔迈隆从财产的角度指出，在弗里德曼所说的大宗族下，家庭的界限可能变得模糊，因为村落中的家庭不再是独立的经济单元，其部分家庭财产是作为宗族族产而被共享的。[3] 这种土地的宗族集体公有的占有方式，从表面上看，在某种程度上使得家庭的生产方式和自由发展空间受到限制，特别是由于宗族的土地租佃给当地的农户，使得许多家庭和宗族有了直接的生产上的联系，影响土地的私有化。同时，因为宗族的作用，而使土地的生产方式难以改变，在宗族强大的地方，对家庭的独立化和核心化有强烈的制约。但是从深层次来看，宗族的公有经济有效避免了贫富差距，避免了土地私有化带来的追逐利益最大化及其土地剥削，促进了一种共生经济。它不以营利为目的，是一种良性循环的生态平衡的土地经济，其宗族公有经济中有着深厚的经济伦理，上面提到的范仲淹的义庄制度就是一例，笔者称之为“宗族公社”。其主要特点是先设置义庄公田(义田)，然后设立义庄规

---

[1] 黄纯怡.宋代土地交易初探.文史学报，1996(26)：281.

[2] Schurmann，Franz.*Traditional Property Concept in China*.Far Eastern Quarterly，1956，15(4)：4.

[3] Cohen，Myron.Lineage Development and the Family in China//*The Chinese Family and Its Ritural Behavior*.(eds.) by Hsieh Jih-chang & Chuang Ying-chang，Monograph Series B 15.Institute of Ethnology Academia Sinica，1985：210-212.

矩,族人按照义庄规矩种植义田,以达到扶弱济贫、自给自足的“赡养宗族”之目的。《范文正公集》(年谱)有:

> ……尝语诸弟子曰:“吾吴中宗族甚众,于吾固有亲疏,然以吾祖宗亲之,则均是子孙,固无亲疏也,吾安得不恤其饥寒哉。……若独享富贵,而不卹宗族,异日何以见祖宗于地下,亦何以入家庙乎?”故恩例俸赐,尝均族人,尽以俸余买田于苏州,号曰义庄,赡养宗族。

到了南宋,义庄制度依然。梁庚尧曾经统计了南宋的40个义庄,义庄土地从几百亩到5 000亩不等,除了范仲淹的义庄所在的苏州地区,还分布于两浙、江东、江西、福建、湖南、湖北、四川诸路。[1]

从社会结构的意义上来看,宗族公社在当时是一种非常重要的制度创新。这样一种在中国式“集体所有制”下以公田赡养宗族的做法,体现了一种公有、公田的“亲缘社会主义”的经济伦理。在中国宗族的研究中,有大量讨论宗族参与地方经济、充当经济组织的论著,特别是有关参与地方水利和地域经济如沙田开发等的研究。[2] 这样一种宗族公社的公有经济,是一种亲缘组织的公有土地制度,颇具几分“亲缘社会主义”的意味,借用葛希芝的“小资本主义”概念,我们或可以把这种“亲缘社会主义”称之为“小社会主义(petty socialism)”。

范仲淹设义庄义族,从旧有的宗族观念出发,购置土地创造宗族。表面上,围绕土地有一个小家成族的整合,但是融合的实质问题不是若干小家族如何围绕土地等凝成宗族,而是那个超越小家族之上的土地公产来自何处?谁人控制?为何这些土地不是分给各个小家而是要凝成大家?重要的是,“宗族”已经是这一融合的“前结构”,然后才有人们争置土地、聚家成宗族。是“宗族土地”,而不是其他土地,才具有如此的整合力。帕特夫妇(S.Potter和J.Potter)从功能的角度认为:“宗族并非直接承担社会生产关系中一个组织的功能。社会生产组织的基本单位是农民的家户(household),而不是作为一个整体的宗族。”因此并没有一个“宗族

---

[1] 梁庚尧.南宋农村经济.台北:联经出版事业公司,1985:310-319.

[2] 钱杭.库域型水利社会研究——萧山湘湖水利集团的兴与衰.上海:上海人民出版社,2009;刘志伟.宗族与沙田开发.中国农史,1992(4);郑振满.明清福建家族组织与社会变迁.长沙:湖南教育出版社,1992;张俊峰,张瑜.清以来山西水利社会中的宗族势力——基于汾河流域若干典型案例的调查与分析.人类学研究,2013(1).

的生产模式”。[1] 帕特显然忽略了家户虽然是一个生产单位，但宗族亦是一个生产资料所有的单位。并且宗族所有的土地直接影响家庭的生产方式。宗族生产模式主要表现为对土地的占有和管理；家庭常常是租佃宗族土地的单位。

宋代以后，华南的宗族发生一开始就与土地公有观念有密切联系，从阳村族谱中，可以看到祭祀土地是公田的主要部分。许多土地被归于祠田、墓田等名目之下。这些土地可租佃，可买卖，看起来都在经营，但是都戴着公祭田的帽子。公祭田是一种土地积累的方式，问题是土地为什么要围绕祭祀公田来积累？祭祀经济从唐到明，从寺观、书院到宗祠，其社会作用不可忽视。祭祀公田的地权性质在于：①由族人耕种并从中收益，形成一种公田私耕的土地经济和公私兼顾的地权形式；②用“祖先”作为地权的象征田主，形成一种观念地权或伦理地权；③祭祀土地多权属，却都没有充分的归属，形成不充分地权。它不是权限明确的“自由土地”；④民田中的祭祀土地比例相当可观。上述与国家密切联系的由祭祖礼仪而产生的社会经济，无疑带有伦理经济的成分，它给后来的中国社会带来了至深的影响。[2]

在范仲淹建立义庄宗族的家乡苏州，一直有着义庄的传统。清代苏州府新设义庄 185 个，宗族义田平均每个义庄 813 亩，到清末大约是 17 万亩。义田的捐置人除去身份不详的之外，以官员或官僚地主为主，捐赠的义田占到约 70%。[3] 这从一个侧面表明了义族义田经济与国家的某种密切联系。实际上，义田介于官田和民田（私田）之间，一方面，义田在清代是受到国家保护的，《大清律例》（户律田宅盗卖田宅）有“凡子孙盗卖祖遗祀产，至五十亩者照例投献。捏卖祖坟山地例，发边远充军。不及前数及盗卖义田，应照盗卖官田律治罪。其盗卖历久宗祠一间以下杖七十，每三间加一等罪，止杖一百，徒三年。以上知情谋买之人，各与犯人同罪，房产收回给族长收管，卖价入官”。乾隆二十一年，经江苏巡抚庄有恭奏请清廷批准“凡有不肖子孙私卖祀产义田，……一亩至十亩者杖一百，加枷号一个月，十亩以上即行充发”，买者“与私卖者同罪，田产仍交原族收回，卖价照追入

[1] Potter, S.& Potter, J.*China's Peasants*.Cambridge: Cambridge University Press, 1991.
[2] 张小军.象征地权与文化经济——福建阳村的历史地权个案研究.中国社会科学，2003(3).
[3] 范金民.清代苏州宗族义田的发展.中国史研究，1995(3).

官”。[1] 义田与国家的关系，还包括义田的税收蠲免、公地产权的保护并纳入国家的土地登记、地方治理的单位以及设置学田促进乡村教育等。

全国族田分布有一个鲜明的特点，就是南多北少，南重北轻。最多者为闽粤地区，按照民国时期南京土地委员会的调查表明，北方山东、陕西、山西、青海、甘肃五省县均族田面积约 1 400 亩。其中，山东县均族田 2 447 亩，陕西 1 149 亩、山西 3 554 亩、青海 1 000 亩、甘肃 145 亩。长江流域六省县均族田约 18 000 亩，其中，浙江县均族田 21 571 亩、安徽 5 016 亩、湖南 59 905 亩、湖北 12 870 亩、四川 1 966 亩、贵州 8 114 亩。[2] 这一状况，与华南或江南地区的宗族创造有着直接的关系，亦联系到 18 世纪以前华南经济的高度发展。公有的宗族土地经济是一种集体经济，从经济学的意义上来看，其本身没有什么特别之处，但是明代以来的宗族创造产生出来的大量公有土地，其社会学和人类学意义就非同一般了。

1950 年 8 月 4 日，政务院通过的《中央人民政府政务院关于划分农村阶级成分的决定》中说：“江南的农民中，各种祠、庙、会、社占有土地约达全村土地总数 15%，最多达 50%以上。据皖南祁门县莲花塘行政村的调查：全村共 202 户，694 人，共使用土地 2 204 亩，其中大小祠、庙、会、社共九十五个，属于这些祠、庙、会、社的土地共 1 287.8 亩，占全村土地总数的 58.39%。这些公堂的 94%以上，固定地出租于几代相传的永佃户，进行地租剥削，租额也是很重的，一些大公田，每亩交租为总产量的 40%、50%至 60%。从莲花塘管公堂的成分看：固定管理的七个，轮流管理的有十二个，而由地主豪绅把持操纵的有七十六个。从莲花塘村公堂、祠、会的调查材料，就可以明白管公堂是一种封建剥削。”

据 1950 年华东军政委员会编的《福建农村调查》，福建族田占全部耕地的比例，在沿海地区为 20%～30%，闽西和闽北为 50%以上。例如，闽北南平专区 71 个乡，族田占到 58.23%，说明这一地区宗族土地的数量之大。[3] 民国时期宗族变化的表现之一是用祭田建学校，例如，阳村卖祭田在三才堂建小学。阳村宗族土地至土改还能保持在 42%，说明过去族田很多。阳村余氏的祠堂账目，1949 年以

[1] 苏抚庄奏为请定盗卖盗买祀产义田之例以原风俗事.乾隆《洞庭东山翁氏族谱》(卷一二，附载禁例).引自范金民.清代苏州宗族义田的发展.中国史研究，1995(3)：65.

[2] 吴文晖.中国土地问题及其对策，商务印书馆，民国 36 年.第 109-111 页.引自：傅建成.20 世纪上半期中国农村族田问题及中共政策分析.咸阳师范专科学校学报，2000(4).

[3] 华东军政委员会编《福建农村调查》。

后一直保管在过去的总管家里,“文化大革命”中被抄出,在村中心的空场上焚毁。根据老人回忆,余氏宗祠在1949年以前每年的祭田(即禅林族田)收租约1 000石,按三七租,总产量约合1 429石,185 714斤(按当地1石合130斤折算),以亩产160斤计算,约有族田1 160亩。李氏族田也有1 000亩。这样多的公社田,对地方社会的家庭生产模式无疑具有重要的影响。

广东的情况与福建相当。据陈翰笙的广东调查,民国晚期,广东省东部、西部、南部和北部族田占到整个耕地面积的比例约为35%、23%、40%、25%。按照当时的估计,当时的广东省约有耕地4 200万亩,其中族田和公田占到35%以上。珠江三角洲地区有一半耕地是族田,说明公田的比例很高。[1]

在范仲淹的义庄义田建立之后,已经建立起一种完全不同于过去奴隶主、封建贵族或地主“公地”的新型公社公地制度,这就是本章所称呼的“宗族公社”的公地制度,它的最大区别就是土地归宗族成员公共所有。尽管在后来的义族义田的实践中会有少数人的假公济私,但是这样一种土地公有制度弥足珍贵。本章称之为“亲缘社会主义”,即所谓的“小社会主义”(petty socialism)。自然不是现在意义上的社会主义,而是一种具有某种公有土地性质的情况,并且一直与国家及其治理有着密切的关系。事实上,当土改中对祠堂等管公堂的公共土地全部没收之后,很快就开始了合作化运动,并将所有分给农民的土地收归集体,重新变为“公地”。只不过宗族祠堂土地的“此公”变为社会主义集体化时期土地的“彼公”。

第三节 宗族与“家宗文化经济”

本章检讨和反思了“韦伯命题”,即认为中国的宗族等亲属纽带阻碍了中国资本主义的发展。从华南的宗族研究可见,家族和宗族经济一直是中国社会重要的经济形态,既具有“亲缘小资本主义”的一面,又具有“亲缘小社会主义”的一面,它带来了中国经济直到18世纪之前的繁荣。然而,静下心来思考,首先的问题是,资本主义否是中国本来应该的发展路径?余英时认为,关于“资本主义萌芽”的提法在史学上是缺乏经验基础的,因为“问错了问题”,即错误地认为资本主义是中

[1] 陈翰笙.解放前的地主和农民.北京:中国社会科学出版社,1984.

国发展的必然之路。[1] 其次,“资本主义”是否用来界定中国社会的有效概念?无论如何,中国历史上的经济发展进程并不是当时并不存在的“资本主义”或“社会主义”所为之,而是一种或可以称之为“家宗文化主义”的经济形态,产生了“家宗文化经济”。所谓“文化经济”,对应“文化经济学”,即萨林斯所认为的“人类学的经济学”。其特点是把“文化”作为理解和分析经济现象的基础和方法论,视经济现象为文化现象。[2]

家宗文化主义(culturalism on family and lineage)即家庭、家族和宗族的“文化主义”,特点是围绕韦伯所言的血缘和人事“关系至上”的家族和宗族的“关系文化”,来形成政治、国家、经济、祖先信仰等文化共同体。事实上,战后“亚洲四小龙”的经济发展,基本上是在家宗文化主义的文化经济形态下获得成功的。这对“韦伯命题”提出了反思。最近40年来,中国在民营家庭经济的发展,再一次将“韦伯命题”置于反思和批评的位置。

上章提到,在近代中国研究的二分模式中,宗族常常被用来为传统/现代、落后/先进、封建/革命、儒家伦理/新教伦理等二分的范式做脚注。简单化的二分模式将宗族置于传统、落后、封建的一端,而在实际上忽略了宗族具有两者共同的文化实践的逻辑。不清楚宗族于传统/现代、落后/先进、封建/革命、儒家伦理/新教伦理这些二分的共同实践的逻辑,便无法真正理解上述二分对立对中国社会的误解。从文化主义的视角来看,“韦伯命题”偏重于伦理和文化制度,认为宗法伦理和血缘纽带阻碍了资本主义发展。本章则希望指出,在文化象征层面,宗族是国家、地方、乡民共同实践的结果。对中国社会进行简单的二分概括是不够的,也表明这种方法或范式产生危机的必然。

按照实质论的观点,宗族的发生、存在和演变是一个嵌入社会的生活实践过程。宗族作为一种文化创造和文化实践,具有广泛的适应性和文化编码能力。因此,中国历史上的宗族,并不是一个连续的制度和形态,甚至在某些形态下不符合宗族应该遵守的继嗣原则。例如,早期的宗族曾经是一个近亲群体,有血缘但是非继嗣(宗祧)。当代“复兴”的宗族已经或正在趋于社团化,其中的继嗣原则只是形式,一般并无实质的财产等继嗣关系。宗族的亲属关系基础只是表面的、形式

---

[1] 余英时.自序//中国近世宗教伦理与商人精神.台湾:联经出版事业公司,1987.

[2] 萨林斯(M.Sahlins).石器时代经济学.张经纬,郑少雄,张帆,译.北京:生活·读书·新知三联书店,2009.

的。这就可以理解为什么历史上的宗族是形态各异的，为什么人们可以虚构族谱和编造祖先，为什么有大量的非儒家文化渗透于宗族，为什么宗族在历史上不是一个连续的过程。形式论的观点局限于在亲属制度和亲属关系的结构中理解宗族，虽然有广泛的要素的和功能的分析，却摆脱不了基于亲属制度的分析。实质论的观点强调社会嵌入文化实践，认为宗族是一种文化的创造，依据不同的时空和权力，宗族作为文化手段，会有不同的文化创造，被赋予不同的文化意义，产生不同的形态。因此，作为文化实践，宗族并没有“过时”，与现代化和市场经济也没有根本的冲突，反而会成为不同文化融合的文化场域。这也就不难解释，为什么宗族和家族文化可以与所谓的“资本主义”或“社会主义”相互契合的原因。

此外，家与国的经济和政治关系也是“家宗文化经济”的重要特点。在某种意义上，它也是一种“家国文化经济”。家，曾是国家管理组织中的最小单位，《周礼》有：“乃均土地，以稽其人民，而周知其数。上地，家七人，可任也者，家三人；中地，家六人，可任也者，二家五人；下地，家五人，可任也者，家二人。”所谓可任，是指“丁强任力役之事者”。当时是“令五家为比，使之相保；五比为闾，使之相受；四闾为族，使之相葬；五族为党，使之相救；五党为州，使之相赒；五州为乡，使之相宾”。郑玄注曰：“闾，二十五家；族，百家；党，五百家；州，二千五百家；乡，万二千五百家。”其中所谓的族有百家，这个“族”不是宗族，也不是以血缘成族，“家”和“族”之间本来没有血缘的联系。早期的中国社会中，家不是宗族单位，宗族也不是家的自然扩展。

“国家”，在中国古代的观念中，乃是“国”与“家”的社会等级体系，有如《孟子·离娄上》所说：“人有恒言，皆曰天下国家。天下之本在国，国之本在家。”这一“国家”体系乃是“天子建国，诸侯立家，卿置侧室，大夫有贰宗，士有隶子弟，庶人、工、商各有分亲，皆有等衰”。其中天子分封诸侯建国，诸侯分采邑给卿大夫立家，这个“国”“家”是远离平民的。与国家关系密切的士家大族和平民小家庭早已是在两个不同层面运作的。诸侯立的“家”，并非亲属制度的产物，不能与平民自然建立的家相提并论。中国的家，不但早在制度上成为国家“五家为比”和任力役的单位，也在伦理上与“礼”结合。这使得有“礼”的世家大族和“礼不下庶人”的平民小家庭产生分离。直到宋代，一批士大夫才明确主张把家纳入国家整合的体系。司马光的《家范》中有“以礼法齐其家”和“正家而天下定”，与《朱子家礼》中“修身齐家之要，谨终追远之心，犹可以复见而于国家”的逻辑是相通的。但在当时,并没有一个儒家思想的一统天下和宗族的普遍化,只是在南宋开始的国家、宗族和家庭的一体化建构中,国家之下的亲属伦常才有可能成为一种近世普遍的基层家庭伦理。

南宋,理学家们已经将“家”的理念普遍化。朱子提出一套家礼家制,是基于对当时社会的理解,目的是为了用儒家道统来重建国家和地方秩序,即所谓“修身、齐家、治国、平天下”。不过,那时的“宗族”之象征体系并不完善,从宋代的“文治复兴”才开始,并在明代由国家、士大夫和百姓的共同推动,宗族始成为乡村社会的基层组织。在这个实践过程中,宗族不断成为一代代人的历史和现实,影响他们对社会做出新的文化解释和建构象征体系,使“宗族”不断在不同的时空中,在不同的具体实践中,发展为不同的宗族排列。它们已经不完全是朱熹当年的设计,也不完全是明代国家推动的版本。这是一个在国家、地方和个人的文化实践中不断循环滚动增厚的宗族化过程。

战后“亚洲四小龙”的发展,充分体现出“家宗文化经济”的文化精髓和丰富的文化实践。陈其南曾认为:“东亚地区经济发展的文化价值和社会制度基础乃在于家族意理,而非暧昧的儒家伦理。”[1]类似地,李亦园在与彼得·伯格谈到亚洲现代性的“新儒家假设”时,对新儒家的假设表示怀疑,并认为民俗宗教的小传统与儒家同样重要,这引出他谈到伯格提到的“李氏假设”(参见本书第四章)。上面的讨论意味着,需要跳出对“韦伯命题”的简单回应,即认为是因为儒家伦理而导致了亚洲的现代性和资本主义的发展。其中,陈其南所言的“家族意理”这样一类“小传统”,从华南宗族研究的成果来看,其实也是国家的“大传统”,在其影响下的“家宗文化主义”及其“家宗文化经济”所带来的亚洲现代性,可能是对“韦伯命题”的一个完满的回答。

弗兰克(Andre G.Frank)在《白银资本》中的最后一段话这样说道:“本书的宗旨是协助人们建立一个认知基础,使得人们承认统一性中的多样性和赞美多样性中的统一性。遗憾的是,最需要这种认知基础的人可能对此最不感兴趣。……这是因为,本书提供的证据会摧毁他们的社会‘科学’的历史根基。说穿了,他们的社会‘科学’几乎完全是欧洲中心论的霸权意识形态的面具。可喜可贺的是,这

[1] 陈其南.家族与社会——台湾与中国社会研究的基础理念.台北:联经出版事业有限公司,1990.

种东西已经在受到世界历史进程本身的颠覆。”[1]本文对“韦伯命题”与宗族研究的范式危机的研究，旨在说明，基于亲缘关系的亲属制度并非与资本主义有必然的冲突，恰恰相反，对于日益走偏的所谓“理性人”的资本主义经济，“情性人”或“文化人”的亲缘关系对于经济发展至关重要。无论是本文探讨的“亲缘资本主义（小资本主义）”还是“亲缘社会主义（小社会主义）”，都可以表述为一种“家宗文化主义”下的“家宗文化经济”，它深藏于中国文化之中，并不断显示出其经济活力。尽管染上铜臭的亲缘关系令人担忧，然而，没有亲情的冷血拜金主义也不是健康资本主义的本来。西方学者已有大量对当代资本主义畸形发展的批评，也提示我们不要步他们之后尘。世界上存在着多样性的发展道路，“家宗文化经济”无疑是其中的一类发展，这一点在日本、“亚洲四小龙”和中国都已经得到证实。最终，只有真正符合人性和文化法则与自然法则的人类发展才是可以持久的发展。

[1] 贡德·弗兰克.白银资本——重视经济全球化中的东方.刘北成，译.北京：中央编译出版社，2001.

第四部分 “鬼”说帝国

在人类学本土化的过程中，人们通常会把“本土化”与“中国化”联系起来，忽略了本土化中还有着在中国本身的地域、城乡、边疆或者民族等差别以及相关研究的本土化，即中国本土中的本土化。这些本土化的历史过程中，主要面对着某些来自中国本土的文化和话语霸权。例如，“城市中心”“工业中心”“文明中心”“现代化中心”等等话语霸权，以及由此带来的污名化。其中，西南民族地区的这类情形并不少见，特别体现在“帝国”的话语霸权对地方社会的渗透之中。本部分的三章分别围绕“鬼”观念的不同探讨，尝试理解历史上的帝国文化霸权以及地方社会“国家化”的本土化过程。

说到“鬼”，其字最早见于甲骨文中，形似无脸之人形躯体，当是一个占卜的符号文字。《黄帝内经·灵枢·天年》有所谓“魂魄毕具，乃成为人”。《礼记外传》：“人之精气曰魂，形体谓之魄”。魂魄两字都有“鬼”部，表明“鬼”是人的造化之物，它本是人的精气与形体的载体，当人的精气和形体不在的时候，便剩下了“鬼”。延伸开来，就是人死（形体和精气均绝）为鬼。遗憾的是，人们越来越偏向后者“人死为鬼”的解释，忽略了“鬼”本来是生命载体的意义——“万物有灵”之灵。在人类学的研究中，很多初民社会都有人的肉体不在后，灵魂仍在的观念。灵，是万物的生命所在，甚至就是生命的同义语。不过，随着人们对“灵”的好恶之分，神灵和鬼灵的区别也产生了。由此，人、鬼、神，成为人们生存中一个永恒的主题。

从人类学的角度来看，与任何文字和概念一样，“鬼”的概念也在不断地演变之中。通过理解这些变化，可以理解社会的演变。《驯鬼年代》想表达的就是这样一个过程：现代社会的建立，将“鬼”以及由“鬼”界定的事物如“牛鬼蛇神”之类，变成社会的反面事物。类似的过程也发生在使用“鬼主”来蔑称和定义历史上西南少数族群的领袖。而无论如何污名或者蔑称，都可以发现后面有着“帝国”的影响和推动，都反映了历史上边疆地区国家化的过程。从本土化的角度来看，可以发现学者们自觉不自觉地言说着帝国的“鬼话语”，即跟随或参与到上述“鬼”的污名化过程之中，以“鬼”来他称或者自称民族文化中本来的万物诸“灵”。在这个意义上，学者的自我本土化反省十分重要。本部分的三章，正是通过“鬼”说帝国，来理解这一国家化的历史过程。

第十章，“鬼主与圣权制——西南地区历史上的治理文化刍议”。本章通过从唐宋至明代帝国对西南一些地域或族群联盟首领给予“鬼主”称谓的辨析和思考，理解西南地区历史上的国家化过程，借此探讨西南地域的“圣权制”及其治理文化。圣权制是一种有别于王权制的治理形态，关注人们与自然共处的观念体系、社会和谐的知识与认知体系，以及治理民俗知识体系，包括宇宙观、伦理价值观、神判制度、仪式信仰等等。历史上西南地区的治理文化偏向“圣治”与“理治”，有别于三王之治以来儒家的“礼治”与“文治”。西南地区“治事之俗曰理”的理俗与儒家礼俗亦有不同，更多包含了民间的治理智慧，而非国家推崇的制度。从政治人类学来看，圣权制是一种人类早期重要的治理制度，从酋邦（国家）一直贯通到基层社会，由于历史上长期为帝国蔑用“鬼主”等概念定位，因而容易忽略其丰富的传统文化内涵和文化逻辑。

第十一章，“西南少数族群的‘鬼’观念与传统帝国政治”。本章通过西南地区一些少数民族关于“灵”与“鬼”的概念剖析，探讨了西南民族广泛、本真的“万物有灵”的宇宙观和认知体系，以及这一文化体系如何在历史上被“鬼”的概念侵入的“鬼化”过程，进而理解少数族群不断纳入国家的国家化。本章所论的万物有灵，并非简单在宗教信仰意义上的论证，而是思考其作为优秀传统文化的圣灵文化（圣礼文化）或者说圣灵文明（圣礼文明）。其文明的标志，包括了天人合一、对自然的尊重，理治和文治的精神、民主的制度、社会和谐的社会关系。历史上的鬼化过程是一个地方性知识的重构和建构过程，弱化了当地丰富的文化，导致地方社会神圣宇宙观的世俗化，使得少数族群自觉不自觉地在文化自卑中接受外来文化，偏离了文化融合的公平原则。在倡导文化多样性和文化自觉与自信的今天，如何避免此类对少数族群文化的污名化，依然是一个严峻的话题。

第十二章，“驯鬼年代：鬼与节的文化生态学思考”。本章从鬼的文化生态分析入手，探讨了关于生命的鬼文化生态和关于社会的鬼文化生态，进而思考百年的“驯鬼年代”，并尝试在此基础上理解鬼以及相关节日于人类的文化生态学意义。从人类学的角度，神之于宗教和鬼之于巫术，两者有着某些基本的同构之处。本章的分析指出，鬼的神化以及一些巫术隐身于宗教，已经使得鬼之破除迷信和神之宗教自由两者之间的界限模糊不清。七月十五中元节、清明和春节等节日中鬼文化的传统依然存在。在某种意义上，虽历经近百年的驯鬼年代并由此引起了文化生态的某些失衡，鬼文化依然通过神文化和诸鬼节文化顽强地存续着，鬼的文化生态也在各种社会调整中不断寻求着新的形式和新的平衡。

第十章 “鬼主”与圣权制

——西南地区历史上的治理文化刍议[1]

政治人类学对于前工业社会的研究从现代“政治”的视角出发，区分出两类政治治理形态，一类是非集权的（uncentralized）游群（bands）、部落（tribes）；另一类是集权的（centralized）酋邦（chiefdoms）和国家（the states）。[2] 相应的治理权威包括大人（big man，强人）、酋长（君长）或者国王（皇帝）。另一类经典研究来自《非洲政治制度》中关于“无国家社会”（stateless society）以及“初民国家”（primitive states）两种政治形态的划分。[3] 这些研究多偏向于实体政体结构的视角，而疏于对社会治理的神圣性权威之分析。弗雷泽（James G.Frazer）曾指出古代国王通常也是祭司，他不仅作为人与神的联系人而受到崇拜，还被当作神灵。国王因为具有这种神性才被授予其职位。[4] 象征体系与治理的经典研究之一是萨哈林斯（M.Sahlins）关于夏威夷土著围绕王权的神话知识体系与库克船长遭遇的研究。[5] 格尔兹（C.Geertz）的《尼加拉》也是这方面的研究经典，关注从稻田祭祀直到国家祭祀形成的一套象征文化如何安排着诸如农业灌溉等事务，由此理解仪式性的“剧场国家”。[6] 这些研究的共同特点是关注治理的文化秩序。近年来，国内关于神圣性与治理方面的探索性研究有张士闪的“礼俗互动”研

---

[1] 本章关于“鬼主”的研究曾作为2017年日本国立民族博物馆《在世俗与神圣之间》国际研讨会发表的会议论文《“鬼话”与“鬼化”的帝国政治——西南少数族群“鬼”观念的个案考察》之一部分。

[2] Ted C.Lewellen. *Political Anthropology: An Introduction (second edition)*. Bergin & Garvey Publishes, 1992: 21-43.

[3] Meyer Fortes, E. E. Evans-Pritchard. *African Political System*. Oxford: Oxford University Press, 1940: 5-6.

[4] [英]詹·乔·弗雷泽.金枝（上）.徐育新，汪培基，张泽石，译.北京：中国民间文艺出版社，1987：17-18.

[5] [美]马歇尔·萨林斯.历史的隐喻与神话的现实——桑威奇群岛王国早期历史中的结构.历史之岛.蓝达居，张宏明，黄向春，刘永华，等译.上海：上海人民出版社，2003.

[6] [美]克利福德·格尔兹.尼加拉：十九世纪巴厘剧场国家.赵丙祥，译，上海：上海人民出版社，1999.

究，[1]张小军和李茜的措卡制度研究，[2]麻勇恒的神判制度研究[3]等。李松主持的文化部《中国史诗百部工程》的课题成果多数涉及具有神圣性的治理与象征知识体系之研究。

圣权制（sacred-authority system）是西南地区早期部落和酋邦（国家）社会的普遍政治形态，这是一种用神圣性权威进行社会治理的制度，传统上被称为“神权政治（神权政体）”。政治人类学通常从宗教在政治中的角色对此进行分析：①神权政体（theocracy），政体直接基于宗教；②宗教被用于建立统治精英的合法性；③宗教可以提供给掌权者以可操纵的基本结构、信仰和传统。[4] 一方面，这类观点忽视了初民社会的治理形态是一种神圣权威下同时具有象征权威与治理权威的复合形态，不应以现代的“宗教”和“政治”二分概念来简单地进行功能分析。另一方面，传统神圣权威除了象征权威和神圣性的治理权威，还包括更重要的一套具有神圣性的宇宙观和价值观；而政治权威也非仅仅是政治领袖，还包括诸如神判、“理”等一套制度。它们都服从于建构社会秩序的需要。

本章希望通过唐宋至明代帝国对西南一些地域或族群联盟给予“鬼主”称谓的辨析和思考，理解这一被蔑称的治理制度后面的政治人类学含义，借此探讨西南地域的“圣权制”及其文化秩序的意义。

第一节 “鬼主”的国家化过程

在历史上，西南少数族群曾长期在“国家”话语中被视为“蛮”、“獠”或“蛮夷”等。本章所论“鬼主”这一称谓，亦是帝国话语中的蔑称，其后面的国家化过程值得思考：“鬼主”之谓不仅仅是污名化，还掩盖了对其所代表的圣权制——人类治理形态中的一种重要制度——之理解。

“鬼主”这一称谓被文人上溯至蜀汉，《贵州名胜志》（卷之一）载：

---

[1] 张士闪.礼俗互动与中国社会研究.民俗研究，2016(6).

[2] 张小军，李茜.哈尼族阿卡人的“措卡”治理制度——普洱市孟连县芒旧新寨的个案研究.民族研究，2016(2).

[3] 麻勇恒.敬畏：苗族神判中的生命伦理.北京：中央民族大学出版社，2016.

[4] 参见：Ted C.Lewellen，*Political Anthropology：An Introduction*（*second edition*），Bergin & Garvey Publishes，1992：70.

> 蜀汉建兴三年，诸葛武侯南征。时将牂牁帅济火积粮通道以迎，武侯表封为罗甸国王。其部落有七，曰庐鹿蛮者，即今罗罗。俗尚鬼，号正祭者为“鬼主”，今犹谓之罗鬼。居普里，即今普定卫是。唐开成初年，鬼主阿风内属。会昌中，封为罗甸王。[1]

《唐纪》也曾记载罗甸(殿)国：“诏以牂柯为牂州。”其注释曰：“昆明东九百里，即牂柯蛮国。其王号鬼主，其别帅曰罗殿王。”[2]按照上述说法，罗甸国有七个部落，其中的“庐鹿蛮者，即今罗罗”，被认为是今天彝族的前身，而庐鹿蛮属于乌蛮的一支。相关的正式“鬼主”记载见《新唐书》：

> 乌蛮与南诏世昏姻，其种分七部落……土多牛马，无布帛，男子髽髻，女人被发，皆衣牛羊皮。俗尚巫鬼，无拜跪之节。其语四译乃与中国通。大部落有大鬼主，百家则置小鬼主。
>
> 勿邓地方千里，有邛部六姓，一姓白蛮也，五姓乌蛮也。又有初裹五姓，皆乌蛮也，居邛部、台登之间。妇人衣黑缯，其长曳地。又有东钦蛮二姓，皆白蛮也，居北谷。妇人衣白缯，长不过膝。又有粟蛮二姓、雷蛮三姓、梦蛮三姓，散处黎、嶲、戎数州之鄙，皆隶勿邓。勿邓南七十里，有两林部落，……两林地虽狭，而诸部推为长，号都大鬼主。[3]

依《蛮书》卷一所载各部落的地域状况来看，唐朝前期的乌蛮七部落，都实行鬼主制。南北朝以后至唐朝时期，汉、晋时期的昆明、细人逐渐分化与重新组合出乌蛮、和蛮、施蛮、顺蛮，等等。和蛮为今之哈尼族，施蛮、顺蛮为今之傈僳族。正因为唐朝前期的“乌蛮”中尚包括施蛮、顺蛮、和蛮，所以“乌蛮”不能简单对应今之彝族。[4] 方国瑜先生曾考证勿邓、雨林、董蛮是后来的普米族，粟蛮二姓是今天的傈僳族，锅锉蛮是今天的拉祜族，磨些蛮就是今天的纳西族。黔西的鬼主，后来称鬼蛮，或罗蛮。[5] 格梅江曾讨论鬼主制的分布：川西的鬼主为乌蛮、白蛮和其

---

[1] [明]曹学佺.吕幼樵，等编著.杨庭硕，审定.贵州名胜志研究.贵阳：贵州人民出版社，2010：63.

[2] (宋)司马光编著.资治通鉴.卷193唐纪九.北京：中华书局，1976：6068.

[3] (宋)欧阳修，等.新唐书(第八册)，卷222(下).南蛮列传(下).北京：汉语大词典出版社，2004：4850.

[4] 易谋远.彝族史要.北京：社会科学文献出版社，1999：548.

[5] 方国瑜.关于“乌蛮”、“白蛮”的解释//云南白族的起源和形成论文集.昆明：云南人民出版社，1957：115-119.

他杂姓蛮三大类。这一区域的民族至少包括彝族、苗族、仡佬族和布依族等。董姓鬼主是白族。[1]

上述记载表明，蜀汉已有诸葛亮所封的罗甸国王，之后的唐、宋、元，都有罗甸国的建制和罗甸王的分封。在唐代，开始有明确记载的“鬼主”之谓。唐代樊绰有“东爨乌蛮大部落则有大鬼主。百家二百家小部落，亦有小鬼主。一切信使鬼巫，用相制服”。[2] 在云南曲靖陆良地区，爨氏自东晋经南北朝至唐天宝七年统治南中地区长达400余年，爨文化便是指分布在其间所造就的历史文明。在《唐代云南的乌蛮与白蛮考》中，凌纯声认为建宁为东爨，晋宁为西爨。[3] 易谋远曾经整理了历史上各地鬼主被诏封的情况，如今四川小凉山马边、雷波县等地东蛮之董蛮部。[4]《新唐书·南蛮列传(下)》：“戎州管内有驯、骋、浪三州大鬼主董嘉庆，累世内附，以忠谨称，封归义郡王。”[5]《旧五代史·明宗纪》载，天成元年十月丁亥，“云南嶲州山后两林百蛮都鬼主、右武卫大将军李卑晚遣大鬼主傅能、阿花等来朝贡……丙午，以嶲州山后两林、百蛮都鬼主李卑晚为宁远将军，大渡河山前邛川六姓都鬼主、怀安郡王勿邓摽莎为定远将军……十二月戊子……诏曰：‘其嶲州刺史李及、大鬼主离吠等，或遥贡表函，或躬趋朝阙，亦宜特授官资，各迁阶秩。’”[6]《宋史·蛮夷(四)》：“(开宝)八年，怀化将军勿尼等六十余人来贡，诏以勿尼为归德将军，又以两林蛮大鬼主苏吠为怀化将军。……熙宁三年，苴尅遣使来贺登宝位，自称‘大渡河南邛部川山前、山后百蛮都首领’，赐敕书、器币、袭衣、银带。是年，苴尅死，诏以其子韦则为怀化校尉，大渡河南邛部川都鬼主。”[7]还有学者认为，这些小政权结盟中的盟主称为“大鬼主”，“如果结盟的规模进一步扩大，那么最有权势的盟主才被称为‘都大鬼主’”。“在宋元之交，由于受到宋廷招抚的刺激，元朝不得不对他大力扶植，甚至是恩威并用，这才使得原来临时性的大

[1] 格梅江.南中鬼主考(三)鬼主的族别.http://blog.sina.com.cn/s/blog_d37169920102v43t.html [2014-09-11].

[2] 樊绰撰，赵吕甫，校释.云南志校释.北京：中国社会科学出版社，1985：36.

[3] 凌纯声.唐代云南的乌蛮与白蛮考.人类学集刊，1938(1).

[4] 参见：易谋远.彝族史要.北京：社会科学文献出版社，1999：553.

[5] 参见：新唐书(第八册).卷222(下).南蛮列传(下)，4856.

[6] (宋)薛居正，等，撰.旧五代史(第一册).卷37 明宗李嗣源(第四).北京：汉语大词典出版社，2004：355-357.

[7] (元)脱脱，等，撰.宋史.卷496 蛮夷(四).北京：汉语大词典出版社，2004：10571-10573.

鬼主，自此被固化下来，并成了一个世代统辖其领地的大土司。”[1]

在上述记载中，“鬼主”这类蔑称究竟是指什么角色？从表面上看，鬼主作为首领（君长）的称谓无疑，但是细看至少有几类：一是祭司或巫师；二是宗族长老或耆老；三是部落政教合一的最高权威“苴（兹）”。

第一，将彝族“毕摩（巫师）”等专门的神职人员称为“鬼主”。有“夷人尚鬼，谓主祭者为鬼主”[2]。但是，其中的“主祭者”是否为毕摩，还是主持更高公共仪式的“苴摩”或者“突穆”？有学者认为，“西南少数民族宗教的鬼主，是对主持宗教活动的祭司的称呼”：

> 清道光《大定府志》附录《安国泰译夷书九则》载贵州大定府彝族巫师布摩父子相继习俗，并说：“其先蛮夷君长突穆为大巫，渣喇为次巫，幕德为小巫。”此追记彝族古代社会的史料，记忆彝族君长称为“突穆”，是主持宗教事务的“大巫”，“突穆”兼行布摩的神职，是政教合一的政治、宗教首领。在彝族毕摩经书及民间叙事中，述说中古时期曾有“兹、莫、毕”的社会阶层，“兹、莫、毕”是部落酋长、军事首领和宗教祭司三位一体的政教制度。鬼主制度在元明时期发生变化，主要是政教两权逐渐分离，作为鬼主的巫师退出政治舞台。[3]

上面说“蛮夷君长突穆为大巫”，是主持宗教事务的大巫，似乎不妥；说他是政教合一的首领比较合理；不过最后说政教分离后“作为鬼主的巫师退出政治舞台”又嫌不妥。实际上，布摩（毕莫）是专职的巫师，突穆不是巫师，不参与具体的巫师仪式，他作为部落最高的象征权威和首领，会主持一些具有部落公共性的仪式，所以常被误认为“鬼”主。突穆这个角色在彝族还称为“兹莫”“苴摩”“纪莫”“主穆”，是政教合一的酋君长。

第二，关于宗族长老或者耆老称为鬼主。有学者指出：“彝族先民实行长子世袭制，由长子管宗祠斋荐等宗教事务，长子更是政治事务的掌权者，这与唐宋时期鬼主的世袭制是相通的。”[4]对此类说法，有学者进行了讨论：

---

[1] 参见：（明）曹学佺，著.吕幼樵，等编著.杨庭硕，审定.贵州名胜志研究.贵阳：贵州人民出版社，2010：63-64，69.

[2] 参见：新唐书（第八册），卷222（下）.南蛮列传（下）：4849.

[3][4] 张泽洪.中国西南少数民族鬼主制度研究.思想战线，2012(1).

> 《大定府志》等汉文史志，把这种宗法社会形态，描述为“西南夷俗尚鬼（尚鬼，应为彝族崇拜祖先）以竹为葆（葆为尊重、保护）谓之鬼筒（彝族称祖宗灵筒）推其大宗主祭（大宗，即长房、长子）谓之大鬼主”（彝语称长房、长子为“赫歇”，没有“鬼主”的意思；明朝天启年间的彝族起义将领安帮彦称自己为“四裔大长老”，可见安帮彦当时也认为“大鬼主”之称不确切）。[1]

作者在上面括号中叙述了自己的看法，认为“推其大宗主祭（大宗，即长房、长子）谓之大鬼主”是不确切的。换句话说，酋君长不是亲属制度下的宗族长，而是政治领袖，且在基层部落社会，很多酋长不是世袭的，只是到了部落联合的酋邦（国家）才会出现世袭。有学者指出“耆老”与“鬼主”的不同之处：其一，“耆老”一定年纪较长，而“鬼主”可能正值骁勇之年；其二，“耆老”是村社成员，参与村社事件讨论，而“鬼主”则是政治首领和决策者。[2] 由此可见，基层部落社会与酋邦联盟的区别。

第三，鬼主是部落政教合一的最高权威。宋史有“夷俗尚鬼，谓主祭者鬼主，故其酋长号都鬼主”。[3] 从字面上来看，这里的“主祭者”和“酋长”应是同一人。在《贵州名胜志研究》编者的解释中，鬼主被认为是“彝族地方微型政权的政治、军事、宗教三位一体的首领”。[4] 这个最高权威不是巫师（鬼师），而是诸如彝族被称为“兹莫”“苴摩”“纪莫”“主穆”（上文所论“突穆”应是发音有差异的同一称谓）等近同音而汉字异写的角色。在彝族南华方言中，巫师为 a^{21} pe^{55} ma^{21}（阿披祃）；头人为 $dʑi^{21}$ ma^{21}（兹莫），两者不同。[5] 而纪莫、苴摩、兹莫的发音，相近于哈尼阿卡人的“尊祃（苴祃）”，即领袖大人。[6] 哈尼语属于彝语语支，凉山土司阶层叫 tsi^{31}（兹），浊音声母。

另外，南诏国以乌蛮和白蛮为主，南诏国古都（现大理）叫“阳苴咩”，《新唐

---

[1] 纳苏颇.彝族根源暨贵州彝族历史探寻.http://blog.sina.com.cn/s/blog_b875f73f0101jyr0.html[2013-05-17].

[2] 格梅江.南中鬼主考（定稿）.http://blog.sina.com.cn/s/blog_d37169920102vts9.html,[2015-8-16].

[3] 参见：（元）脱脱，等，撰.宋史.卷496蛮夷（四）：10570.

[4] 参见：（明）曹学佺，著.吕幼樵，等编著.杨庭硕，审定.贵州名胜志研究.贵阳：贵州人民出版社，2010：68.

[5] 黄布凡，主编.藏缅语族语言词汇.北京：中央民族学院出版社，1992：64,61.

[6] 参见：张小军，李茜.哈尼族阿卡人的“措卡”治理制度——普洱市孟连县芒旧新寨的个案研究.民族研究，2016(2).

书·南蛮列传》有：南诏，或曰鹤拓，曰龙尾，曰苴咩，曰阳剑(睑)。……王都阳苴咩城。“苴咩”与“苴摩”“纪莫”的发音十分类似。有学者指出，巍山彝语称大理作 $çi^{33}mi^{55}$，为“苴咩”的本音。彝语中部南华方言也称大理作 $çi^{33}mi^{55}$，mi 意为地，çi 有两种含义：一为“主人”，一指打歌，因此 $çi^{33}mi^{55}$ 也有两种理解：主人之地或打歌场[1]。对于大理这两个地名含义的解释，南华一带彝族民间有两个对应的传说故事，分别解释两种词的来历，且都涉及南诏历史。“主人之地”的解释是该地凡事井井有条，有如天地生成。推测“苴咩”就是最高政教合一的权威，阳苴咩就是最高权威所在地。

有学者认为早在唐南诏时期，“苴”已是较常用的语言，而南诏王室的后裔为后来分布在滇西的彝族。在南诏，王子被称为“信苴”，南诏的人名、城镇、河流等多以苴谓之。苴有勇猛、壮大、显赫之意。以官员、人名含苴字的如骠苴低、低牟苴、放苴……；以地名含苴的如利备苴、玉白苴、瓦波苴、思卡苴、里苴倾、六苴、苴却等[2]。贞元中，复通款，以勿邓大鬼主苴嵩兼邛部团练使，封长川郡公。及死，子苴骠离幼，以苴梦冲为大鬼主，数为吐蕃侵猎。两林都大鬼主苴那时遗韦皋书，乞兵攻吐蕃[3]。丰琶大鬼主为骠傍。“皇帝下诏封苴那时为顺政郡王，苴梦冲为怀化郡王，丰琶部落大鬼主骠傍为和义郡王，给印章、袍带。”[4]这里的苴嵩、苴梦冲、苴那时，为何都有“苴”？苴是姓氏，还是地位之称？由上述讨论，“苴”很可能是指部落社会最高的权威，后面是其名字。如苴嵩，意为名字为“嵩”的领袖大人；苴那时意为名字叫“那时”的领袖大人。

另外，“罗苴”是南诏大理国(主要为乌蛮和白蛮)时期对武士、勇士的称呼，即罗罗中的大人、主人。罗罗即乌蛮。关于苴的发音，属于乌蛮话，有主人之义。[5]统领罗苴的武将又称罗苴佐。《蛮书》《新唐书·南诏传》中均有对罗苴、罗苴佐的记载和描述。可见，“罗苴”表达的是罗罗中的杰出军事人物。

拉祜族属于藏缅语族彝语支，拉祜语中有“苴冒($dzɔ^{53}mɔ^{53}$)”一词，称呼的是

[1] 街顺宝.漾濞、漾共、阳苴咩——南诏大理国时期地名记音的音变问题.西南古籍研究，2015年刊.

[2] 王元甫.南诏和白族的几个问题.大理文化，1981(4).毛志品.“苴”字源考.攀枝花日报[1994-01-01].

[3] 新唐书，卷147南蛮列传(上).

[4] 参见：新唐书，卷222(下)南蛮列传(下)：4851.

[5] 参见：街顺宝.漾濞漾共、阳苴咩——南诏大理国时期地名记音的音变问题.西南古籍研究，2015年刊.

部落联盟的首领，他们亦称呼孟连宣抚司为“角莫”(大官之意)。[1] “‘苴冒’是拉祜族中最大的官，即最大的头人，同时也是最大的军事统帅。‘苴冒’的产生早期由老人中有威望、有能力的人担任，由部落联席会议产生，后为世袭制，父死子承，如长子不能担此重任者，由次子继承。”[2]

如果此论成立，那么在“苴某某”前加上“鬼主”之谓，显然不可能是自称，而是外部强加的贬称。格梅江认为，“鬼主”经由“主祭者”到封号转变。从唐代开始，国家已经开始在地名后加“鬼主”二字再加鬼主的名字或称呼作为一种新的“封号”[3]。这一打引号的“封号”自然不是合理之谓。不过这类带有贬义的称谓甚至会被习惯地纳入国家正式称谓之中，如明代诸多的“蛮夷长官司”。[4] 至于有学者认为“鬼主名称的由来与早期先民的鬼神观念有关。”[5]似乎认为“鬼主”称谓来自当地人的观念，而非国家的语言，恐有误解。

“鬼主”的称谓确切地在唐宋兴起，到了明代开始趋于消逝，反映出这个时段是“鬼主”伴随的国家化过程的主要时期，大致上可以分为两个阶段。

(1) 唐宋时期，在“中国”的国家观生成下的“蛮夷之辨”。《论语注疏》曰：“此章言中国礼义之盛，而夷狄无也。举夷狄，则戎蛮可知。诸夏，中国也。亡，无也。言夷狄虽有君长而无礼义，中国虽偶无君，若周、召共和之年，而礼义不废。”[6]唐代皇甫湜在《东晋元魏正闰论》中说“王者受命于天，作主于人，必大一统。明所授所以正天下之位，一天下之心……所以为中国者，礼义也，所谓夷狄者，无礼义也。”[7]程颐亦曰：“礼一失则为夷狄，再失则为禽兽。圣人初恐人人于禽兽也，故于《春秋》之法极谨严。”[8]这些儒家一脉相承的说法清楚表明了“蛮夷”“鬼主”一类蔑称的道统所出。葛兆光曾论北宋石介的《中国论》和欧阳修的《正统论》如

---

[1] 《中国少数民族社会历史调查资料丛刊》修订编辑委员会编.拉祜族社会历史调查(一).北京：民族出版社，2009：28.

[2] 政协澜沧拉祜族自治县委员会编.祜族史.昆明：云南民族出版社，2003：115-120.

[3] 参见：格梅江.南中鬼主考(定稿).http://blog.sina.com.cn/s/blog_d37169920102vts9.html，[2015-8-16].

[4] 参见：[明]曹学佺.吕幼樵，等编著.杨庭硕，审定.贵州名胜志研究.贵阳：贵州人民出版社，2010：394-412.

[5] 参见：张泽洪.中国西南少数民族鬼主制度研究.思想战线，2012(1).

[6] [魏]何晏注，(宋)刑昺疏.论语注疏.北京：北京大学出版社，1999：30-31.

[7] [唐]皇甫湜.东晋元魏正闰论.全唐文.卷686，北京：中华书局，1983：7030-7031.

[8] [宋]程颢，程颐.二程遗书.上海：上海古籍出版社，2000：94.

何催生了“中国”国家观下“华夷之辨”的民族主义。[1] 可见在“中国”的国家观建构中，有了中心与边缘有别的“鬼主”称谓。

另外，唐宋的“鬼”的观念有一个转变，有学者认为：“在唐代，虽说有时明明是说鬼或是说神，但往往还会并称为鬼神，不过比起前代来，鬼神已经有了比较明确的区分，所以，在北宋初编辑的《太平广记》里，就分别有了‘神类’和‘鬼类’。”[2]北宋天圣元年(1023)的《洪州请断祆巫奏》有：“当州东引七闽，南控百粤，编氓右鬼，旧俗尚巫。……其如法未胜姦，药弗料療疾，宜颁严禁，以革祆风。”[3]在这样的背景下，“鬼主”当不会是中性称谓。

(2) 南宋到明时期，国家体制不断进入西南，如通过“土司”等正名规制将地方族群和政权纳入国家之中，[4]“鬼主”“鬼国”等称谓遂淡出。一个例子是关于前述“罗甸鬼国”称谓的逐渐废用。《元史·李德辉传》载：

> (至元)十七年，置行中书省。以德辉为安西行省左丞。是年，西南夷罗施鬼国既降复叛。诏云南、湖广、四川合兵三万人讨之。德辉适被命在播。乃遣安珪驰驲，止三道兵勿进。复遣张孝思谕鬼国，趋降其酋。阿察熟德辉名，曰：“是活合州李公耶！其言明信可恃。”即身至播州，泣而告曰：“吾属百万人，微公来，死而不降。今得所归，蔑有二矣。”德辉以其言上闻，乃改鬼国为顺元路，以其酋为宣抚使。[5]

关于上述“罗施鬼国”，《明史·贵州土司列传》记载：“贵州，古罗施鬼国。汉西南夷牂牁、武陵诸傍郡地。元置八番、顺元诸军民宣慰使司，以羁縻之。”[6]《明史·贵州土司列传考证》考据了至元十七年(1280)，有“罗施鬼国”之称，仅仅3年后，或因国家行政在顺元路建立，“罗施鬼国”的地域改用彝语“亦奚不薛”(音译)

[1] 葛兆光.宋代“中国”意识的凸显——关于近世民族主义思想的一个远源.文史哲，2004(1).

[2] 贾二强.神界鬼域——唐代民间信仰透视.西安：陕西人民教育出版社，2000：137.

[3] [宋]夏竦.洪州请断祆巫奏//全宋文.卷347，上海：上海辞书出版社；合肥：安徽教育出版社，2006：76-77.

[4] 塚田诚之认为这个时期西南少数民族之所以能够转向少数首领支配权力的土司制度，其渊源可以上溯到南宋时这个地区已经建立起来的一些地域统一政治权力和阶级支配关系。参见：[日]塚田诚之.唐宋时期华南少数民族的动向——以左右江流域为中心.陈伟明，译.贵州民族研究，1994(3).

[5] 元史·李德辉传.卷163。参见：影印文渊阁四库全书.第295册.台北：台北商务印书馆，1982：210-211.

[6] 张廷玉等.明史(第十册).卷204贵州土司列传，北京：汉语大词典出版社，2004：6571.

称谓。并认为罗施鬼国只是亦奚不薛的异写。[1] 实际上,“罗施鬼国”并非“亦奚不薛”的异写,而是蔑称。另一种说法是,前述罗甸王“自济火传至普贵,凡五十六代为[王]。宋开宝间,纳土归附,仍袭王爵,州之名‘贵’。……元初,为罗施鬼国,寻改罗甸军民安抚司。至元十六年,更为顺元军民安抚司。二十四年,增置顺元路,并贵州于司治,以统降附”[2]。由此可知,无论“罗施鬼国”先改军民安抚司,建置顺元路,罗甸王作为“罗施鬼国”的“鬼主”或“罗鬼”,已变为国家顺元路的宣抚史。于是,“罗施鬼国”“鬼主”的称谓在国家正式称谓中便停止弃用了。

第二节 鬼主制与圣权制

上面关于“鬼主”角色的辨义,引出了一个思考:西南族群的统治角色在“鬼主”的蔑称下,代表的究竟是一种什么治理制度?既然它在历史上是一个相当广阔区域多族群的普遍制度,在学界早已对简单进化论进行检讨的今天,显然不能以“落后”“愚昧”“野蛮”来形容它,那么它应该怎样被定位和表达呢?

先秦的治理文化大致可以分为南北两个传承:北方中原黄河流域自夏商周逐渐演变,形成了儒家所谓的“文治”传统。顾颉刚曾言:

> 西周以前,君主即教主,可以为所欲为,不受什么政治道德的拘束;若是逢到臣民不听话的时候,只要抬出上帝和先祖来,自然一切解决。这一种主义,我们可以替牠起个名儿,唤作“鬼治主义”。西周以后,因疆域的开拓,交通的便利,富力的增加,文化大开;自孔子以至荀卿、韩非,他们的政治学说都建筑在“人性”上面。……所以那时有很多的尧、舜、禹、汤、文、武周公的“德化”的故事出来。这类的思想,可以定名为“德治主义”。战国以后,儒家的思想——德治主义——成了正统的思想,再不容鬼治主义者张目……[3]
>
> 德治的学说是始创于周公的,他所以想出这个方法来为的是想永久保持周家的天位。从此以后,德治成了正统,神权落到旁门,二千数百年来的思想

[1] 翟玉前,孙俊编著.明史·贵州土司列传考证.贵阳:贵州人民出版社,2008:11.

[2] 参见:(明)曹学佺,著.吕幼樵,等编著.杨庭硕,审定.贵州名胜志研究.贵阳:贵州人民出版社,2010:64。

[3] 顾颉刚.古史辨(二).上海:上海古籍出版社,1982:44.

就这样的统一了，宗教文化便变作伦理文化了。[1]

顾颉刚道出了中原文化一脉的演变：鬼治主义变成德治主义；神权旁落而转变为国家至上的“皇(王)权制”；宗教文化变为伦理文化。多有学者论及这类神权政治及其向王权政治的转化，主要也是围绕商周时期及其相应的商周地域。[2]但是看西南多数地区，依然保留着“圣权制”，即顾颉刚所蔑称的“鬼治主义”。它以圣权(包括神权和治权)治酋邦乃至国家。如古蜀酋邦的三星堆遗址说明了其至少在公元前 1 000 多年就已经存在圣权制：

……青铜大立人是一代蜀王形象，既是政治君王，同时又是群巫之长。另一种意见认为是古蜀神权政治领袖形象……。我们倾向于认为，他是三星堆古蜀国集神、巫、王三者身份于一体的最具权威性的领袖人物，是神权与王权最高权力的象征。[3]

三星堆作为一种早期的文化中心，也是圣权制的中心区域之一。一些学者论证了罗罗乌蛮部分是古蜀国的后人，而古蜀国可能又与西羌古羌人有关。这些复杂的关系，均表明圣权制并非简单的“土著文化”。如洛阳偃师二里头文化，一方面，可能以其青铜冶炼等先进技术影响三星堆的二期文化，使之能在当时城邦林立的成都平原胜出；另一方面，三星堆的文化又影响秦代，如古蜀国的“象天法地”影响秦都咸阳的城市规划。[4]殷墟甲骨文作为祭司使用的文字，其与西南文化有着密切联系。历史上，西南祭视占卜文字十分普遍，今天依然可见的如东巴文、水书、摩梭的达巴文字、夷经的图形文字、耳苏的母虎历书等的主要流传地区都在西南。[5]三星堆文化表达的应是以西南(成都平原)文化为主体，同时融合了中原和长江中下游文化的文明形态。段渝曾经引述顾颉刚在 1941 年提出的“巴蜀

[1] 顾颉刚.德治的创立和德治说的开展.国史讲话全本.北京：中华书局，2015.

[2] 参见：吴锐.从《尚书》看中国的神权政治.管子学刊，1997(3)；王定璋.从敬天保民到敬德保民——《尚书》中神权政治的嬗变.天府新论，1999(6)；徐心希.商周时期神权发展的三个阶段.福建师范大学学报，1990(1)；徐心希.试论商周神权政治的构建与整合——兼论商周时期的日神与天神崇拜.殷都学刊，2006(1)；王杰，顾建军.先秦时期神权政治思想的演变.中国哲学史，2008(2).

[3] 三星堆博物馆编.三星堆：古蜀王国的神秘面具.北京：五洲传播出版社，2005：14-21.

[4] 孙华.三星堆遗址与三星堆文化.文史知识，2017(6).

[5] 参见：宋兆麟.中西南民族象形文字资料集(上下册).北京：学苑出版社，2011；西南民族象形文字链，未刊稿.

文化独立发展说”[1]以及陈梦家、董作宾的“蜀是商朝西南之国”的观点，[2]类似的还有童恩正论述的西南作为文明中心的观点。[3] 他赞同上述看法并提出“神权政体”，通过金杖和青铜立人等详细论证了三星堆的古蜀国与西亚文明的密切联系，而与中原夏商周三代的九鼎标志全然不同。[4] 意味着西南地区有着自己的文明源起。

圣权制在西南地域族群中并非只是三星堆古蜀酋邦和一类早期酋国的上层制度，而是贯穿到基层村寨社会的制度，理解这一政治文化的厚度十分重要。比较政治人类学中美拉尼西亚的强人(big man)制度和玻利尼西亚的酋长制，圣权制是更加成熟的初民社会治理制度。圣权制的核心是以神圣权威为基础的治理制度，神圣权威包括圣政和圣理两个部分：①圣政制的部分通常指神圣政治权威，不仅包括象征权威的神权、巫权，还包括具有神圣性的君权、王权。其主要功能是由神圣权威形成聚合作用，以建立部落、地域联盟乃至王国的社会秩序。有学者就上述现象提出过“神权政治”和“政教合一”两种观点，[5]这两种观点用现代的政治概念来看历史，而圣权制是一体化的治理体系，并不能简单以政、教二分的思维来理解。②圣理制的部分主要指带有神圣性的一套宇宙观、价值观等“理”以及依此建立的神判制度等，包含天理、哲理、道理、法理，等等。其主要功能是给出人类与自然、社会和人们彼此之间秩序的规则。在中国人的治理观中，“治理”一词在1979年版的《辞海》中尚未成为独立词条，按照民国29年的《辞源》，“治”：理之也。“理”：治事曰理。[6] 因此“理”包含“治”“治事”“做秩序”等基本含义。圣理制通常被关注于政治实体的政治人类学研究所忽略，却是非常基础的治理方式。

---

[1] 顾颉刚.古代巴蜀与中原的关系及其批判//论巴蜀与中原的关系.成都：四川人民出版社，1981：1-71.

[2] 陈梦家.商代地理小记.禹贡，1937年(6、7合期)；董作宾.殷代的羌与蜀.说文月刊，1942(7).

[3] 童恩正.南方文明.重庆：重庆出版社，1998；童恩正.古代的巴蜀.重庆：重庆出版社，1998.

[4] 段渝.三星堆文化：神权政体与文明//政治结构与文化模式——巴蜀古代文明研究.上海：学林出版社，1999；赖悦.国外学者对三星堆文化的研究.中华文化论坛，2011(3).

[5] 政教合一的观点，如张泽洪认为：“大小鬼主既是部落首领，又是主持宗教活动的祭司，且运用宗教权力来进行社会控制。担任鬼主者身兼政治、宗教两大权力，因此政教合一是鬼主制的典型特征。”参见：张泽洪.中国西南少数民族鬼主制度研究.思想战线，2012(1).

[6] 陆尔奎，等.辞源(正续编合订本).北京：商务印书馆，1940：853，996.

例如，苗族的《贾辞》就是由“理老”或“贾师”使用的一套“理”。[1] 苗族的神判制度则是一套天理选择。[2]《华阳国志·南中志》说：“夷中有桀黠能言议屈服种人者，谓之耆老，便为主。议论好譬喻物，谓之夷经。”[3]这里的“夷经”当是一套“理”。彝族的“德古阿莫”（简称“德古”或者“莫”）为家支头人，在母系氏族就是治理权威，也具有说理和调解纠纷的功能。德古不世袭，以德行受到拥戴而成。布依族的“布摩”与巫师也有区别。巫师的主要职能是通过各种巫术仪式以图替人消灾、祛病、祈福、驱邪，等等，布摩的职能是主持超度亡灵，兼有消灾祈福、驱邪等仪式，但方式不同，布摩是以诵读相应的经文为主。布摩经常主持寨际间或全寨、全宗族的大型祭祀活动，因而，把布摩汉译为祭司似乎更准确些。[4] 笔者也曾对哈尼族（即和蛮）阿卡人的措卡治理体系进行过研究，讨论了所谓阿卡人的“灵经”（而非鬼经）。[5] 这类情况在西南很多民族中都存在。

这些理/经有些由村寨最高的象征权威掌握，有些由祭司掌握。例如，傣族的波莫，也称召曼、召色。“波莫”是祭神的祭司，每个寨，都有波莫；每个勐，都有波莫勐。“‘召曼’直译为‘寨主’，但实际上‘召曼’并不负责寨上行政管理事务；反之，每有祭神活动，负责寨上行政管理事务的‘乃曼’（寨子主要头人），则必须作为主祭人参加。……‘召色’和‘召曼’名称已是遗存，却反映了古时‘召曼’、‘召色’可能是把祭神、行政管理集于一身的一寨之主，其职责、地位随着历史进程而有演变。”[6]

景颇族的最高象征权威是“斋瓦”，也看作“董萨”（祭司）中的最高等级，他们对本民族的历史、故事、神话传说等文化知识掌握得多，社会阅历丰富。不仅能念（诵经——笔者注）日常占卜到的各种各样的鬼，在部落酋长、百姓或村社群众共同举行盛大庆典——“木脑总戈”时，他们能念最大的天鬼——木代鬼，因此也称之为“木代董萨”。这部分人比例较小，一般在大的部落或若干个小的部落范围内

---

[1] 王凤刚，整理.苗族贾理.贵阳：贵州人民出版社，2009.

[2] 参见：麻勇恒.敬畏：苗族神判中的生命伦理.北京：中央民族大学出版社，2016.

[3] （晋）常璩，撰.刘琳，校注.华阳国志.成都：成都时代出版社，2007：188.

[4] 周国茂.摩教与摩文化.贵阳：贵州人民出版社，1995：9-10.

[5] 参见：张小军，李茜.哈尼族阿卡人的“措卡”治理制度——普洱市孟连县芒旧新寨的个案研究.民族研究，2016(2).

[6] 朱德普.景洪傣族祭神情况调查.傣族社会历史调查（西双版纳之九）.昆明：云南民族出版社，1988：250-252.

才有一两人。“戛董萨”的地位与“斋瓦”相当，属当地年高德劭，公正廉明，受群众信赖的人。他们从大董萨中推选出来，平时负责祭地鬼和祭能尚，向“斋瓦”学习高层次的口传经，成为斋瓦的助手和接班人。此外还有大董萨，载瓦语叫“董萨幕”，地位仅次于“斋瓦”，平时群众家里要杀牛、杀猪献天鬼、祖先鬼、送魂等，多请他们去主祭……[1]

瑶族村老，山子瑶语称为“央(村)谷(老)”。人们认为央谷是既能管人又能管鬼的人。山子瑶的村老作为村社的头人，既是村社集体生产的组织者，又是村民的宗教领袖。村老作为村社祭司和巫师，在宗教方面：①负责祭祀社火；②司理各姓生魂死鬼接送；③主理“禁鬼”、“赶鬼”；④主持社祭；⑤主持日常其他重要祭祀，如求雨、还愿、筑路、架水枧等；⑥主持封村仪式，山子瑶每年大年三十午夜到了将交更的时候，都要举行封村仪式以避鬼。[2]

梯玛为土家族古老宗教的祭祀人员，汉语称“土老司”。在土家族古代社会，梯玛的权力很大，既主持民间祭祀仪式，又主持民间婚俗和调解民事纠纷。在土司时期，梯玛为民间政教合一者，舍巴、头人等地方小官多由禅玛担任。改土归流后，梯玛逐步演变为迷信职业者。除主持盛大摆手祭祀活动外，还主持民间祭祀活动。梯玛在主持摆手活动时，歌唱人类来源、民族迁徙和劳动生产的《摆手歌》，在民间祭祀活动中唱《梯玛神歌》。[3] 不难看到，上述圣理制中首先有最高的象征权威，他们兼具有行政权威，具备说理诵经的知识，区别于具体的祭司巫师。如苗族的理老、布依族的布摩、哈尼阿卡人的尊衪、傣族的波莫、景颇族的斋瓦、瑶族中的央谷、土家族的梯玛，这些角色反映出圣权制的普遍。前述以“兹莫”“苴摩”等为代表的制度亦是圣权制的形态。

西南地区圣权制的历史渊源和近世发展与儒家礼治/文治/德治主义的传统不同，传承方式亦不同。一些学者将鬼主制与“神守制”相联系，如易谋远认为，彝族先民“东蛮”诸部的首领号大鬼主或都鬼主或鬼主，尽管他们中的某些人曾受中央王朝的各种封爵如王、大将军、将军、大夫、校尉等，但他们在族邑内仍实行鬼主

[1] 吕大吉，何耀华，张公瑾，等主编.中国各民族原始宗教资料集成：傣族卷、哈尼族卷、景颇族卷、孟-高棉语族群体卷、普米族卷、珞巴族卷、阿昌族卷.北京：中国社会科学出版社，1999：444-446.

[2] 张有隽.十万大山山子瑶原始宗教残余//瑶族宗教论集.广西瑶族研究学会，1986：128-144.

[3] 嵇浩存，何青剑，主编.中国各民族宗教与神话大词典.北京：学苑出版社，1990：585.

制即神守制的统治。[1] 因此“鬼主制”应该称之为“神守制”,“鬼国”应释为“神守之国”:

> 在鬼主制下,神权和王权是紧密结合在一起的,而神权本身就是王权。鬼主们口里衔着神的命令,在其族邑内是地位最尊贵的“神”。所以,“鬼”神也,“主”守也,“鬼主”神守也。知神守可知鬼主,反之亦然。是以爨氏在南中雄霸四百年的鬼主统治为神守统治![2]
>
> 源于炎帝族系文化的“神守”制,与彝族固有的“祖、摩、布”或“主、耄、布”三位一体的政治制度相结合,在彝族史上出现的神守政权,其最突出的特征是以“家支”(宗族)为政权的核心力量和宗为主、祀为大、神为断、政为用而又是以神意纪纲一切。[3]

圣权制是否与神守制一脉相承?学者们上述说法的依据,均来自孔子在《国语·鲁语下》中的一句话:

> 吴伐越,堕会稽,获骨焉,节专车。吴子使来好聘,……客执骨而问曰:“敢问骨何为大?”仲尼曰:“丘闻之:昔禹致群神于会稽之山,防风氏后至,禹杀而戮之,其骨节专车。此为大矣。”客曰:“敢问谁守为神?”仲尼曰:“山川之灵,足以纪纲天下者,其守为神;社稷之守者,为公侯。皆属于王者。”[4]

这里的“群神”如何理解?上面孔子说得很清楚:“群神”是当时与防风氏一起召集到会稽山的各地方领袖。孔子回答吴国来使:群神乃为能够纪纲天下的山川之灵的守者;而社稷的守者是公侯。他们都(从)属于王。可见孔子认为神守之“神”是人君(人神),并非天神。因此最高的权威是王者的王权,而非超自然的神权,自然也不能由此“神”或“神守”去延伸理解神权政治或者鬼主制。从中原文化来看,禹之后的政制偏向于王权治理,以后有孔子的儒家文治道统,儒家“敬鬼神而远之”,当不会鼓吹鬼神之权至上。总之,鬼主制并不能从孔子的“其守为神”中找到依据。

有学者认为神守制来自《尚书·洪范》,楚文化在吸收了代表炎帝文化的《洪

---

[1] 参见:易谋远.彝族史要.北京:社会科学文献出版社,1999:554.

[2] 易谋远.“神守—鬼主”探析.民族研究,1993(3).

[3] 易谋远.弁言//彝族史要.北京:社会科学文献出版社,1999.

[4] (战国)左丘明.国语.卷5鲁语下·孔子论大骨.上海:上海古籍出版社,2015:141.

范》后形成了神守制。但是从年代来看，三星堆遗址要早于楚国，其代表的西南圣权制与楚文化早期未必有直接联系。从地域来看，鬼主制的重心在西南，而神守制则在中原一带，早期中原王权的治理并未达及西南“鬼主”的地区。所谓代表炎帝文化的《尚书·吕刑》中说，王曰：“若古有训，蚩尤惟始作乱，延及于平民。罔不寇贼，鸱义奸宄，夺攘矫虔。苗民弗用灵，制以刑，惟作五虐之刑曰法。”[1]文中被斥责的苗民“弗用灵”，被视为与中原不同的文明。而这些蚩尤苗民，恰恰是重圣权制的。蔡沈注《吕刑》：“当三苗昏虐，民之得罪者，莫知其端，无所控诉，相与听于神，祭非其鬼。天地人神之典，杂糅渎乱，此妖诞之所以兴，人心之所以不正也。”[2]所谓“祭非其鬼”，《论语·为政》有子曰：“非其鬼而祭之，谄也”[3]。意思是祭不该祭祀的鬼，是为谄媚。可见儒家对于三苗之地以另眼相看，认为苗地之乱在于没有祭祀和等级秩序，所以有学者以颛顼的“绝地天通”讲五帝三王一路以来的演变：“从神守之国与社稷之国的变化，可以视为从五帝时代到三王时代政教结构的历史变化。”[4]由此之后便是“天子然后祭天地，诸侯然后祭山川。高卑上下，各有分限”[5]。这一变化已经走向王权制，偏离了神守制。连中原神守制都式微了，何来它影响西南的鬼主制？从另一个角度来看，如果要论证西南“鬼主制”就是神守制，为何国家在西南鬼主制的地区不延续神守制的说法，而是将“神守”变成了“鬼主”的称谓？有学者认为“鬼主”相当于“天君”。天君之“天”、鬼主之“鬼”标示其宗教权力，相当于神守的“神”；天君之“君”、鬼主之“主”则标示其行政权力。[6] 这类论证希望“鬼主制”不是蔑称，他们将鬼主制联系到神守制似乎可以藉此攀附国家正统，遗憾的是，国家非但没有这样的认可，反而以“鬼主”蔑称之，并进一步推进了对地方的国家化过程。

---

[1] 尚书·周书·吕刑//李民、王健，撰.尚书译注.上海：上海古籍出版社，2004：399.

[2] （宋）蔡沈.书经集传.卷6周书·吕刑.北京：中国书店，1991：203.

[3] （魏）何晏注，（宋）刑昺疏.论语注：26.

[4] 陈赟.绝地天通与中国政教结构的开端.江苏社会科学，2010(4).

[5] （宋）蔡沈.书经集传.卷6周书·吕刑. 北京：中国书店，203.

[6] 吴锐.萨保与鬼主、天君、神守随想.http://www.eurasianhistory.com/data/articles/a03/1600.html[2006-10-20]：2.

第三节 结　　论

从唐宋到元明，来自国家文本的“鬼主”之谓及其鬼主制，令我们看到了西南地区历史上的国家化过程。对“鬼主”制的分析，引出了对西南地区历史上的圣权制及其文化逻辑的进一步思考。

历史上，经过商周时期治理文化的演变，到先秦已经形成相对稳定的中原治理文明。但是西南地区的治理文明究竟如何？西南文明中心的观点是否成立？依然留给我们很多未解之题。从治理形态来看，中原文明和儒家道统偏向于“礼治”“文治”；西南地区则偏向于“圣治”“理治”。圣权制研究中尤为值得重视的是圣理制的研究，即关注少数族群本身的文明智慧和治理民俗知识体系。渡边欣雄曾提出动态模式，从民俗学的视角来看，最为重要的是揭示民俗知识。[1] 治理民俗包括神判、公共仪式、宇宙观（自然观）、伦理价值观、信仰等与秩序建立有关的民俗，也包括人们和与自然共处的观念体系、社会和谐的知识与认知体系。这些“治事之俗曰理”，或可以简称为“理俗”。西南理俗与儒家礼俗不同，“礼”是国家推崇的制度；而“理”更多地包含了民间的治理智慧。

尽管不断有国家政治制度的影响，西南地区曾长期保留着圣权和理治的一些主要特征，并从酋邦（国家）一直贯通到基层村寨。真正发生较大改变的当是明代土司等制度的建立，国家政治制度通过地方政治精英逐步取代了圣权制，王权等级制得以强化。不过，圣理制在一些基层社会一直保留到近代。从学术的角度来看，圣权制是一种人类重要的治理制度，由于历史上长期为帝国用“鬼主”等概念定位，因而容易忽略其丰富的传统文化内涵和文化逻辑。

---

[1] [日]渡边欣雄.台湾之鬼小考——旨在理解异文化的民俗知识论.李松、张士闪编.节日研究：鬼节专辑（第6辑）.济南：泰山出版社，2012.

第十一章 西南少数族群的“鬼”观念与传统帝国政治

在中国西南一些少数民族族群中，笔者发现人们使用的“鬼”概念以及相应的中元节习俗带有明显汉（国家）文化的影响。事实上，他们对于“鬼”的理解，常常基于他们本来的万物有灵的一元论文化，并非后来直到当今很多地方“鬼/神”的二分图示。那么，西南地区的“鬼文化”有着怎样的地域特点呢？笔者曾经指出历史上关于“鬼”观念的社会分化过程，具体包括：①从自然的植物、动物的鬼灵走向的人形神鬼；②从神/鬼、人/鬼不分走向神/鬼、人/鬼分离；③从鬼的中性概念、即善恶不分走向善恶分离，甚至鬼成为恶的化身；④从人间走向地狱等。这反映出一种鬼的文化生态。[1] 西南少数民族地区也在不同程度上存在上述现象，特别是在帝国文化的影响之下。但是，他们的一个共同特点是依然保持有“万物有灵”的文化核。基于此，本章通过若干例子，理解“鬼”概念进入西南地区以及少数族群不断纳入国家的过程，并在此过程中进一步思考他们在鬼文化的建构中有着怎样的文化并接之逻辑，进而说明下述两个方面的问题：①中国西南少数族群的大部分有着自己万物有灵的知识体系，尽管已经被官方和学者的“鬼话（鬼的话语）”所长期浸染；②存在着一个对少数族群“鬼化”的污名化过程，但是当地人依然在很大程度上坚持着自己的文化基因。

第一节 从“灵”到“鬼”的话语实践

在大多西南少数民族族群中，本来并没有汉语“鬼”的概念，而是各种不同的“灵”，即泰勒所谓的万物有灵论。如在傣族中，精灵崇拜是与女性祖先崇拜相伴生的自然崇拜，主要包括精灵、灵物、魔力崇拜等形式。“傣族关于鬼魂、精灵、灵魂等的观念是并存的，互相没有严格的区别。所以他们认为：太阳为太阳神或太阳鬼，水为水神、水鬼或水魂，火塘为火塘神、火塘鬼，房屋的两棵中柱为家神（别

---

[1] 张小军.驯鬼年代：鬼与节的文化生态学思考.民俗研究，2013(1).

于祖先神)等等,它们都有灵魂。”[1]西双版纳傣族词汇中有辟(精灵)、披(鬼)、丢瓦拉(神)、披雅(妖魔)等不同观念。“这些概念的含义并无严格的分界,而是可以相互替代、相互通融的。如勐神,可以叫‘丢瓦拉勐’,也可以叫‘披勐’;寨神,可以叫‘丢瓦拉曼’,也可以叫‘披曼’。”[2]实际上,这类万物有灵的观念也发生在南方其他地区。如李亦园先生曾经论述台湾的泰雅族,他们只有一个 utux 的概念,泛称所有的超自然存在。不分好坏,没有生灵、鬼魂、神祇或祖灵之分。基督教传入之后,开始有了区分。[3] 此外,李福清还曾例举过 20 世纪 30 年代增田福太郎对布农族的研究。布农族也只有一个信仰观念,即 qanitu,在人的胸口,相当于灵魂,只有睡觉时会离开身体去外面游走,回来人即会醒。人死魂离,去到布农族所有灵魂的居所——灵村(atsang qanitu)。[4]

汉语“鬼”的概念逐渐进入西南少数族群,主要来自帝国政治所携带的汉文化。它一方面带来了鬼与灵的边界,万物有灵被分解为神灵/鬼灵;另一方面,给少数族群带来歧视性的贬低和污名化,深层则是国家化的过程。

一、拉祜族的神/灵/鬼观

一般来说,拉祜纳(拉祜族中的一支)的神灵体系包括了神(厄莎天神)、灵、鬼。[5] 拉祜传统信仰中鬼神不分。其原始信仰体系为“有神论的万物有灵论”[6],“神”单指创造世间万物的天神“厄莎”,其余的精灵统称为“尼”(ne),现在拉祜社会中所谓的“哚”(taw,汉语称鬼)只是精灵的一个类别,与其他精灵本质上并无区别(见表 11-1)。拉祜语属于藏缅语族,在《藏缅语族语言词汇》中,鬼和妖都为同一个词 $tɔ^{21}$[7],发音十分相近。

---

[1] 张公瑾,曹成章,主编.中国各民族原始宗教资料集成·傣族卷.北京:中国社会科学出版社,1999:13.

[2] 张公瑾,曹成章,主编.中国各民族原始宗教资料集成·傣族卷.北京:中国社会科学出版社,1999:24.

[3] 李亦园.祖灵的庇荫——南澳泰雅人超自然信仰研究//台湾土著民族的社会与文化.台北:联经出版事业公司,1987:297.

[4] [俄]李福清.神话与鬼话——台湾原住民神话故事比较研究.北京:社会科学文献出版社,2001:255-256.

[5] 拉祜的资料由雷李洪协助整理。

[6] [英]安东尼·沃克.泰国拉祜人研究文集.许洁明,等,译.昆明:云南人民出版社,1998:92.

[7] 黄布凡,主编.藏缅语族语言词汇.北京:中央民族学院出版社,1992:223-224.

表 11-1 拉祜纳的神灵世界

拉祜语义	中文释义	当地人的看法
G'ui；sha	厄莎，天神，上帝	造天地和世界万物的至高无上的神
Ne	精灵，鬼，基督徒还译为“邪灵”	附在人身时，人会异于往常
ne：te ve	献祭精灵	修复人与精灵的关系的仪式
ne hai	邪恶的精灵，魔鬼，撒旦	只有基督教信徒有此词，由精灵和形容“坏、不好”的词连接而成
co ha	魂，人所独有	基督徒：魂是上帝给人吹的“气”。人死之后，身体归土，灵不死，灵归上帝，是上帝给的，要收回去
Taw	鬼	长成人样，人的一体两面。会变成动物伤害人

不难看到，“尼（ne）”本身就是“灵（spirit，精神，心灵，精灵）”的意思。基督徒把 ne 加上不同的词 hai 变成 ne hai，用以表达 evil spirit（恶魔、邪灵），hai 在英文的拉祜语词典中是 be cruel、vicious、unmanageable、ornery 的意思[1]。

拉祜社会鬼/神二分的概念实际上是民族研究学者所建构的。20 世纪 60 年代的社会历史调查中，将“尼”分为能害人的“鬼”和能保护人的“神”，又将“鬼”分为属于自然现象的“鬼”、属于社会现象的“鬼”、反映民族关系的“鬼”和反映社会内部矛盾情况的“鬼”，与之相对应的“神”则有“寨神”“家神”等。[2]《拉祜族史》一书有所改变，将社会调查中许多归为“属于自然现象的‘鬼’”划入了“神”的类别，如雷神、年神、山神、河神、树神、猎神、农神、火神等，认为拉祜信仰分为“多神崇拜”和“鬼崇拜”。“鬼”则包括自然界和自然现象中产生的鬼、非正常死亡者的灵魂变成的鬼、人为放的鬼和拉祜称为“哚”的鬼。虽然该书的编写者已经意识到拉祜语中“神”与“鬼”是不分的（均是 ne），也知道上述提到的诸神如不进行适当的祭祀和抚慰仍然会为作祟于人，如家神，但囿于汉人社会鬼/神二分的认知框架，他们仍然认为“为善的就是‘神’[3]，为恶的便是‘鬼’”[4]。

---

[1] Cruel：残酷的，残忍的；使人痛苦的，让人受难的；无情的。Vicious：恶毒的；堕落的；有错误的；品性不端的。Unmanageable：难处理的；难操纵的。Ornery：坏脾气、低劣的。

[2]《中国少数民族社会历史调查资料丛刊》修订编辑委员会编.拉祜族社会历史调查（一）.北京：民族出版社，2009：12-14.

[3] 中国哲学史学会云南省分会编.云南少数民族哲学社会思想资料选辑（第四辑），1982：57.

[4] 政协澜沧拉祜族自治县委员会编.拉祜族史.昆明：云南民族出版社，2003：242.

英文拉祜语词典，释义鬼（taw 哚）为：“吸血鬼，一种会袭击或附在人和动物身上的恶灵，吸血、以腐肉为食。”[1]泰弗德（J.Telford）将“哚”细分为三类：chaw taw，攻击人的“哚”；g'a taw，偷吃家禽的“哚”；shig'eu ka，与炭有关的精灵，无影无形像风一样出没的“哚”。chaw 意指“人”，chaw taw 附着在人身上，可以变成各种各样的动物，如猪、水牛、猫、狗和松鼠等，在夜间伤害动物和人。这种鬼会在人们入睡时、身在黑暗或密林中的时候进行攻击，他们会同人厮打在一起，试图掐死受害者，或者咬受害者的咽喉，受害者脖子上的牙印清晰可见。人们在与之厮斗时无法将之就地正法，但鬼若受伤流血，便会回到自己的宿主身上，人们就能看到受了伤的宿主，从而判定那个宿主是有鬼的。g'a taw，g'a 意指“鸡”，这种“哚”仅仅会偷吃家禽，一般不会侵扰人。它会把家禽叼走，或者就在鸡笼里吸鸡的血，家里的主人当听到鸡棚有异响的时候会出来咒骂它，让其滚得越远越好。shig'eu ka 一词中，shi g'eu 意指“炭”，这种 taw 既不具有动物也不具有人的形态，它的声音像急促的风声，受害者会感觉到有一股气流进入他的身体，然后晕倒在地。它能使受害者变得虚弱，说不出话来，如果特别狠毒，还会导致受害者瘫痪。[2] 可见，以上三种“哚”中只有 chaw taw 可以理解为附着在人身上的“鬼”，其他两种均不能归入汉语“鬼”的框架之中。汉语中的“鬼”只能用来指拉祜语“哚”中最常见的一个类别，即人“哚”（chaw taw）。若进一步考察“哚”的来源，便可知“哚”与“鬼”不是一回事。拉祜的“哚”一般来说是从父母的一方承继而来，或者人们在捡起巧遇到的好看的东西时上身[3]，与汉人社会的“鬼”不同。

尽管在田野调查和文献中，一般都将拉祜语中的“哚”（taw）译为“鬼”[4]，但二者的内涵并不等同。从下面的一些理解中也可以看出 taw 的性质：①人身上所携带的，动物没有；②有 taw 的人专门搞别人，搞他看不顺眼的人；③taw 化身动物被人打死后，他的身体也会随之死去；④只有人活着的时候才有 taw，人死了

---

[1] Matisoff, James A. vampire; kind of evil spirit that can attack or possess people or animals, sucks blood and eats decayed flesh// The Dictionary of Lahu. University of California Press, 1988: 667.

[2] Telford, James Haxton, *Animism in Kengtung state*. in Burma Research Society, 1937, Vol. 27, No.2, 86-238.

[3] Anthony.R.Walker, Merit and the Millennium.*Routine and Crisis in the Ritual Lives of the Lahu People*.New Delhi: Hindustan Publishing Corporation, 2003.

[4] Walker, Anthony R. Merit and the Millennium: Routine and Crisis in the Ritual Lives of the Lahu People. New Delhi: Hindustan Publishing Corporation, 2003: 148.

taw也就死了；⑤也有好的taw，不伤害人，死了别人可能都不知道他是有taw的。taw的活动：一个白天看着好好的人，到了晚上的时候，身体里面的taw就会变成老虎、牛、狗、母猪等跑出去，伤害人或动物。taw的传递：①父母子女传递：血缘加父母意愿，父母可以在子女还小的时候传给他们，如果父母不“给”，子女是不会有taw的；②夫妻传递：双方意愿，夫或妻一方有鬼并且愿意“给”，但只有另一方愿意接受才有taw。从上面可以看出，taw并非汉语的“鬼”，例如，说“只有人活着的时候才有taw(鬼)，人死了taw(鬼)也死了”，或者说taw(鬼)在父母子女、夫妻和朋友间的传递等，显然都不是汉语中“鬼”的主要含义，它更为接近一种“灵魂”。

不过，拉祜语中却有在“鬼”一词所指范围之内的其他观念，如汉人凶死者的鬼魂拉祜不称之为“鬼”，而称之为“篾”(meh)。“篾”指的是“怨灵的一种(凶死的人身上产生的)，试图在活人中造成血光之灾”[1]。“篾”由于不能进入斯牡密(suh mvuh mi，死者世界)，只能在人间游荡，以报复人类。由此可见，“篾”的概念似乎与汉语中“鬼”的概念更为吻合。

总之，拉祜社会的信仰体系中本无鬼/神之分，是外来的国家文化和学者们逐渐将汉人社会二元对立的“鬼/神”框架强加于拉祜文化之上，造成了对拉祜文化的理解偏差。

二、景颇族的神/灵/鬼观

景颇族由景颇(大山)、载瓦(小山)、拉波、浪速、茶山(自称“峨哙”)等支系组成。支系间语言有所差异，以下的景颇语都以载瓦支系的发音为准。[2]

景颇族的原始宗教信仰是万物有灵，认为自然的日月星辰、天地山水、风雨雷电、石树土火、飞禽走兽、动植物等都有灵魂。但是，按照《中国各民族原始宗教资料集成·景颇族卷》的记载，景颇族对它们基本上都是以“鬼”相称(见图11-1)。

[1] James, Matisoff. Vampire: kind of evil spirit that can attack or possess people or animals, sucks blood and eats decayed flesh//*The Dictionary of Lahu*, Vol.111, University of California Press, 1988: 1016.

[2] 景颇族的资料由何点点协助整理。

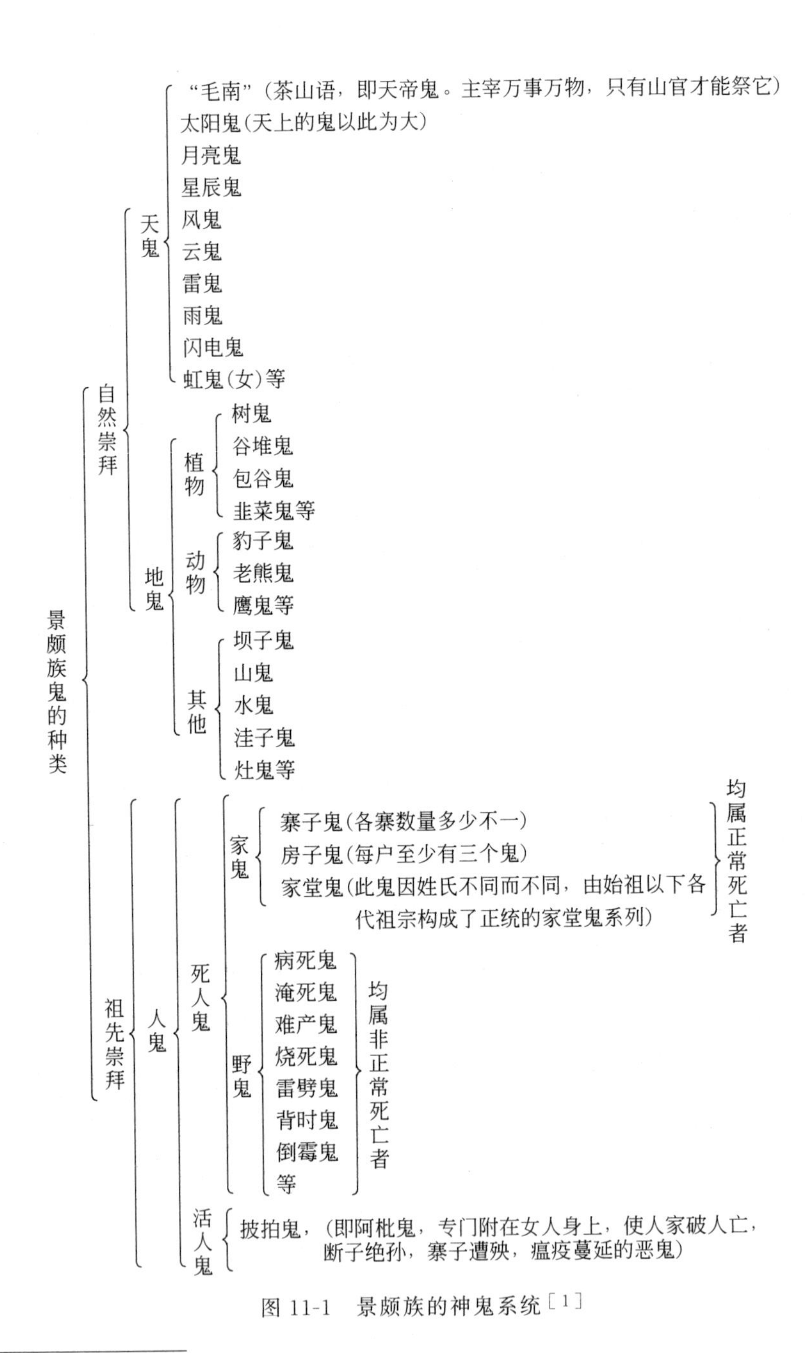

图 11-1　景颇族的神鬼系统[1]

[1] 桑耀华，主编.中国各民族原始宗教资料集成·景颇族卷//吕大吉，何耀华.中国各民族原始宗教资料集成.北京：中国社会科学出版社，1999：385.

1. 天上的鬼

天鬼包括创世鬼：男性叫彭干寄伦，女性叫木占威纯。创世鬼生育了天鬼（最大的天鬼是毛南）、太阳鬼（即“木代”，其中女性被称为“阿占”）、月亮鬼、星辰鬼、风鬼、云鬼、雷鬼、雨鬼、闪电鬼、虹鬼（女）等。

2. 地上的鬼：地鬼（景颇语：咪南）

地鬼包括植物鬼（树鬼、谷堆鬼、包谷鬼、韭菜鬼等）、动物鬼（豹子鬼、老熊鬼、鹰鬼等）和其他如坝子鬼、山鬼、水鬼、洼子鬼、灶鬼等。森林是景颇族崇拜的对象，在村寨旁都有一片神林。凡属关涉生产的宗教活动，都在神林举行。神林是村寨保护神的居所，是一座天然庙宇，这里不准砍伐和猎狩。山鬼（景颇语：木里/宁速），管理庄稼的丰歉。

3. 人鬼

祖先鬼也叫家鬼（景颇语：拾瓦拿/拾瓦拿），每个支系都供奉自己的拾瓦拿，多是最早建立氏族的祖先名字或者有功的氏族成员。德宏州芒市允欠村的波拉人是一个氏族的三个裂变支，分别养三个不同的拾瓦拿。其中当央嘛支养袍峦，相传是一位武艺高强、百战百胜的大将军，从马上摔下来死亡；石嘛支养的家鬼是泡泽；巧嘛支养的是孔特。

4. 野鬼/恶鬼

野鬼包括披拍鬼（景颇语：拉散南），又称阿枇南，是专门附在女人身上使人家破人亡、使寨子遭殃的恶鬼，是从傣族那里借用来的鬼；布砍鬼：会使人皮肤溃烂的鬼，要用四支黄牛角或四支水牛角献祭；诉刚：牲畜鬼；等等。

每逢遇到播种、收割、疾病、婚丧、械斗等大事，都要请巫师，用杀猪、剽牛、宰鸡以行祭祀。祭祀农业神和谷种精灵，在景颇族中形成了一套完整的形式。在砍伐森林、烧荒种地时，要先经“董萨”（巫师）祈祷。为求高产，要求“董萨”敬献谷堆，要行“叫谷魂”仪式，以便将打谷时惊走的谷魂叫回来。新粮下来，要由主持农业祭祀的“纳波”先尝。所以有关农业的祭礼，有播种祭、祭地母、祭谷堆和太阳鬼、祭天鬼和风鬼等多种仪式。祭天鬼仪式多为村寨集体祭祀，往往隔数年举行一次，祭期由巫师占卜决定。[1]

图 11-1 是由学者整理的“景颇族鬼的种类”，这幅景颇族的“鬼”世界令人好

---

[1] 祁德川.景颇族董萨文化研究.中南民族大学学报（人文社会科学版），2004(S1).

奇，为什么通常视为神的日月星晨会被称之为“鬼”呢？景颇语中，通常用“南”表达所谓的“鬼”，而“南(num)”的发音很接近哈尼语的“乃”和拉祜语的“尼”。景颇语与拉祜语、哈尼语同属于藏缅语族，其中彝语支包括了拉祜语和哈尼语，而景颇语属景颇语支。乃(nɛ^{214}，哈尼语)、尼(neˆ拉祜语)、南(景颇语，num)、彝语(南山方言，ni)都有“鬼”的说法，但是仔细推敲，发现它们的原生表达都是“灵”。

《中国各民族原始宗教资料集成·景颇族卷》中引述权威调查说：“景颇族相信自然界中的万物(包括生物和非生物)都具有鬼魂，举凡日月、山川、鸟兽、虫鱼、巨石、大树等等，无一不附鬼魂。”编者认为：“在景颇族的原始宗教观念中，万物有灵观念处于支配地位。用董萨(祭司)们的话说，即‘不论什么都有鬼，天地、日月、风雷、山川、鸟兽、虫鱼、树木、草莽、巨石等万事万物都有鬼’。”[1]前半句明确在说“万物有鬼魂”，后半句接着转为“万物有鬼”。这一学者的矛盾陈述，明显看出是其访谈中误解或误用了当地人的观念。“景颇族原始宗教的万物有灵观念已有很大发展，它已不是物质本身有灵气，而是一种以实物为载体，与载体可以结合可以分离的实体，景颇语通称她为‘南’(拿)，即鬼。”[2]他们并没有将“南”称之为鬼的任何理由，只是当地人的汉语表述而已，而这种表述明显是当地人在受到政府破除迷信的多年宣传之后，甚至是在很多这类“迷信”活动被禁止的大语境下，误用汉语的结果。包括学者们，在破除迷信的大背景下，讲“万物有鬼”恐怕比“万物有灵”更加安全。这样一种做法的结果，就是景颇族的万物有灵变成了万物有鬼，其影响延续至今。

景颇语的“南”虽然在汉语中被“鬼”化，不难判断其实也是“灵”。首先，景颇族的信仰被认为是万物有灵的，并非万物有鬼。第二，景颇族最大的神为“毛南”，即主宰万物的“天帝”，却被翻译为“天帝鬼”，既然创造万物的天帝为鬼，那当然就是“万物有鬼”论了。这个“鬼”显然不是恶鬼，否则世界为“恶鬼世界”了。第三，“南”的发音与含义与“尼”“乃”极为相近且同属于藏缅语族，推而论之，“南”的最好释义就是“灵”。

---

[1] 桑耀华，主编.中国各民族原始宗教资料集成·景颇族卷//吕大吉，何耀华.中国各民族原始宗教资料集成.北京：中国社会科学出版社，1999：371，359.

[2] 桑耀华，主编.中国各民族原始宗教资料集成·景颇族卷//吕大吉，何耀华.中国各民族原始宗教资料集成.北京：中国社会科学出版社，1999：359.

三、苗族-西江苗寨

贵州雷山西江苗寨的自然崇拜认为万物皆有灵，因神灵附于万物而加以崇拜，具体的崇拜物有古枫、樟、松、杉、巨石等。夫妻不育、小孩多病，要祭拜巨石和古树，拜之为“岩妈(bad rib)”“树爹(Det mais bad)”。寨边的风景古树倍受膜拜，不许折枝，不许砍伐。由于苗族深受万物有灵的影响，因而对一些不能认识的自然现象，就认为是“神灵”在昭示，必须设法禳解，如夜间流星认为是“火神(Hxab dul)”光临，必生火灾，要扫寨解禳(主要在冬春进行)。日食(Jek nongx bnaib)和月食(Jek nongx hlat)被认为是“天狗”吞噬日月，要敲锣打鼓营救；大旱被认为是“旱神”作怪，须塞塘祭龙，其地点在东引寨脚、大桥头上的龙滩。据说过去塞河祭祀求雨，当天当晚必有雨滴下。[1]

万物有灵延伸到人，则是灵魂的信仰。“灵魂不灭，是西江苗族对人的生与死的认识，人死只是躯体之死，而灵魂是不死的。人的灵魂，生时附在人身上，不慎掉落了要请鬼师招魂。人死后，分为三个灵魂，一个住墓地把守尸体，一个与生存的家人在一起保护家人，家人要经常掐食倒酒于神龛前或地下敬祭他们，一个回东方与祖先相会。”[2]由于迁徙，他们认为人死了已不能与原来祖先同葬，只得请鬼师把死者灵魂按迁徙路线返回故地。这一点，与《野鬼时代》所描述的相近。黔东南的榕江曾经是西江苗族祖先的故居地之一，至今西江苗族人死后，仍请鬼师把灵魂领入榕江，再回“东方”。崇拜活动是“放七姑娘”，苗语称 hfat ghab nes naix(翻干闹乃)，即让活人之魂超脱凡尘、进入阴间游玩的娱乐活动。时间是水稻抽穗的前后，起点是西江沿过去迁徙路线去榕江，在榕江下“阴间”与自己已故的祖先会面交谈。[3]

西江地区的苗族一般不过中元“鬼节”。他们的文化实践中有丰富的“灵魂”观念的表达，灵魂有善恶之分，“善灵”相对于“神”，“恶灵”相对于“鬼”。西江苗寨的调查发现，灵(灵魂)是高于鬼的概念。苗语黔东方言的 dliangb(音近“仙”)一词，较为接近“灵魂”的意思。既能表达“鬼”，也能表达“神”，还有“神鬼统一”的意

---

[1] 中国民族博物馆编.西江千户苗寨历史与文化.北京：中央民族大学出版社，2006：227.

[2] 中国民族博物馆编.西江千户苗寨历史与文化.北京：中央民族大学出版社，2006：189.

[3] 侯天江.中国的千户苗寨.贵阳：贵州民族出版社，2006：49-50.

思，比如，用 dliangb gel dliangb gif 表示各种鬼神（详见表 11-2）。[1]

表 11-2 鬼神表达的苗文与中文对照

	苗文	中文
鬼的表达	dliangb diongb mongl	夜游鬼
	dliangb eb ment	井边鬼
	dliangb gel hnind	魇
	dliangb dul	酿鬼（鬼神附体的人）
	dliangb wid wuk	鬼火
神的表达	dliangb dab	地神
	dliangb ghab sot	灶神
	dliangb hob	雷神
	dliangb wid	疯神
神鬼一致的表达	dliangb bil	癫痫
	dliangb gel dliangb gif	各种鬼神

有时候，雷公山一带的苗族，自己也无法界定 dliangb 到底具体指汉语中的“鬼”还是“神”。比如招龙节，苗语叫 nongx dliangb daib（西江音：闹仙丹），nongx 是苗语吃的意思，过什么节，也用 nongx 表示。daib 是小孩的意思，寓意子孙。dliangb 表示“神”还是表示“鬼”，说法并不一致。有的村民叫“龙神”，而有的当地人解释“仙丹”为“阴崽”。显然，神与鬼在这里的功能和象征是一致的。

有学者认为，在苗语湘西方言的腊尔山地区，天地万物的创造者、祖先都称之为 ghunb，包括山鬼、树鬼、水鬼、风雨雷电等鬼，是崇敬的对象；nguas 主要指凶死者的灵魂，是恐惧和逃避的对象。可见，两者其实都是灵，应该区别为神灵和鬼灵，骨子里也是万物有灵的。不过，又说 dab ghunb dab nguas 是一个连续的词组“鬼神”，其中，dab 是一个词头，常表示天地鬼神和动物，dab ghunb 包括了神灵、

[1] 西江的资料由吴毅协助整理。

祖灵和野鬼；dab nguas 为野鬼——游荡于山野之间的幽灵魔鬼。[1] 可见，学者们常常会在自觉和不自觉中，将“野鬼”的污名带到他们的研究中。

理解上述万物有灵的观念，是基于当地人的认知或者说民俗知识体系，对此，因为万物有灵的神圣性的世界观念，已经形成了西南少数民族群体性的知识，除了信仰和宗教体系之外，还包括体现于人们村寨生活中的治理知识体系、生产知识体系，以及与环境共处的生态知识体系、人口和生育繁殖知识体系，等等。尽管他们常常会使用“鬼”的语言，并且语言本身也成为知识表述的一部分，但是深层或者本真的观念绝非汉族地区的鬼观念。

第二节 “鬼”与少数族群的国家化

在西南地区，有一个历史上国家使用带有歧视性的“鬼”的话语（包括概念、观念）对少数民族的各个族群进行文化的强加，进而使得少数民族被污名化，从而被纳入文化同化的过程。尽管如此，这些少数族群依然顽强保留着部分万物有灵之下的观念体系，保留着自己文化的神圣性。本节通过“鬼杆换带”以及黔东南和楚雄双柏县将中元鬼节地方化的例子，来探讨上述国家对当地的“鬼化”的过程。

一、“鬼杆换带”与苗族花山节

《百苗图》中有“狗耳龙家”图（见图 11-2 和图 11-3），其中分别讲到“鬼杆换带”：“狗耳笼家在安顺府、大定等处及广顺州之康佐司。男子蒙头而不冠，妇女辫发螺结，束以布而结于顶，布结之余双指若狗耳状，衣班衣以五色药珠为饰。立春后竖木于野，谓之鬼竿。男女未婚者跳跃而择配，奔则女家以牛马赎之，通媒妁。”“狗耳笼家在安顺、大定等府及广顺州。男女服色皆白，发髻若狗耳状，立春后竖木于野，谓之鬼竿，上悬白布一幅。未婚男女剪衣换带，私通后通媒妁。”[2]

---

[1] 龙云清.山地的文明——黔湘渝交界地区苗族社区研究.贵阳：贵州民族出版社，2009：337-339，159.

[2] 杨庭硕，潘盛之编著.百苗图抄本汇编.贵阳：贵州人民出版社，2004：58-61.

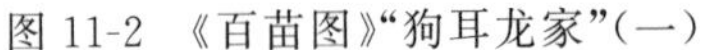
图 11-2 《百苗图》“狗耳龙家”(一)

图 11-3 《百苗图》“狗耳龙家”(二)

对上述“狗耳龙家”图像，编者注释说：“跳月中树立鬼杆的目的，意在象征各家族人丁兴旺，子孙繁衍。因而在苗族观念中，树立鬼杆是相信其具有灵性，能促成青年男女相爱，繁衍出更多的子孙。”[1]上面所说的“鬼杆”，为跳月场中央立的木杆，上缠有花带，是经由苗族巫师举行仪式后而被赋予神性的花杆。“鬼杆跳月”是苗族未婚男女春节后举行的社交婚恋习俗，互换腰带作为定情物。

上面一番描述，实为贵州中西部、四川南部、广西西北部以及云南的花山节，是操苗语西部方言苗族的共有节日。花山节一般在花场中立一根五六丈高的竹竿或松柏树干——花杆，扎以鲜花、彩旗。对此，苗族民间流传着这样一个故事：“从前，苗王蒙孜尤率领他的九个儿子、八个姑娘和苗民们与皇兵交战，最终蒙孜尤的儿女都在战斗中牺牲了，于是，苗族的祖先不得不迁徙到西南的高山峻岭中。为了纪念，蒙孜尤在腊月十六日竖立花杆，正月初二到初四举行祭奠仪式，风俗流传至今。”[2]此一纪念抗击皇兵先祖而立的花杆，被汉官诬为鬼杆，表面在“情理”之中，其实是一种污名化。

滇东和滇南一带苗族在每年农历六月六日过花山节：“一年六月初六，祖先显灵让儿女们不要太难过，到高山顶上吹芦笙、唱歌跳舞给他们看。说完天上落下一朵花，挂在一棵树上。大家围着这棵树歌舞，这年的庄稼长得特别好。从此后，每年六月六，苗家都要穿上节日盛装，到高山上栽一棵花树，举行对歌、跳芦笙

[1] 杨庭硕，潘盛之编著.百苗图抄本汇编.贵阳：贵州人民出版社，2004：61.

[2] 参见：“苗族花山节”.https：//baike.baidu.com/item/.

舞、斗牛、爬花杆，比花杆谁爬得高。”[1]这则故事，似乎也回避了花山节是男女青年交往的节日的说法。清人爱必达在《黔南识略》卷一中曰：“孟春，合男女于野，谓之跳月。择另壤为月场，以冬青树一本植于地上，缀于野花，名曰花树。男子皆艳服，吹芦笙，踏歌，跳舞，绕树三匝，名曰跳花。”[2]类似的说法也见《苗俗记》：“每岁孟春，合男女于野，谓之跳月，预择平壤为月场，及期，男女更服饰装。男编竹为芦笙，吹之而前，女振铃继之于后，以为节，并肩舞蹈，回翔婉转，终日不倦。”[3]民国《贵州通志·土民志》中亦载：“苗人，每年于正月十一、十二、十三日，男女装束一新，觅高埠敞地，植冬青其上，曰花树。女儿持布一端，互相牵引。两少年吹笙其前，作凤鸾和鸣之声，左右跳舞为节。女则随其而缓步作半圆绕之，曰‘跳花’。十三日完，鸣爆竹，倒花树。”[4]民国《马关县志》卷二《风俗志》中则曰：“苗人之踩山，上年冬季选一高而稍平之山场，竖数丈高之木杆于其处作标识而资号召。当事者酿咂缸酒数缸。翌年春初，陈咂缸酒于场，苗男女皆新其装饰，多自远方来，如归市然。自初一日起，来者日众，累百盈千，肩摩踵接，诚盛会也。早市飡既罢，山场已开，众苗女遥立场外，作羞涩不前态。有苗男子，以油脂涂于长绳，两人拉其端而围之，故作欲污女衣之状。诸苗女乃被迫入场，或三或五相聚而立，任凭苗男选择，中意时撑一伞以复照之，此则以小群苗女已为其占有，独与歌唱，他人不得参加……场中芦笙者既吹且舞，屈其腰而昂首，足或飏矣，手或翔矣，盘旋往复。”这些都说明了花山节男女交往的特点且完全没有“鬼杆”之说。

不难看到，《百苗图》所谓的“鬼杆跳月”，无疑是汉人官员记载的说法，并非当地人的自称，且与“鬼”无干。如果说因为巫师称为“鬼师”，也是一种贬称。这样一类借助于鬼的话语的鬼化过程，今天仍然以不同的方式影响着人们。例如，西江一位本地的民俗专家和文化遗产保护官员认为，苗族祖先对自然力的依赖和无知，不能理解琢磨不定的自然变化和自身的生理现象，于是产生了各种幻想的原始宗教观念，如灵魂、精灵、鬼神等，这是对现实的一种模糊不清的反映。他们把自然力想象成与人同具活动能力，一些经常给人们带来好处的自然物和自然现象被认为是善意的，即“善神”；一些给人们带来灾害的自然物和自然现象被认为恶

---

[1] 参见：苗族“花山节”有着怎样的来历.http://www.qulishi.com/news/201603/90478.html.

[2] (清)爱必达.黔南识略.台北：成文出版社，1968：17.

[3] (清)田雯.苗俗记.清道光十三年吴江沈氏世楷堂刻本.

[4] (民国)贵州通志.卷三土民志.

意的，即“恶鬼”；有些既带来好处，也带来害处的自然现象和自然物，则被认为是“喜怒无常的神”，如火神、水神。原始人对自然力的依赖和无知，使得他们对这些神化了的自然力不得不进行“讨好”。[1]

民俗专家和文化遗产保护官员所指责的当地人的“无知”以及善神/恶鬼的二分功利看法，在部分程度上恰是他们自己“万物有灵”的宗教观被破坏之后的结果。

二、民族节日与中元节的文化并接

1. 黔东南苗侗民族村寨中的中元节

中元节（盂兰盆会）常被俗称为“鬼节”，这一称呼甚至成为十分官方的学术用语。[2] 中元节在我国的分布主要集中在汉族地区，西南少数民族地区相对较少——主要发生在“汉化”比较强的地域或民族，如壮、土家、布依、白等民族相对普遍，少数民族腹地则没有此节。而在苗、纳西、侗、彝等民族，中元节只是发生在一些汉文化影响较大的地区，且多为汉人中元节和当地节日的混合，如一些地方的鬼节是基于当地民族本来的节日（如苗族的吃新节、彝族的赶花节等），吸收融合中元节的一些民俗（如祖先灵魂观念、祭祖仪式等）而形成的，甚至很多地方同时使用原来节日的名称。

在黔东南苗族节日庆典安排中，“中元节”常作为“吃新节”的组成部分嵌入苗族原生节日中。[3] 换句话说，“中元节”在许多苗族村落并没有成为一个独立的节日，长期以来仅是“吃新节”祭祀祖先神灵的一个部分。“吃新节”其实是苗族人向祖先神灵汇报农耕生产的节日，在苗族对于农耕生产的认知中，生产是神灵参与的一项农事活动，生产的丰收与否与神灵的护佑有莫大的关系。因此每当丰收在望之际，都会举行隆重的庆典——“吃新”祭祀庆祝活动。

“吃新节”苗语称为“努嘎西”（Nongx gad hvib，意为吃新米）或“努莫”（Nongx rnol，意为吃卯），是苗族重要的节日。雷山、台江、凯里、剑河、丹寨、榕江、黄平等县市的大部分苗族“吃新”在农历六月的第一个或第二个卯日，谓“吃卯”。凡六月

---

[1] 侯天江.中国的千户苗寨.贵阳：贵州民族出版社，2006：48.

[2] 如2012年由山东大学出版社出版的《节日研究》第六辑《鬼节专辑》，就明确使用“鬼节”而非道教中元节或者佛教盂兰盆节。

[3] 贵州凯里学院麻勇恒协助整理了黔东南苗族、侗族中元节的资料。

“吃新”的，主要是用秧苞为祭品，祭祈田神和历代祖宗神灵，保佑五谷丰收、人畜兴旺。台江一些地方的苗族“吃新”多在七月第一个丑日举行，以新产香糯为祭品。过节之前，姑娘们绣制衣裙和彩带，小伙们修整和添置芦笙，母亲们为女儿的银饰操心，父亲们为邀请亲友而奔走。过节这天，主人牵着儿童，手抱公鸡、鱼肉及新米饭（或秧苞）等祭物来到田边，将新米饭（或秧苞）祭供“告秋务当”和祖先，迎接神灵们归来过节，次日开展斗牛、赛马、斗雀、跳芦笙等活动。

尽管“中元节”不是苗族的原生节日，但已经开始为一些苗族所接纳。例如，在贵州台江，这个节日原本只是居住在县城及屯堡的汉族人过，随着文化的交流和生活水平的提高，一些苗族村寨也开始过此节。黔东南侗族村落社会中，每年农历七月十五日（有些地方为十三或十四）为“月半节”，也称“中元节”，俗称“七月半”，也有称“鬼节”的。节日期间，侗族民间还要“敬桥与小孩所寄拜之物，并祭祀各种鬼神”。[1] 七月半，传说是去世的祖先七月初被阎王释放半月，故有七月初接祖、七月半送祖的习俗。在台江地区，素有“七月半，鬼乱窜”之说，台江地区的“中元节”一般是7天，又有新亡人和老亡人之分。3年内死的称新亡人，3年前死的称老亡人。新亡人先回，老亡人后回，分别祭奠。烧纸钱的时间选晚上夜深人静时，用石灰洒几个圈儿，意思是纸钱烧在圈儿里孤魂野鬼不敢来抢，最后还要在圈外烧一堆给孤魂野鬼。亡人们回去的这一天，无论贫富都要做一餐好饭菜敬亡人，又叫“送亡人”。[2] 台江的七月半一般是七月十三日过。这天晚上，家家户户均在自己家门口焚香，把香插在地上，越多越好，象征着五谷丰登。近些年来，人们时兴放水灯的活动。一般水灯的制作，大多用彩纸做成荷花状，点上蜡烛，放在风雨潭水中漂。据传，水灯是为了给那些冤死鬼引路的。灯灭了，水灯也就完成了把冤魂引过奈何桥的任务。不过，虽然部分苗族村寨开始过“中元节”，但仍有自己“吃新节”的文化内涵，例如，黔东南侗族地区民族村落过“中元节”，仍有神秘的占卜仪式伴随。

有学者认为，有些习俗并非汉化，而是汉人夷化的残存。先秦以来，移民入黔，有不少“变服从俗”而融入当地，如“宋家苗”“蔡家苗”“龙家苗”之类。明代移

[1] 黔东南苗族侗自治州地方地编纂委员会.黔东南苗族侗族自治州志：民族志.贵阳：贵州民族出版社，2000：254.

[2] 张不华，方旎.苗族.北京：中国文联出版社，2010：204.

民也有部分渐被“夷化”而“变苗”。[1] 明天启元年(1621)九月，刑部右侍郎邹元标即奏言：“黔患不尽在苗，其为道路梗者苗十之三耳，播弄尚有数端……出劫于道，则有浙江、江西、川湖流离及市鱼盐瓜果为生者窜入其中，久之化而为苗，苗倚为命，弄兵徂诈，多出其手。”[2]直至清末光绪年间，与黔东南相关的此类话题仍有人提起，“汉民变苗者，大约多江、楚之人，懋迁熟悉，渐结亲串，日久相沿，遂浸成异俗，清江南北岸皆有之。所称熟苗，半多类此”，“家不祀神，只取所宰牛角，悬诸厅壁。其有‘天地君亲师’神位者，则皆汉民变苗之属”。[3]

在长期的族群融合中，不同文化的交织和相互影响十分正常。保持自己的文化母体，汲取外来的文化精华，方能使民族文化长久保持。

2. 楚雄彝族赶花节与鬼节

有关赶花节与鬼节的文化并接，杨甫旺、单江秀曾针对楚雄双柏县鄂嘉镇赶花节做过专门研究。[4] 据民间说法，某年的农历七月十五日，正好是立秋日，按照民间习俗，立秋是不能外出、不能干活计的，但一些男女青年“闲不住”，拿起三弦到山林去唱跳，互表爱慕之情。长此以往，农历的七月十五日就成为青年男女唱跳的日子。也就是说，“赶花节”在当地本是彝族青年男女交游娱乐集会的节日。其流变中有两个传说，都涉及彝族和汉族文化的融合。

峨山、新平彝族“赶花节”的来历，有这样一个传说：过去，一个汉族姑娘和一个勒苏(彝族支系)男青年相爱了。但因为两个人民族不同，他们的爱情受到双方家庭的阻挠，他们无力与家庭抗争。农历七月十五日这一天，他们相约在绿汁江畔的大西山顶殉情。为了纪念这对情人对爱情的坚贞，每年农历七月十五日，勒苏青年便在山顶的草坪上举行歌舞集会，后来参加的人越来越多，逐渐形成了勒苏人的一个传统节日。这一天，人们尽情歌舞，谁也不受约束，这也是年轻人谈情说爱寻找伴侣的好机会。按照杨甫旺、单江秀的观点，由于历史上当地汉族移民的进入以及汉文化的强势，“赶花节”逐步与中元节相融合，当地彝族接受吸纳了汉族“中元节”祭祖送鬼等内容，而汉族吸收了彝族“赶花节”交游娱乐等活

---

[1] 古永继，李和.清代外来移民对黔东南苗疆习俗变化的影响研究.西南边疆民族研究(第15辑).昆明：云南大学出版社，2014.

[2] 大明熹宗悊皇帝实录.卷十四“九月戊午”条.

[3] [清]徐家榦.苗疆闻见录//丛书集成续编.第54册.上海：上海书店，1994：661.

[4] 杨甫旺，单江秀.双柏(鄂)嘉彝族赶花节考.毕节学院学报，2009(9).

动。从称呼上看，鄂嘉镇的中心地区已经普遍称鬼节，“赶花节”的名称逐渐被淡化了，只是在新平、峨山等僻远彝族地区仍得以保留，这反映出文化融合的差异性依然存在。“彝族信奉原始宗教，敬拜祖先，但从未有过专门祭祀祖先的节日。彝族只要有大小节日、家庭大小事及祖先忌日都要祭祖，不会选定某日为祭祖日，至今如此。所以，七月十五日不是彝族的传统的祭祖日，而是佛、道的宗教节日和汉族的祭祖节。”[1]

双柏县鄂嘉镇也称呼七月十四至十六日送鬼的节日为“摸奶节”。哀牢山地区流传着这样一个故事：隋朝期间的两年征战，许多没有结婚的苗族青年战死沙场，亡魂在家乡四处流浪。他们来不及享受婚姻，希望找一个女人到阴间做妻子。但是亡魂们不愿意要被别人摸过奶的女人。为了不被亡魂带到阴间，她们不得不在赶鬼节的这几天让人摸奶，避免到阴间当鬼婆。因此，七月半本是男女青年们十分欢快的日子，他们竞相追逐嬉戏——这些正是传统的立秋农闲时节青年们谈情说爱的表现。至于这一习俗何时被附上了与鬼有关的内容，已经不得而知。

在今天的节日语境中，今后楚雄彝族的“中元节”究竟怎样过，怎样界定七月十四至十六日的“中元节”“鬼节”抑或“摸奶节”，看来不仅涉及少数民族的文化自尊，还涉及国家的民族政治。一方面，面对民族节日的商业化，民族精英的文化自觉愈加强烈；另一方面，面对传统的异变，如何完成文化并接、保持自己的文化土壤，依然是一个严峻的挑战。

第三节 结 论

对西南少数民族地区鬼文化的理解，有助于理解鬼节即“中元节”在西南的地域分布，理解所谓的帝国文化或者汉文化与当地文化的冲突与历史融合。本章所论的万物有灵，并非简单在宗教信仰意义上的论证，而是论证这些族群文化内含的圣灵文化或者圣礼文化，也可以说是圣灵文明（圣礼文明）。[2] 其文明的标志，包括了天人合一、对自然的尊重，文治的精神、民主的制度、社会和谐的社会关系

[1] 杨甫旺，单江秀．双柏（石＋咢）嘉彝族赶花节考．毕节学院学报，2009(9)．双柏县鄂嘉镇民族传统节日赶花节，社会上和民间有各种不同的叫法。有现代气味较浓的“哀牢山民族狂欢节”，有道佛文化意味的“鬼节”，有直呼其义的“七月十五节”，还有猎奇、粗俗的“摸奶节”等等。

[2] 参见：张小军．“鬼主”与圣权制——西南地区历史上的政俗国家化．民俗研究，2018(3)．

(家庭和亲属制度等)。笔者曾论 1949 年以后的“驯鬼年代”。从历史来看,“鬼化”的年代似乎更加久远。帝国的文化扩张与文化怀柔,将西南地域不断纳入帝国的文化版图。历史上的鬼化过程是一个地方性知识的重构和建构过程,忽略了当地丰富的文化,贬低了少数族群的文化,结果导致地方社会神圣宇宙观的世俗化,降低社会围绕“灵”的神圣性,并使得少数族群自觉不自觉地在文化自卑中接受外来文化,偏离了文化融合的公平原则。不过在历史上,少数族群并没有简单屈从世俗化的帝国文化,而是有他们自己的文化并接。在倡导文化多样性的今天,如何避免此类对少数族群的“鬼”的污名化,依然是一个严峻的话题,令我们研究者深思。

第十二章　驯鬼年代：鬼与节的文化生态学思考[1]

说到鬼，历经百年"驯鬼年代"的国人多会以"迷信"蔑之。然而，鬼神文化于人类有着久远的历史，并且至今仍然是许多社会或群体挥之不去的文化情结。之所以如此，乃在于鬼文化无论对于个体生命还是群体社会，都有着不可或缺的文化生态学意义。近代以来，新文化运动提倡科学和民主，破除迷信蔚然成风，特别是破除鬼神迷信已然成为那个年代树立科学的必要前提。随着一个世纪的"驯鬼年代"，言鬼者和行鬼者似乎见少，然而伴随着现代化、城市化和过度商品化，奢靡颓废、物欲横流的社会风气随着商品大潮有增无减，令文化的生态危机日益严重。这促使我们一方面要认识到鬼文化中的糟粕而弃之；另一方面，在去除"迷信""革命"之类的标签之后，静心思考鬼文化于人类生命和社会需要的本真文化生态学意义。

第一节　生命的鬼文化生态

鬼或者鬼神文化对于人类来说，几乎是一种普遍的现象。尽管各种文化中使用的词语不同（鬼灵、鬼魅、鬼魂、鬼怪或妖魔、精灵等），但是大致上反映了人类某种共同的生命倾向。关于鬼的研究，在民俗学和民间文学中论述颇多，其中不乏有深度的见解。人类学视角的巫鬼研究有如下方面的关注：

一、生命逻辑的观点

按照早期的中国哲学思想，鬼是人的造化之身，并没有死/鬼之类的"贬义"。《礼记外传》："人之精气曰魂，形体谓之魄。"魂魄两字都有"鬼"部，《黄帝内经·

[1] 本研究得到国家社会科学基金重点项目"西南少数民族文化生态研究"（11AZD070）和清华大学人文振兴基金项目的支持。

灵枢·天年》有所谓“魂魄毕具,乃成为人”。魂魄是神的分义,即“阳神曰魂,阴神曰魄”。从古代医经对生命的理解,可以知道魂魄是人之神灵,合而孕生,分而得死;魂魄本是人之精气所聚,人死魂魄气散,游走于外。即《正字通·鬼部》:“人死魂魄为鬼。”《易传》也有:“精气为物,游魂为变,是故知鬼神之情状。”由此可知,鬼之魂魄表达的是人之生命阴阳互补的本质,是人之神的一面,本身并无贬义。鬼神表达的是一种宇宙观,描述的是生命的一种状态,以人的生命为标准,人死则魂魄重归大自然,魂天魄土,魂乾魄坤,魂阳魄阴,十分自然,甚至有几分科学。带有贬义的鬼怪一类是后来演变的结果。

“鬼”的观念在很多社会中(包括中国很多民族和地区)是与神通名的一种超自然、超现实的力量。依万物有灵论的看法,神灵(鬼灵)成为人们在自然和现实中与之对话的另一个世界,这个神灵(鬼灵)的世界帮助人们去超脱死亡、疾病、灾祸等令人们恐惧或带来不幸的现象。伊文思-普里查德(E.Evans-Pritchard)在对阿赞德人亡灵(ghosts,鬼)的研究中,指出当地人认为:“人有两个灵魂,一个是身体-灵魂,一个是精神-灵魂。死亡的时候,身体-灵魂就变成氏族的图腾动物,而精神-灵魂成为亡灵,像影子一样出没在小河的源头。”[1]人类学家研究了许多初民社会,他们多用鬼魂之类界定生活中的危险和疾病。如赖德克利夫-布朗(A.R.Radcliffe-Brown)在《安达曼岛人》中说:“当问到森林和大海精灵从哪里来时,土著一致认为他们是死人的鬼魂。”“除了已经和精灵结交朋友、已具有巫术力量的人之外,其他任何人若与森林、大海精灵或者死人的鬼魂接触都是危险的。土著认为,所有的疾病以及病死都是精灵所致。人在丛林或海边迷路了,无形的精灵就会袭击他,使他生病,而且可能会要他的命。”[2]

可见,鬼不仅与人的生命起源直接联系,而且参与生命的全过程。生命本身具有自足的本能,自足包括生命秩序的延续、完整、合理。死亡、疾病和灾祸是对生命秩序最常见的伤害,因此,生命的自足逻辑要求生命的延续和对疾病与灾祸的抵御。鬼文化显示出人类的文化适应和智慧。借虚化实、借阴补阳、借鬼示人。由神灵(鬼灵)界定的他世秩序是对现世秩序的重要补充,从而形成一个完整的关于人类生命的宇宙观。

---

[1] [英]埃文斯-普里查德.阿赞德人的巫术、神谕和魔法.覃俐俐,译.北京:商务印书馆,2006:40.
[2] [英]拉德克利夫-布朗.安达曼岛人.梁粤,译.南宁:广西大学出版社,2005:100.

二、心理情感的观点

情感是巫鬼文化中的重要方面,却曾经被忽视。许烺光从心理人类学的视角批评马林诺斯基所认为的只有初民社会的人才更相信巫术作用,而在文明社会理性主义者头脑中则是转瞬即逝的看法:

> 马林诺斯基之所以得出以上错误的结论,是因为他抽象地坚持认为实证或科学知识与超自然魔法(巫术)之间存在着一分为二的界限,而没有将两者放在现实生活中来观察。[1]
>
> 一些人类学家至今仍然天真地坚持“原始”民族与“文明社会”中的“农夫们”在接受“魔法”或者说“超自然”的东西时是相似的,而(“文明社会”的)“精英们”相对来说已摆脱了这一“魔法”世界观。[2]

许烺光区分了角色领域和情感领域。前者是社会结构功能的分化,随着工业化而更加复杂;后者则保持着现代化之前的单纯,变化不大。“现代人仍然有着和生活在几千年前的祖先们一样的情感:爱、恨、怒、喜、绝望、焦虑、希望、忍耐、宽容、忠诚、背叛,等等。”[3]上述对进化论观点的批评,他借用了一句话:“人没有进化,进化的只是武器。”“科学技术拓宽我们的角色领域,使人与人之间的关系变得越来越短暂和缺乏人情味。”[4]

某一行为的情感成分是在社会化和文化适应中形成的。这就是为什么在一些社会中,宗教、种族、共产主义成了带有强烈情感色彩的社会问题,而在另一些社会中却非如此。“一个人可以在情感上对爱国主义或者鬼魂这样的抽象概念有强烈的反应,正如他/她可以对纪念碑和棺材这样的物体做出同样的反应一样。重要的是文化制约(culturally sanctioned)的结合与所讨论的现象之间的联系,而不是来访的人类学家眼中的魔法与科学。”[5]在这个意义上,只要是人类,无论什么时代,超自然的、宗教巫术一类的观念都会存在。他因此认为宗教和科学是人类不可或缺的双胞胎:

---

[1] 许烺光.驱逐捣蛋者:魔法、科学与文化.台北:南天书局,1996:136-137.
[2] 许烺光.驱逐捣蛋者:魔法、科学与文化.台北:南天书局,1996:131.
[3] 许烺光.驱逐捣蛋者:魔法、科学与文化.台北:南天书局,1996:142.
[4] 许烺光.驱逐捣蛋者:魔法、科学与文化.台北:南天书局,1996:159.
[5] 许烺光.驱逐捣蛋者:魔法、科学与文化.台北:南天书局,1996:139.

> 科学技术在自然界和人类社会的进一步发展并不意味着宗教将因此消失。相反，宗教魔法（巫术）就像食物和空气一样成为人们生活的必需品，因为人类总会有爱和在爱中失望；我们总会生病和遭受灾难，我们总会犯错误和追求无法达到的目的；我们总要遭遇无法预测的困难；即使我们的科学家和技术专家们征服了整个地球，我们仍然要面对一个不断扩展的宇宙；最后，既然我们生来就要死亡，我们总要生命有其意义。[1]

也就是说，与人们情感需要（与鬼神相关的包括绝望/希望、恐惧/战胜、罪感/摆脱等）密切相关的巫术宗教是人类不可或缺的文化源泉。

三、象征实践的观点

巫觋仪式是鬼文化象征实践的主要方式。以巫觋仪式为特征的鬼文化是人类学家最有心得的研究领域，伊文思-普里查德的《阿赞德人中的巫术、神谕和魔法》是这方面的代表作。[2] 中国传统社会，巫道、佛教仪式中有大量与鬼的交流，换句话说，巫觋的功能是与鬼沟通而帮助人们摆脱灾难。巫觋通过“事鬼神”而治病。因为人的许多病是因为有鬼附身。通过与鬼沟通或者驱鬼，达到治病目的。《春秋公羊传·隐公四年》有“钟巫之祭”，何休注：“巫者，事鬼神，禳解以治病求福者也。”如今的很多病，可以说也是鬼——破坏秩序之鬼——附身，需要人们去破解。

节日仪式无论对于初民还是现代社会都是十分普遍的。中国四大“鬼节”主要包括三月三、清明节、七月十五、十月初一。江淮江南一带称农历三月三为鬼节，人们认为这一天有鬼魂出没，因此到了夜晚，人们会在家里每间房屋中鸣放鞭炮，以此来吓走鬼魂，达到驱鬼的目的。至于清明扫墓的习俗由来已久，这天人们寄托哀思，也与祖先之灵进行沟通，送上食物钱币，让祖先享用。七月十五既是民间的鬼节，又是道家的中元节，佛教的盂兰盆节。笔者曾经研究的福建蓝田有兰盆节即盂兰盆会，蓝田当地俗称“做蓝盆”，是超度亡灵的时间，做兰盆在村东的玉京观，每年从七月十三开始，全村人吃斋 5 天。在玉京观有道场，搭“蒙山”高台。十五日晚上子夜时分，和尚在台上施斋给鬼吃，会有许多小孩子在台下拾斋。同

[1] 许烺光.驱逐捣蛋者：魔法、科学与文化.台北：南天书局，1996：158.
[2] [英]埃文斯-普里查德.阿赞德人的巫术、神谕和魔法.覃俐俐，译.北京：商务印书馆，2006.

时放灯船迎渡鬼神进来。十六日烧鬼厝，十七日“放水仙”送鬼，“水仙”是一只只小灯船，有几百只，放入龙舞溪，十分壮观。玉京观过去有几亩“兰盆田”，田租用于每年的祭祀开支。马林诺斯基描述过美拉尼西亚的鬼节（milama），鬼节是阴阳两界之人团聚的日子：

> 一年一度的鬼节，灵都由土马（死后鬼魂去的 Tuma 岛）回本村来。给他们搭一个特别高的台子，以便坐在上面，临高下望，观望活的亲属在底下的行动与娱乐。食物积聚得很丰富，以使他们喜欢，且以满足活人。这一天，村长的房子与重要富厚人家的房子之前，都将贵重品摆在席上。村中要有许多禁忌，以免伤害了鬼魂。[1]

不难看到，这类仪式与中国的七月十五之鬼节十分相似。

十月初一，谓之“十月朝”，又称“祭祖节”。十月初一祭祀祖先，也是“送寒衣”的节日。人们怕在冥间的祖先缺衣少穿，因此，祭祀时除了食物、香烛、纸钱等一般供物外，在祭祀时，人们还把冥衣焚化给祖先，因此又称为“烧衣节”。

节日的鬼文化充满了象征的意义（见图 12-1），与鬼相关的各个节日形成了一个互补的系统。

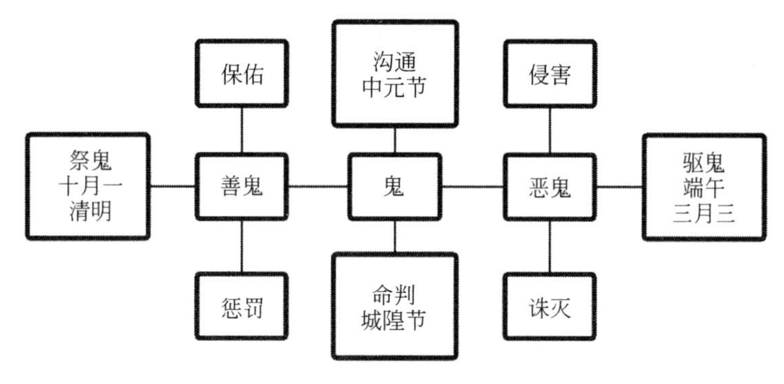

图 12-1 节日的鬼文化

注：上图仅为示意，各地文化中的节日含义和意义系统并没有一个标准的模式。

[1] [英]马林诺斯基.巫术、科学、宗教与神话.李安宅，译.北京：中国民间文艺出版社，1986：118.

四、社会功能的观点

巫鬼的社会功能是保证社会的集体秩序，史禄国(Sergei.M.Shirokogoroff)在《通古斯人萨满教总论》中曾经称通古斯萨满是氏族的“安全阀”。在这些社会中，只有萨满可以统治那些凭依在氏族成员身上的有害精灵，从而安全维持和延续人们的生活秩序。因为“对氏族成员来说，萨满信仰就是他们的世界观、人生观、生活规范、生活感觉。因此氏族萨满的去世也就是‘安全阀’的破损及最大的危机”。[1]

20世纪40年代，一位在西南联大教书的斯图尔特(J.L.Steward)以基督教中心的观点看中国，其中也描述了中元节，他称之为供喂饿鬼的仪式，他接着说道：“就是这些难以理喻的信念长期地奴役着这个民族的绝大部分人。”[2]他还描述了道教与鬼的关系，并论述了道教的种种劣迹：“他们到处散布谎言，指望搅得人心不安，好从中渔利。”他还列举了一个关帝的“拯救令”，大意是说今年1/7的人要死于天灾。要避灾，就要散发“拯救令”，散发10份躲过小灾，散发百份躲过大灾，不散发的人要吐血而死。“今年八月到九月间，人要无数地死去，到了十月鸡鸣犬吠声都要消失(据说这些动物要被吓住，平常它们是那么勇敢地和鬼在夜间搏斗)。到半夜十二点，将会听到从各处涌来的无数鬼怪在不停地嚎叫，这时，千万不要作声，以防灾祸降临。”[3]解救的方式就是服用关帝开出的药方，用朱砂写符咒。

这个例子，很像乾隆年间的《叫魂》。因为对待到处散布谣言的说法与孔飞力在《叫魂》中描述的国家立场十分相似。换句话说，一个社会越不安定，对谣言的敏感程度越高。谣言能够四起，说明了那个社会中不稳定的因素很多。因此，对于发生在1768年的妖术恐慌，政府十分紧张地将之归为“惑众”。除了显而易见的割辫削发直接有违律法，更深刻的原因是：

> 一个没落王朝若是失去了天命，其信号便是民间的动乱。反之，一个王朝若属天命所系，其象征便是百姓的安居乐业。在这一意义上来说，妖术可

[1] [日]佐佐木宏干.“凭灵”的构造.黄强，译//郭淑云，沈占春，主编.域外萨满学文集.北京：学苑出版社，2010：43.

[2] [美]斯图尔特.中国的文化与宗教.闵甲，等译.长春：吉林文史出版社，1991：57.

[3] [美]斯图尔特.中国的文化与宗教.闵甲，等译.长春：吉林文史出版社，1991：135-136.

被视为帝王上天崇拜的一种‘黑色’对立物。合法的祭祀会使百姓产生国家稳固并会给他们带来好处的信念;同样,妖术会给人造成不稳定会大难临头的印象。[1]

《叫魂》以鬼魂表达了国家与社会秩序的联系。鬼从生命状态的中性表达,变成社会规范中的恶鬼和地狱中的角色,亦反映出鬼文化的建构过程。人们正在经历的2012年,也早有“2012人类大劫难”的传言风靡全球。之所以风靡,显然与人们对未知的恐惧有关。虽然今天多数人不一定会用巫鬼一类来引导行为,但是哪怕是在玩笑中,仍然不乏祷告和祈福。

综上所述,鬼文化的核心是秩序问题。生命逻辑是本源,象征实践是表达,心理情感是需求,社会功能是外延(见表12-1)。

表12-1 鬼的文化生态

分　类	特　性	形　式	文化生态	秩　序
生命逻辑	本性	完满、阴阳	本源	生命秩序
心理情感	情性	宗教、巫术	需求	心理秩序
文化象征	感性	仪式、节日	表征	文化秩序
社会功能	理性	风俗、制度	和谐	社会秩序

生命自足中存在完满的追求,死亡和疾病会破坏完满,引起恐惧。如果人们对死亡没有恐惧,或者对生命不追求完满——疾病和危险都可以置之度外。那么,就没有鬼文化的起源问题。完满和恐惧是本能的。

心理情感是对生命自足需求的满足,通过宗教和巫术来解决完满和恐惧。具体来说,宗教和巫术创造了一套关于诸如现世生命平安、生死轮回和来世生命上天堂/入地狱之类的说法,以满足生命自足的需求。情性或情感通过喜怒哀乐、信从望求等心理情感的调整,达到生命对完满和恐惧的调整要求。

象征实践是对宗教巫术的象征表达。通过仪式和节日,借助超自然和神秘的力量,使宗教和巫术的功能得以实现。仪式的感性表达有助于阈限和过渡,以便完成秩序的转换。

---

[1] [美]孔飞力.叫魂——1768年中国妖术大恐慌.陈兼,刘昶,译.上海:上海三联书店,2002:121.

社会功能是外延的、集体的，分化出完整的概念系统，并嵌入各种社会功能中，形成了鬼的风俗和制度。它不仅保证了鬼文化对生命自足的渴望，还创造了各种延伸的文化服务于商业、政治、教育，等等，从而形成了一个鬼的社会生态。

第二节　社会的鬼文化生态

鬼文化在多数社会中都会随着社会的分化而产生概念的转移或分化，换句话说，社会功能的分化需求，必然伴随着鬼文化在分化中有大量象征层面的创造，包括借用鬼神来服务于社会。鬼文化的社会分化是一种文化生态的调节现象，是鬼文化对社会秩序的文化适应。

徐华龙以进化论的观点认为，鬼故事的发展经过三种形态的演变：一是原生态，产生于人类早期，主要表现于对自然现象的恐惧，因此这时鬼故事中的形象大都具有自然界的动植物及其他物体的属性。二是衍生态，产生于阶级出现的前后，主要表现为鬼与神并行于世，也可称鬼，又可称神，或者亦鬼亦神。鬼话与神话难以分别开来。三是再生态，主要指鬼故事作为一种独立的艺术形式而出现，已脱离了与神话的关系，主人公大都变成了阴府中的形象，而且这时鬼话领域大为扩展，吸收了佛教、道教的文化因子，形成了新的鬼的观念和地狱之说。徐还认为鬼的概念要早于神的概念。[1] 在人类学的文化进化论中，泰勒的万物有灵论观点中，“灵”既指鬼灵，也指神灵，神鬼不分。结合前述，刻意分开鬼神并强调鬼先于神的看法或值得商榷。

大致上，可以归纳出如下一些有关社会鬼神分化过程的看法：

一、从自然的植物动物的鬼灵走向的人形神鬼。马林诺斯基评价弗雷泽区别宗教与巫术主要是看间接乞灵于神物，还是直接控制的作用：“初民是在一切之上要去控制自然以切实用的；然其控制方法，乃是直接去办，是用符咒仪式强迫风与气候以及动物禾稼等遵从自己的旨意。只在时间很久以后，他才见到巫术力量不能偿其所愿，于是有所戒惧或希望，有所祈祷和反抗，于是乞灵于较高能力，乞灵于魔鬼、祖灵或神祇。”[2]然而，初民的心态是否要控制自然？自然神灵或者

---

[1] 徐华龙.鬼.上海：上海辞书出版社，2014：185，189，192-193.

[2] [英]马林诺斯基.巫术、科学、宗教与神话.李安宅，译.北京：中国民间文艺出版社，1986：4.

鬼灵(山川河流、石头植物)是否要比人形之神灵或鬼灵更加“高级”? 人类学在检讨进化论之后的观点十分清晰:任何文化有其自足的文化适应和体系,并无进步/落后的观念之分。至于拟人的鬼神是否必然取代山川河流、动物植物的鬼神,并不一定,而是要看那个文化的情形。例如,在与农耕狩猎等生产行为相关时,自然神偏多,因为这些人类活动与自然紧密联系;而对于与人自身的心理或行为相关的鬼神,则拟人的鬼神偏多,因为要借鬼神喻人。

二、从神/鬼、人/鬼不分到神/鬼、人/鬼分离。《玉篇·鬼部》:“天曰神,地曰祇,人曰鬼,鬼之言归也。”讲了人鬼不分。神鬼不分不仅是万物有灵的观点,在早期中国传统哲学中也十分明晰。包括在藏医的《四部医典·秘诀本集》中,可见邪病的病因包括:获罪神佛、十恶行为;凄苦独处;冒犯鬼神;不敬神;过度悲伤;天神;阿修罗;天界乐师;龙神;怒神;梵天;罗刹;食肉鬼;饿鬼;吸血鬼;放咒鬼;掏心鬼;僵尸;家神;活佛;神仙;老人;苦修者;鬼邪病患者。[1] 其中致病的因素有鬼有神,鬼神佛仙甚至人之年老都可以让人染上邪病。

李福清(B.Riftin)讨论了台湾泰雅族的鬼神不分的概念(utux),当基督教传入后,基督教的上帝(god)和魔鬼(diabol)都称 utux。李亦园先生说,“他们泛称所有的超自然存在为 utux,而没有生灵、鬼魂、神祇或祖灵之分,更没有分别或特有的神名”。[2] 反映出两种信仰的合并。他认为,这样较为模糊的灵、鬼、神不分的观念,大概是原始思维的特征,如云南佤族的观念中,鬼、神、祖先(灵)不分,尚未出现反映神祇观念的词。不过,佤族的某些鬼具有神圣性和权威性,如创始者“木依吉”就是最大的鬼。[3] 类似的情况也发生在台湾的阿美族和排湾族当中。他们都区别善灵和恶灵。

武雅士(A.Wolf)关于神鬼不分的另一种理解是鬼概念的相对性。例如,一个死者被自己的家庭视为祖先,但在别的家庭看来,他就是鬼魂,因为所有死者对于这个生者的世界来说都是陌生人和外人,在这里,祖先和鬼的边界模糊了。不过,从另一个视角也反映出祖先和鬼的区分,在他看来,同是不在世的人,祖先联系到有权利义务的分配的亲属关系,其牌位也被后人奉养;鬼则是那些具有潜在

[1] 参见:元旦尖措,主编.四部医典·曼唐画册.西宁:青海人民出版社,2001:第48图·病因七.

[2] 李亦园.宗教与神话.南宁:广西师范大学出版社,2004;参见:李福清.神话与鬼话——台湾原住民神话故事比较研究.北京:社会科学文献出版社,2001:255.

[3] 李福清.神话与鬼话——台湾原住民神话故事比较研究.北京:社会科学文献出版社,2001:255.

危险的祖先，比如，早夭的婴孩（这些人死后不能进祖宗的祠堂），或未通过婚姻而进入宗族的女性等。武雅士在此做了两类区分：孤魂野鬼一类死者完全被排除在权利义务关系之外；另一类死者依赖于宗族而得到祭祀，这里的关键是存在一个权利义务的传承体系，其内是祖先，其外则是鬼。[1]

在一些文化中，也有鬼神的结合。如鬼灵文化的世界性以及观念基础也体现在基督教灵恩派的迅速发展中。据罗宾斯（J.Robbns）的研究，在过去 100 年，灵恩派基督教拥有了 5.2 亿皈依，其中 2/3 居住在非西方的亚、非、拉美和大洋洲。原因之一是因为“它倾向于保留传播地原有灵属世界中有关现实和力量的信仰”。首先肯定灵的存在，而不是否定它或只承认上帝的存在，进而通过一种让当地神灵妖魔化的过程，让信徒去与之对抗，从而更加相信自己的灵属。这既强调了魔鬼的存在，又强化了它与人们归信后生活的联系。[2] 这种二元主义颇为有趣：先引进一个善美的神灵上帝，再将本来也许没有善恶之分的地方神灵妖魔化，形成一个持久的善恶共存文化的图像。因而它被称为“能够进行文化转换的宗教”。其实，这种文化转换正是利用了鬼灵的文化生态。

三、从善恶不分走向善恶分离，甚至鬼成为恶的化身。关于善鬼和恶鬼的区分，弗雷泽（S.J.G.Frazer）在《永生的信仰和对死者的崇拜》中，描述了马绍尔群岛原住民的两种鬼魂观念，令人惧怕的鬼魂统称阿克杰伯（Akejab），包括曾经是人的低级鬼魂和从前不是血肉之躯的高级鬼魂。高级鬼魂可以支配邪恶鬼魂进入人体，偷盗灵魂，因此有法师的驱鬼仪式。另外一种善鬼是森林鬼魂，称为安吉马（Anjinmar），他们是些可爱的“蓝精灵”，他们心地善良，甚至可以与人间婚配。[3] 在中国也类似，清朝蒲松龄笔下的《聊斋》，虽有恶鬼，但更多的是有情有义的美貌女鬼，鬼不但不可怕，反而十分可爱。甚至人们用鬼表达爱情和理想。《聊斋》作为中国古典小说，是鬼故事集大成者。借鬼喻人，借鬼示人，结论很简单，善良之人能够由鬼成人，邪恶之人由人成鬼。很多美好不在人间，很多纯洁是在人鬼之间，而非人与人之间。说明社会对“鬼的需求”改变了。以善恶界定人死很常见，

---

[1] Wolf, Arthur: Gods, Ghosts and Ancestors. *In Religion & Ritual in Chinese Society*. Arthur Wolf, ed., Stanford: Stanford University Press, 1974.

[2] [美]罗宾斯.灵恩派基督教的全球化.金泽，陈近国，主编.宗教人类学（第二辑），北京：社会科学文献出版社，2010：365.

[3] [英]弗雷泽.永生的信仰和对死者的崇拜.李新萍，等，译.北京：中国文联出版公司，1992：199-200.

现世也有“活见鬼”的情况,“文化大革命”中的“牛鬼蛇神”就是一例,活人在“革命”中变成了“鬼”,让鬼活过来约束活人也是鬼文化的重要特点。

除某些民族地区外,现今中国很多地区的鬼观念中几乎都有恶鬼,惩罚人类。应该这样说,在本来万物有灵的观念中,已经有灵魂信仰和崇拜。对灵的善、恶之分或者鬼神之分,将信仰也区分为崇拜的神和祈求的鬼——崇拜信仰和抚求信仰。对善良鬼神,有崇拜和祈求,但是对恶鬼邪神,则是抚求信仰——安抚和祈求,但是没有崇拜。史景迁的《王氏之死》中,大量使用了蒲松龄的作品,在对1668—1672年山东郯城王氏如何与人私奔最后被丈夫杀死这个他称之为“大历史背后的小人物命运”的悲惨故事中,他写道:

> 她活着的时候除了用她的言语和行动伤害她的公爹和丈夫,还有可能伤害那个跟她私奔的人以外,没有势力伤害其他任何人。但是她死后的报复意味却是有力和危险的:作为一个饿鬼,她可以在村子里游荡好几代,不可能被安抚。不可能被驱赶。……黄六鸿的决定是,将王氏用好的棺材安葬,埋在她家附近的一块地里;他感到这样做了的话,“他孤独的灵魂才会平静”。为此他一笔批了十两银子,而在类似的事情上他只同意拿三两不到的银子来安葬死者。[1]

王氏肯定是当时伦理规范下的坏人,因此死后成为饿鬼,对其人不宽容的背后,我们看到的是对其鬼的宽容和优抚。因为在超现实的世界,鬼显示的力量更加强大。可以看到,人世中的善恶之分,在鬼的世界中再被强调,但是对待的方式却完全不同。

四、从人间走向地狱。例如,宋代因为社会紧张,导致鬼魅出现的频繁,也带来了一些变化:一是从自然精灵变成人鬼;二是宋代相应地发展出来的地狱观以及神判。首先,“宋代鬼魅对人世间的威胁,正逐渐超越以往的空间界域,从荒郊野冢与山林破庙转移到城镇民居和庙宇;而鬼魅的来源也逐渐从自然精怪演变为人鬼,这其中还包括许多来自官宦家庭的人鬼”[2]。实际上这样的变化十分明显地表明了“鬼魅进城”的国家化过程——即从乡村庶民进入城市的官僚士大夫之

---

[1] [美]史景迁.王氏之死.李璧玉,译.上海:远东出版社,2005:114.

[2] 廖咸惠.宋代士人与民间信仰:议题与检讨//复旦大学文史研究院编.“民间”何在 谁之“信仰”.北京:中华书局,2009:64.

中。其次，“宋代发展出来的地狱观，也大量杂糅了佛、道等宗教的教义与经典在其中。冥间地狱被刻画成为一个必经的涤净过程，每个人的灵魂在死后都必须到地狱的十王殿接受审判，依其在人间所犯的罪行施以严酷的刑罚。……这个震慑人心的地狱图像及因果报应观念，不仅影响着庶民的处世行为，在士人的脑海中，它同样有着一份不可言喻的强大约束力”[1]。在笔者看来，这同样是一个非常国家化的变化，只要想到城隍神中的诸多国家敕封神的面孔，就不难理解国家如何通过阴间命判的城隍系统摄控着庶民的行为与观念。

陈原在《释“鬼”——关于语义学、词典学和社会语言学若干现象的考察》中认为：“阴间和阳间构成一个宇宙，在这宇宙间，人与鬼共存——所以在文字上鬼是人的延长。古代中国人用不着天堂，也用不着地狱。有天堂地狱一说，恐怕是佛教传入中国以后才产生的。”[2]佛教带来地狱观念，地狱有十殿阎罗王，负责审判亡魂。所谓中元节的普度也是如此。七月初一开鬼门，七月三十关鬼门，鬼的地狱观已经深入民间。

五、由鬼到神的转变和鬼的普遍存在形态。鬼节或中元节，祖先在神/鬼之间徘徊。自己的祖先是神，他人的祖先是鬼。对于一个村寨来说，则无疑是神鬼交融的。因此，无论怎样破除迷信，对乡民而言，他们总能找到自己文化生态的平衡。

滨岛敦俊描述了江南信仰中有一个“由鬼向神的转变”。他认为，人死之后是变成鬼还是变成神，主要是看三个条件：生前的义行；死后的显灵；国家的敕封。[3] 特别是第三个条件，显示了国家在由鬼向神的转变中的重要作用。其实，生前的所谓义行，也是在国家伦理的标准之中的，而显灵的神灵往往就是被国家敕封的对象，无论关帝、妈祖还是城隍。因此，由鬼向神的转变反映出民间信仰国家化的过程。

七月十五本来是祭祖，在佛教盂兰盆会（如目连救母、超度亡灵等）、道教中元节（如地官赦罪等）的界定中，才有了明确的“鬼节”含义。许多学者对此有过论

---

[1] 廖咸惠.宋代士人与民间信仰：议题与检讨//复旦大学文史研究院编.“民间”何在　谁之“信仰”.北京：中华书局，2009：64.

[2] 陈原.释“鬼”——关于语义学、词典学和社会语言学若干现象的考察.辞书研究，1982(6).

[3] [日]滨岛敦俊.明清江南农村社会与民间信仰.朱海滨，译.厦门：厦门大学出版社，2008：84-89.

述,一些学者尤其强调七月十五作为中国本土节日的含义。[1] 换句话说,鬼节是一个被建构的过程,从祖先节变为了鬼灵节,这恐怕与当时的社会风气和需求有关,如宋代因为道教地位的上升,导致神鬼信仰风靡,因此鬼魅文化盛行,鬼灵因而成为社会秩序界定中的重要观念。

鬼文化在今天仍然隐于各种节日和仪式之中。如春节也是传统鬼文化的重要载体。徐华龙认为,春节源于鬼节,包含了大量的鬼文化。[2] 可见,无论是否直言“鬼”字,鬼文化作为一种文化生态的需要,依然以不同方式保留于人间。

陈原认为,甲骨文中的“鬼”字,有点像一个人戴着假面具,这让我们想到傩面,想到巫术仪式中的鬼神表达。[3] 钟馗捉鬼的故事脍炙人口,在敦煌民间信仰中有钟馗驱傩的风俗,如敦煌唐写本《除夕钟馗驱傩文》中就有“感称我是钟馗,捉取江游浪鬼”句。[4] 在“驯鬼年代”的今天,傩面仪式舞蹈已经在多省地(如云、贵、藏、吉等)、多民族(如藏、纳西、满、汉等)中作为国家的非物质文化遗产而获得保护,其中蕴含的鬼文化传统,依旧对文化生态的调节和平衡起着不可或缺的作用(见图 12-2)。

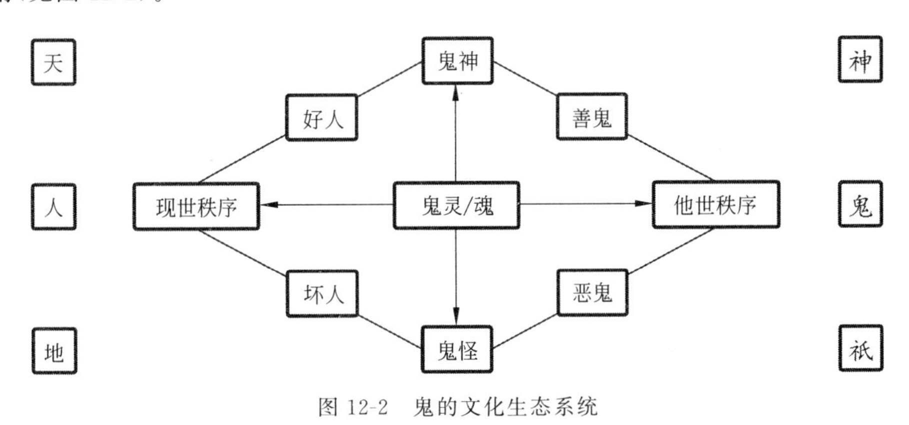

图 12-2 鬼的文化生态系统

[1] 参见:陈洪.盂兰盆会起源及有关问题新探.佛学研究,1999;高洪兴.中国鬼节与阴阳五行.复旦学报(社会科学版),2005(4);马福贞.“七月望”节俗的历史渊源于形态特征.郑州大学学报,2008(3).

[2] 徐华龙.春节源于鬼节考.浙江学刊,1997(3).

[3] 陈原.释“鬼”——关于语义学、词典学和社会语言学若干现象的考察.辞书研究,1982(06):2-3.

[4] 参见:高国藩.敦煌古俗与民俗流变——中国民俗探微.南京:河海大学出版社,1990.

第三节　驯鬼年代

晚清以来，特别是新文化运动和“赛先生”的启蒙，开启了近代国家主导和民众参与的“驯鬼年代”。然国家以鬼驯人的历史其实十分悠久，国家与鬼的紧密联系已然凝固于历史长河之中。《礼记・祭法》说：“庶人庶士无庙，死曰鬼。”鬼已经在国家礼制中被国家定义为庶人的死后身份。其实，鬼并非仅仅对应庶士之亡称，它还包括所有不能在庙、祧、坛、墠得到祭祀的王、诸侯、大夫和适士。可见，鬼代表的是不在国家正统之人。《论语》有：“子不语怪、力、乱、神。”清楚表明儒家对鬼神的态度。还有所谓“务民之义，敬鬼神而远之，可谓知矣”。则反映了儒家专治理疏宗教的思想。这一思想也多少影响到历朝历代国家废淫祠淫庙的行为。

历史上，国家对巫鬼之事一直处于矛盾之中。早期帝国盛行巫觋风气，甲骨文便是语言工具。这样的传统一直延续。王章伟指出，宋朝政府改变了以前各朝的成规，废太卜署，官方祭祀中不再任用巫觋，巫觋从此完全没入民间。在缺乏官方制度及宗教组织支持的情况下，为何巫风依然大盛？有“南下说”认为，从巫觋信仰传播的地域空间而言，北宋除了北方七路外，全国2/3的界地均盛行巫风；宋室南渡后，黄河以北的广大土地沦亡于女真人的统治，江左政权治下的南方诸路尽是尚巫右鬼之地，巫觋信仰寖然成为全国的风俗。王章伟对“南下说”质疑，并提出了“民间化”的看法：观宋代巫风浸成全国之俗，除了流播地域广及全国外，巫觋活动的社会空间深入城乡村里的每一个角落、信徒遍布于社会上的每一个阶层，均足以见其盛况。宋代巫觋就是把握了民间宗教的中心——丛祠私社的祭祀，时人称他们为“村巫社觋”，是这个观点的最好脚注。巫觋这种不为统治精英认同的民间造神运动，至为活跃，使两宋民间巫风依然。[1]

不过，民间何以在国家废太卜署，官方祭祀中不再任用巫觋的情况下开始了巫觋之风？难道是来自官方巫觋文化的民间沉降？这样一种“国家深入民间”的说法令人生疑。廖咸惠指出，宋代地方神祇的兴盛以及世人对鬼魅的深信，乃因这些神祇具有庶民背景的特点。至于为何宋代会有如此的现象，她则论证了科举

[1] 王章伟.在国家与社会之间——宋代巫觋信仰研究.香港：中华书局，2005.

考生寻求神助、死后世界的想象等原因。[1] 这或可称之为“民间需求说”。问题是,民间需求只是在科举或者宋代科举中才能够兴起吗?

笔者的观点可以称为“泛起说”——即民间的巫觋制度和风气在文治复兴的启蒙中“沉渣泛起”。巫觋文化不是官文化的民间化,而是相反——民间文化的某种士人化甚至官方化——虽然表面上遭到政府和儒家士大夫的反对。华南宋代地域性的巫觋盛行,与国家废太卜署无关,一个国家机构的废除,是否能够引起民间巫觋的爆发?笔者以为需要慎思。实际上,宋代民间信仰的兴起,与地方社会的重整有关,而士人的参与,一方面是因为他们作为地方精英,必然参与到地方社会的重整;另一方面,士人多数本来就来自民间,通过科举而成为士人,因此并没有与民间有太大的分离。笔者更愿意这样提出问题:本来就在民间盛行的巫觋风气,是如何在国家废太卜署后仍然被激发起来?在《文治复兴与礼制变革》一文中,笔者曾经指出了“文治复兴”对华南的宗族创造和民间信仰的兴起有着至关重要的作用。例如,福建作为新儒家和理学的发源地和大本营,也是宗族创造和民间信仰兴起最为重点的地区。[2] 民间礼仪的国家化——在此表现为民间巫觋上升到士人之中——体现了巫觋并非从国家沉入民间,而是相反,由民间抬升到士人的层面。一方面,这一过程反映出宋代的民间信仰也被“启蒙”,被动员起来。而且与祠关系密切。这是民间创造力。另一方面,巫觋和官方的对立,反映出基层社会的不稳定的“叫魂”。不但巫风盛行,佛道也盛行。反映出国家正统意识形态的缺失,儒家并没有奠定地位。“文治复兴”中的士大夫政治文化,是将民间信仰中的巫觋风气泛起的重要原因。

驱鬼亦纵鬼。对于宋代的驱鬼,廖咸惠讨论了宋代士人如何对付鬼魅的方式:“从哲学的层面反驳鬼魅的存在,运用世俗的政权对之进行压制,透过专家的除魅和安抚仪式,对鬼魅进行抵抗和怀柔的动作。……而士人对鬼魅的认识,相信他们具有一种无所不在的力量,以及仰仗专家和各种仪式来进行驱鬼的动作,不但直接认证与强化鬼魅的存在,同时也为当时诸多的宗教仪式、专家和灵媒的

---

[1] 廖咸惠.宋代士人与民间信仰:议题与检讨//复旦大学文史研究院编.“民间”何在 谁之“信仰”.北京:中华书局,2009:63-74.

[2] 参见:张小军.文治复兴与礼法变革——祠堂之制和祖先之礼的个案研究.清华大学学报(哲学社会科学版),2012(2).——“文治复兴”与宋代以后福建信仰的国家化.让历史有“实践”:历史人类学思想之旅.北京:清华大学出版社,2019.

存在，提供一个正当性的基础。”[1]可见，国家在某种意义上是在强化和释放着民间的鬼魅信仰，换句话说，国家也会借用鬼魅文化来与民间对话，并引导和操控民间社会。华琛关于“神的标准化”[2]以及科大卫和刘志伟关于“正统化”的讨论[3]，或许能够对此有一个清楚的回答。

“鬼”的国家话语常常有意无意地侵入民间。清严如熤的《苗防备览·风俗考》中有：“苗中以‘做鬼’为重事，或一年、三年一次，费至百金，或数十金。贫无力者，卖产质衣为之。此习为苗中最耗财之事，亦苗中致穷之一端也。近日，革去此俗，苗中称便。”[4]上述清人严如熤对苗人“做鬼”的描述，被认为存在着误解，编著者在注释中说，此处所说的“做鬼”应当是指凌纯声、芮逸夫所著的《湘西苗族调查报告》一书中所称的“打家先”。[5] 接着对“打家先”的习俗进行了解释：“打家先”是苗人祭祀自己家族所有去世祖先的盛大祭典。祭祀的目的是把这 12 年中过世长辈的灵魂交给祖先带走，去和祖先们一道过日子。“从观念上讲，举行‘打家先’一类的节日和庆典活动，用意是为了本家族的繁衍和兴旺，而求得繁衍和兴旺的依赖则是祖宗们的灵魂。因而在这样的活动中必然包含有众多后世繁衍人丁兴旺的内容，甚至还包含有两性关系的仪式表演，这是‘做鬼’当中绝对不会有的内容。”[6]可见，对本来并无“做鬼”意味的仪式，却在严如熤的笔下变成了“做鬼”的仪式，《苗防备览·风俗考》中尽显出这类对苗民的排贬，我们或可以说是“被做鬼”。显示出国家使用“鬼”名来界定社会，区隔族群的做法。

欧洲也是如此，在罗宾的《与巫为邻——欧洲巫术的社会和文化语境》中，他讲述了在发生在欧洲某些地方的 14—17 世纪的“猎巫运动”中，传统的半夜拜鬼仪式如何被夸大和变成革命的对象，很多巫师被严刑拷打和逼供，很多冤案是在

---

[1] 廖咸惠.宋代士人与民间信仰：议题与检讨//复旦大学文史研究院编.“民间”何在　谁之“信仰”.北京：中华书局，2009：68-69.

[2] Watson, James: Standardizing the Gods: The Promotion of Tien Hou along the South China Coast//*Popular Culture in Late Imperial China*. D. Johnson, A. Nathan and E. Rawski, eds. London: University of California Press, 1985: 960-1960.

[3] 科大卫，刘志伟.“标准化”还是“正统化”——从民间信仰与礼仪看中国文化的大一统.历史人类学学刊(第 6 卷第 1、2 期合刊)，2008.

[4][6] [清]严如熤.〈苗防备览·风俗考〉研究.罗康隆，张振兴，编著.杨庭硕，审订.贵阳：贵州人民出版社，2011：142.

[5] [清]严如熤.〈苗防备览·风俗考〉研究.罗康隆，张振兴，编著.杨庭硕，审订.贵阳：贵州人民出版社，2011：143.

逼供中招出在半夜拜鬼仪式中见到某某：“1606—1611年，对巫术的恐慌在法国和西班牙的纳瓦拉王国制造了许多关于拜鬼仪式的耸人听闻的证词，其影响非常持久。”“在欧洲，如果以在夜晚谋划阴谋、使用黑魔法、谋杀儿童、淫乱或者举行不正常的宗教仪式的罪名指控女巫，那是一点也不奇怪的。这些罪名曾经被用来对付早期的基督徒，后来又被用来对付异教徒、犹太人和麻风病患者。……这一套模式说白了很简单，它主要由与社会积极认同的价值观相反的东西构成，通常加上一些耸人听闻的细节，然后把构成的这些乌七八糟的东西全都加在他们选定的牺牲者身上。”在社会的革命中，“鬼”成为一种革命的文化工具，“如果某人因为别人声称在拜鬼仪式上看到过他而被指控，则这种指控很可能是因为声称看到他的那个人和他有私仇”[1]。

近代以来，关于鬼神的争论一直伴随着社会的革命。康有为的鬼神观偏于保守：“鬼、神、巫、祝之俗，盖天理之自然也。”（《康子内外篇》）“太古多鬼、中古少神，人愈智，则鬼神愈少，固由造化，然其实终不可灭也。”（《中庸注》）如今也是如此，在反对迷信之中大概“人愈智，则鬼神愈少”，但是鬼文化似乎没有灭绝的迹象，反而在改革开放后愈多，此时人也好像愈发“不智”，奢靡腐败之气重新兴起。近代代表革命思潮的孙中山则反对鬼神，他在《上李鸿章书》（第一卷）中说：“我中国之民，俗尚鬼神，年中迎神赛会之举，化帛烧纸之资，全国计之，每年当在数千万。……此冥冥一大漏卮，其数较鸦片尤为甚，亦有国者所当并禁也。”[2]从近代新文化运动以来，科学之风渐盛，鬼神风气受到“迷信”的指责。一个百年的“驯鬼年代”由此开始。

在1949年之后，鬼文化在“破四旧、立四新”中几乎丧尽，但是发生了一个有趣的现象，即由“革命”造鬼——因“革命”而“鬼”的情况，例如，“文化大革命”中的“牛鬼蛇神”，在“破四旧”中，鬼被“革命”利用，这是因为“革命”需要其对立面的“牛鬼蛇神”来衬托。“驯鬼年代”反而造就了“文化大革命”中的“牛鬼蛇神”。

无鬼神的年代，人自己以为可以掌控一切，人成为没有约束的一群，也因此酿成文化的理解误区，人的欲望无限张扬，导致社会秩序和文化生态的破坏。缪格勒（Erik Mueggler）的《野鬼的时代》一书讨论了改革开放以后，生活在云南的直

---

[1] [英]罗宾·布里吉斯.与巫为邻——欧洲巫术的社会和文化语境.北京：北京大学出版社，2005：31，35.

[2] 转引自肖万源.中国近代思想家的宗教和鬼神观.合肥：安徽人民出版社，1991：271.

菹人被逐渐纳入市场化运作的逻辑当中来。然而，伴随着国家对“封建迷信”活动控制的松懈，直菹人的社会里开始不断出现一系列针对驱除野鬼的仪式活动。到了20世纪90年代，这种传统仪式的恢复过程加剧，仪式活动不仅没有减少，反而愈演愈烈。原来，直菹人的社区中这个阶段不断出现社区成员生病、死于非命等事件，而在直菹人看来，这是由于自20世纪50年代以来的一系列运动，仪式性地将伙头制度杀死，那些在运动中死去的人们的灵魂无法得到安慰，无法使自己通过伙头制度举行的仪式将其灵魂送到“地下世界”，他们便转变成为野鬼，从而招致了那些非常的事件。

缪格勒考察了这些驱鬼仪式背后的运作逻辑：集体化运动结束以后，直菹社区依旧生活在野鬼报复的困扰下，并且危机日益强化。在野鬼横行报复的过程中，野鬼们也伤害了自己的后代，以致出现了社区当中的不幸事件。他搜集了大量关于野鬼的故事和去除野鬼的仪式，来例证这一时期直菹人社区中充斥着的焦虑心态。由此出现了所谓的“野鬼时代”。[1]《野鬼的时代》大致上讲了与传统鬼生态的破坏相关的社会秩序的紊乱和人们心理秩序的紊乱，结果是野鬼四出，不是鬼少了，而是鬼更加多了。与“野鬼时代”类似，这一“驯鬼年代”，从封建迷信的定义开始，鬼就被不断地进行着“革命”的驯化。

李亦园曾从社会生态的角度思考迷信，他在论述了“理信”与迷信的关系之后，讨论了迷信的不理性行为：“我们却很难用‘纯理性’的办法来处理社会现象，特别是有关信仰的问题，更不是那样直截了当就可以处理了事的。……我们在取缔禁绝那些迷信之前应该考虑到有没有更‘合理’的方法可以代替转移之，有没有更合理的办法来作为他们心理需要上的凭藉，有没有更合理的办法可以作为他们整合群体的象征，在这些更合理的方法不能肯定之前而要禁绝传统的宗教迷信活动，其间所引起的社会问题恐要比其本身的问题更为严重。”[2]鬼文化在“驯鬼年代”被斥为迷信，且不论“迷信”之定义是否可以推敲，即便是如此，从生态的角度来看，其社会作用尚有不可取代之处，更何况人们还可以驯鬼抑贪、驯鬼抑腐。

鬼的文化生态被破坏，结果是许多人被病鬼缠身。因为由鬼所约束的秩序和惩罚没有了，人们肆无忌惮地挥霍消费、纵欲泻情。今天的社会，驯鬼依然在继

[1] Erik Mueggler: *The Age of Wild Ghosts: Memory, Violence, and Place in Southwest China*. Berkeley: University of California Press, 2001.

[2] 李亦园.信仰与文化.台北：巨流图书公司印行，1990：64-65.

续,不是国家之驯,而是商业化之驯。就鬼而言,如果说“文化大革命”是“牛鬼年代”,现在恐怕是“商鬼年代”。旅游中的鬼城和鬼屋、鬼片以及生活中的鬼话成灾,只要能赚钱,什么鬼都能被拿来利用。利用驯鬼来赚钱牟利,乃是将现世的钱文化注入他世的鬼文化。这种借鬼赚钱让鬼也没有了脾气。对鬼神的商业驯化比政治驯化或许更加刻骨,这种鬼商文化彻底打通了现世和他世的秩序。因此,作为与鬼对话和沟通的鬼节便衰落了。固然,借鬼增权牟利的做法表面上让鬼重新活跃起来,实际上,被用来帮人赚钱的“商鬼”只能更加促进商业化和欲望消费,对文化生态的破坏反而加剧了。

无论怎样,人们面对疾病、死亡、生活异常、社会危机等偶然现象采取的行为必然符合当地人的文化传统和社会习俗。面对危机,利用文化适应的世代累积的经验,人们开辟了超自然和超现实的空间。通过超自然的观念,人们赋予了社会和自身生命以秩序的意义。在这个意义上,超自然、超现实的世界是人类不可或缺的——鬼神文化将因此而永远伴随着人类。

第四节 结 论

本章从鬼的文化生态分析入手,探讨了关于生命的鬼文化生态和关于社会的鬼文化生态,在此基础上,理解鬼以及相关节日于人类的文化生态学意义。进而检讨了“驯鬼年代”引起的文化生态的某些失衡,并希望由此引起人们对更加广泛意义上的文化生态保护的重视。

鬼,本来是另类界定人及其生命的中性概念,作为人之生命的另类超现实状态(可比较神的超自然状态),与现实中的人进行对话,进而解决现实中人们的困惑、疑虑、恐惧以及各种疾病,让人生的生命秩序更加圆满。初民的宇宙观是天神、地祇、人鬼二元世界互补的,形成完整的世界和人生。换句话说,人本来就是在自然和超自然、现实和超现实、今世和来世中达到生命之圆满的。但是后来的鬼文化逐渐走向为世俗现世服务的“恶灵文化”,演变成界定生命秩序(生死、疾病等)和社会秩序(行善/作恶、地狱惩罚等)的文化工具。“驯鬼年代”,以“迷信”对鬼问罪,已令鬼文化几近瓦解。然而,无鬼年代的社会问题有目共睹,没有鬼神约束的贪婪、物欲、金钱至上等现象令人担忧。今天的社会,鬼文化生态的深层蕴含依然有益,人们或需要以鬼邪作祟来对人类的贪婪、狂饮、过劳、紊乱、纵欲、嫉妒、犯罪等等进行界定，并因此发起新时代的驱鬼运动？贪婪鬼、贪淫鬼、饿鬼大约属于人类的“老鬼”；过饱鬼、腐败鬼、浪费鬼、过度消费鬼等则属于“新鬼”。这些鬼与过往一样，破坏着人类的良性秩序。这些鬼魂可能以某些看起来正统合理的方式与人类结缘。因此，即便在这个科学的时代，依然需要以“鬼”抑欲、以“鬼”善人的文化生态，需要新的驱鬼节日和仪式，如果有哪个城乡鬼节举行驱逐贪婪鬼、腐败鬼、过饱鬼、浪费鬼之类的节日仪式，这个社会肯定会有更多深刻的人类学意味。

随着“驯鬼年代”，人们逐渐放弃鬼文化之糟粕，这是值得肯定的。鬼作为超现实的力量和观念，依然会继续与人类共存，七月十五、清明节和春节等节日中鬼文化的传统会依然存在。从人类学的角度来看，神之于宗教和鬼之于巫术，两者有着某些基本的同构之处。本章的分析指出，鬼的神化以及一些巫术隐身于宗教，已经使得鬼之破除迷信和神之宗教自由两者之间的界限模糊不清。在某种意义上，虽然历经近百年的“驯鬼年代”，由此引起了文化生态的某些失衡，鬼文化依然通过神文化和诸鬼节文化顽强地存续着——虽然具象的鬼可能会改变，而在中国民间信仰或者民间宗教中，这种鬼神同构的文化历史更加久远深厚。因此，民间宗教的神文化中亦将更多运行着传统鬼文化的功能。鬼的文化生态也在各种社会调整中不断寻求着新的形式和新的平衡。

跋

在本书稿完成之时，心里有一种难以言表的涌动。面对周围的纷纭世界，各种意料之中和意料之外的乱象，拷问着人们的真善美和道德底线。国家情怀、人类命运，依然还是支撑心底那片人类学热土的动力，但是残酷的现实，不得不触动诸多灵魂深处的思考。下面这首诗，也许可以表达此时的心情，希望未来的路，依然是“素履之往，其行天下。士如皓月，其心朗朗。幽人其幽，良人其良。独行愿也，志兮四方”。[1]

感谢在人类学道路上给予我厚爱和帮助的老师们！1985 年，我从国家气象卫星工程领域转向社会学，郑杭生老师接纳我到中国人民大学社会学研究所。在 6 年的社会学经历中，最初从庄孔韶等师友那里接触到人类学的知识。20 世纪 90 年代初，萧凤霞先生推荐我到香港中文大学人类学系攻读研究生，促成我开始了人类学的生涯。在香港中文大学，硕士导师乔健先生、博士导师吴燕和先生与陈志明先生以及系里的老师陈其南、徐云扬、林舟、谭少薇、张展鸿、麦顾敦、谢剑、阎云翔、王鹏林，对我学业上给予很多教诲和帮助，令我终身受益。华南研究群体的萧凤霞、刘志伟、蔡志祥、陈春声、郑振满、科大卫、程美宝、梁洪生等师友亦给我很多教益。没有他们，我的人类学之路不可能走到今天。

很幸运能在清华大学这个曾经人文荟萃的校园里教授人类学，老清华的前辈人类学和民族学家李济、史禄国、潘光旦、吴泽霖、杨堃、费孝通等先生曾经铸就了中国人类学的辉煌，时刻激励着吾辈重振老清华的人类学传统。清华社会学系同事与人类学伙伴景军和我一同经历了人类学在清华的重振，感谢你们在我人类学道路上的结伴前行！

感谢我的学生们！你们给老师带来的，是幸福的教学生涯。20 多年来，与你们一同经历了饱含酸甜苦辣的学术“挣扎”，我不知道你们究竟流过多少泪水，究

---

[1] 《易・履》有句：“素履之往，独行愿也。”清代戚惠琳据此而抒怀。参见：木心. 素履之往. 桂林：广西师范大学出版社，2007.

竟有多少不眠之夜，但只能咬牙伴随着你们把泪水咽下。因为，你们的出身是：清华！我还要感谢20多年来人类学课堂的同学们，你们让我在从教的事业中收获了学术启发和灵感。我愿意与你们共享人类学这个大家庭的学术成果和快乐生活。面对今天的人类和世界，“学术”的各种异化正在挑战这一本来应该作为神圣职业的底线，青年学子所肩负的责任和使命更加步履艰难、任重道远。人们似乎难以避免一类追俗昧祖的学风之影响，只能衷心祝愿年轻一代秉承人类学者的学术良知，从生活中领悟学术真谛，让学术化为幸福希望！

改革开放之后，中国人类学的发展十分艰难，历史赋予我们这一代以复兴人类学的重任。令人欣喜的是，我们的人类学家园正在一批志同道合的师友们的努力下日益繁荣、生机盎然。相信我们的人类学家园会更加传递学术亲情、关爱普罗人类、充满睿智理想，成为中国未来学术界的一缕阳光。恕我不能一一列举你们的名字，但请接受本书对诸多师友传达的深深谢意！

衷心感谢内子成堤！她为我付出的艰辛和操劳是难以用语言表达的。作为学者的生活世界，常常充满着“自私”的无奈——大量的生活时间和空间变成了与家庭有时不太和谐的“学术”，让我对她感到深深的愧疚。但愿本书的每一个语言音符，能够传递对她的歉意和深深的祝福！

最后，感谢清华大学文科出版基金和清华大学出版社对本书的支持！感谢李宇晴和何点点对文献格式的校对。感谢责任编辑王巧珍老师的辛苦工作！

作者

2021年3月10日

于清华园